JN068811

よくわかる
第1種・第2種
冷凍機械責任者試験
合格テキスト＋問題集

高野 左千夫【著】

弘文社

はじめに

冷凍機械責任者とは,「冷凍に係わる高圧ガスを製造する施設において,保安の業務を行う」のに必要な国家資格です。冷凍設備の規模の大きさに応じて,「第一種」「第二種」「第三種」の区分があります。

・第一種冷凍保安責任者…全ての冷凍の製造施設での保安業務
・第二種冷凍保安責任者…300トン未満の製造施設での保安業務
・第三種冷凍保安責任者…100トン未満の製造施設での保安業務

上記国家資格を取得するには,国家試験に合格する必要があります。本書は,「第一種冷凍機械責任者試験」及び「第二種冷凍機械責任者試験」に合格するためのテキストです。また,各編ごとに本試験と同等レベルの演習問題を多く掲載して,テキストの内容がより確実に理解できるように工夫されています。

本書を効率的学習に有効活用されて,「冷凍機械責任者」の国家資格を取得されることを願っています。

[本書の対象者]

1.「第一種冷凍機械責任者試験」の受験をされる方
2.「第二種冷凍機械責任者試験」の受験をされる方
3.「第二種冷凍機械責任者試験」を受験するが,いずれは「第一種冷凍機械責任者試験」の受験を考えている方

高野　左千夫

本書の特徴

1. 本書は，過去5年間の本試験問題を分析した上で編集されています。
2. 各章の基本的事項には，図や表を多くして，理解しやすくしています。またポイントやキーワードは，洩れなく詳しい説明を付しています。
3. 各章ごとに（章によっては2章分をまとめて），過去問に準じた「演習問題」を掲載して，テキストに書かれた内容が確実に身につくように工夫されています。
4. 本書は，第1種と第2種とでテキストの内容は全て共通です。ただし演習問題においては，本試験の出題方式に合わせて，「学識」と「保安管理技術」では「第1種用」と「第2種用」に分かれています。「法令」の演習問題は全て共通です。

問題1＜第1種＞ ← 第1種用の演習問題

高圧ガス保安法の目的と定義に
いものの組合せはどれか。

イ．高圧ガス保安法の目的は，
り公共の安全を確保するこ

問題1＜第2種＞ ← 第2種用の演習問題

高圧ガス保安法の目的と定義に
いものの組合せはどれか。

イ．高圧ガス保安法の目的は，
り公共の安全を確保するこ

問題1＜第1種＞＜第2種＞ ← 第1種・第2種の共通問題

高圧ガス保安法の目的と定義に
いものの組合せはどれか。

イ．高圧ガス保安法の目的は，
り公共の安全を確保するこ

目 次

<第Ⅱ編　保安管理技術>

＜第Ⅲ編　法令＞

冷凍機械責任者試験の概要

1．免状の種類

冷凍保安責任者に関連する免状として，次のものが有ります。

（1）第１種冷凍機械責任者免状

あらゆる冷凍能力の製造施設において，高圧ガスの保安に関する業務の管理を行う冷凍保安責任者又はその代理者に選任されることができる。

（2）第２種冷凍機械責任者免状

１日の冷凍能力が300トン未満の製造施設において，高圧ガスの保安に関する業務の管理を行う冷凍保安責任者又はその代理者に選任されることができる。

（3）第３種冷凍機械責任者免状

１日の冷凍能力が100トン未満の製造施設において，高圧ガスの保安に関する業務の管理を行う冷凍保安責任者又はその代理者に選任されることができる。

2．試験制度

（1）免状取得までのフロー

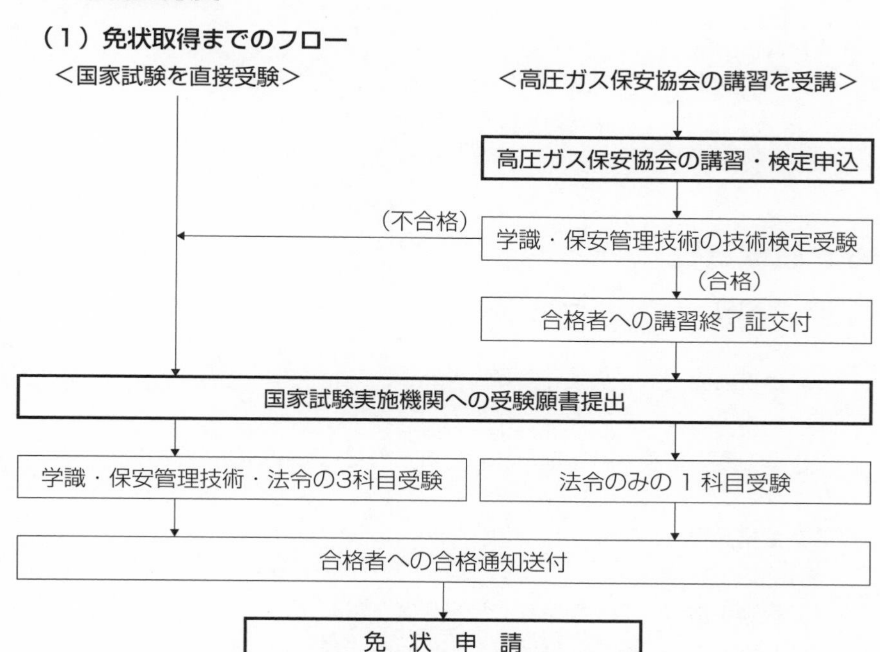

（2）試験科目

	学　識	保安管理技術	法　令
第 1 種 冷凍機械責任者試験	○ 記述式 （120分： 5 問）	○ 択一式 （90分：15問）	○ 択一式 （60分：20問）
第 2 種 冷凍機械責任者試験	○ 択一式 （120分：10問）	○ 択一式 （90分：10問）	○ 択一式 （60分：20問）
第 3 種 冷凍機械責任者試験	－	○ 択一式 （90分：15問）	○ 択一式 （60分：20問）

（3）受験資格　どなたでも受験できます。

（4）合格基準　各科目60点以上です。

・学識　　　　　：60点以上（100点満点）
・保安管理技術：60点以上（100点満点）
・法令　　　　　：60点以上（100点満点）

3．試験日程

（1）試験日　11月上旬（日）

（2）申込期間　8月中旬～9月上旬

※日程は変更される場合もありますので，必ず事前に確認して下さい。

（3）合格発表　翌年1月中旬

（4）受験手数料

第1種冷凍機械責任者試験	13,200円
（インターネット申請	12,700円）
第2種冷凍機械責任者試験	9,300円
（インターネット申請	8,800円）
第3種冷凍機械責任者試験	8,700円
（インターネット申請	8,200円）

※受験手数料は実施年度により異なります。
詳しくは，高圧ガス保安協会へお問い合わせください。

（5）問合せ先，受験申込み先

高圧ガス保安協会の試験センターまたは各都道府県の試験事務所
・高圧ガス保安協会の試験センター　TEL：03 - 3436 - 6106

4．試験結果情報

＜過去の受験者数と合格率＞　・・　第３種冷凍機械試験は省略

			2016年	2017年	2018年	2019年	2020年
第１種冷凍機械	全科目受験	受験者数	768	778	603	706	759
		合格者数	248	341	207	202	151
		合格率(%)	32.3	43.8	34.3	28.6	20.0
	科目免除受験	受験者数	678	574	688	637	271
		合格者数	660	544	631	512	237
		合格率(%)	97.3	94.8	91.7	80.4	87.5
第２種冷凍機械	全科目受験	受験者数	3,014	2,823	2,749	2,512	2,051
		合格者数	910	846	907	785	551
		合格率(%)	30.2	30.0	33.0	31.3	26.9
	科目免除受験	受験者数	1,281	1,369	1,254	1,061	622
		合格者数	1,118	1,189	1,058	839	534
		合格率(%)	87.3	86.9	84.4	79.1	85.9

※１．全科目受験とは
国家試験の全３科目「学識」「保安管理技術」「法令」を直接受験するもの

２．科目免除受験とは
別途，高圧ガス保安協会が主催する講習を受講して検定試験(「学識」「保安管理技術」）に合格し，本試験では「法令」のみを受験するもの（「学識」「保安管理技術」は免除）

①第１種冷凍機械責任者試験結果

（全科目受験者のみ）

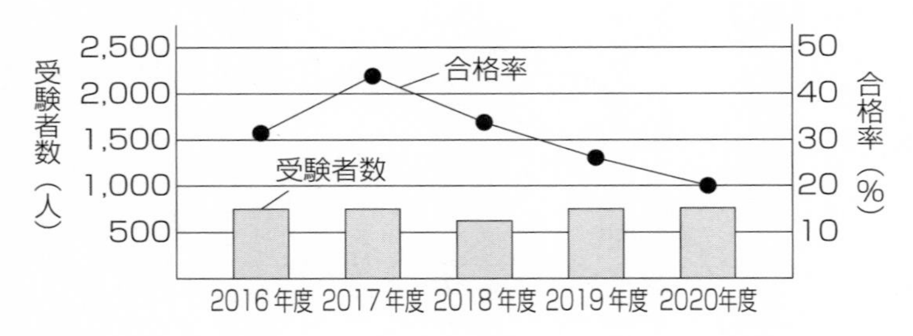

②第２種冷凍機械責任者試験結果

（全科目受験者のみ）

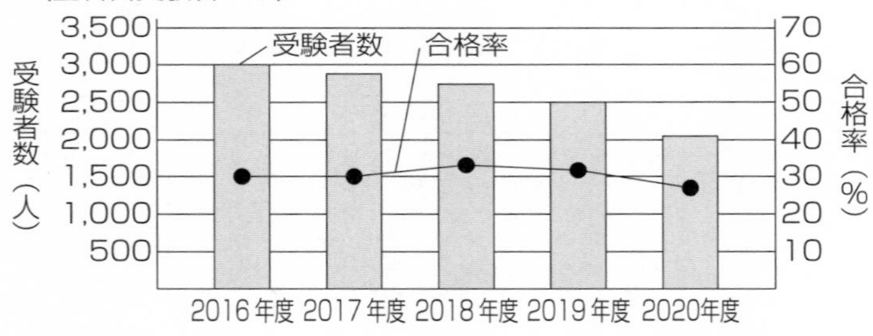

5．過去問題の出題分野

＜項目別の問題 No.＞

<table>
<tr><th rowspan="2">科目</th><th rowspan="2" colspan="2">項　目</th><th colspan="2">2015年度
(平成27年度)</th><th colspan="2">2016年度
(平成28年度)</th><th colspan="2">2017年度
(平成29年度)</th><th colspan="2">2018年度
(平成30年度)</th><th colspan="2">2019年度
(令和元年度)</th></tr>
<tr><th>第１種</th><th>第２種</th><th>第１種</th><th>第２種</th><th>第１種</th><th>第２種</th><th>第１種</th><th>第２種</th><th>第１種</th><th>第２種</th></tr>
<tr><td rowspan="7">学識</td><td>第１章</td><td>冷凍サイクル</td><td rowspan="2">1·2</td><td>1·2</td><td rowspan="2">1·2</td><td>1·2</td><td rowspan="2">1·2</td><td>1·2</td><td rowspan="2">1·2</td><td>1·2</td><td rowspan="2">1·2</td><td>1·2</td></tr>
<tr><td>第２章</td><td>圧縮機</td><td>3</td><td>3</td><td>3</td><td>3</td><td>3</td></tr>
<tr><td>第３章</td><td>伝熱理論</td><td rowspan="2">3</td><td>4</td><td rowspan="2">3</td><td>4</td><td rowspan="2">3</td><td>4</td><td rowspan="2">3</td><td>4</td><td rowspan="2">3</td><td>4</td></tr>
<tr><td>第４章</td><td>熱交換器</td><td>5·6·7</td><td>5·6·7</td><td>5·6·7</td><td>5·6·7</td><td>5·6·7</td></tr>
<tr><td>第５章</td><td>制御機器</td><td>—</td><td>8</td><td>—</td><td>8</td><td>—</td><td>8</td><td>—</td><td>8</td><td>—</td><td>8</td></tr>
<tr><td>第６章</td><td>冷媒と冷凍機油</td><td>4</td><td>9</td><td>4</td><td>9</td><td>4</td><td>9</td><td>4</td><td>9</td><td>4</td><td>9</td></tr>
<tr><td>第７章</td><td>材料と圧力容器</td><td>5</td><td>10</td><td>5</td><td>10</td><td>5</td><td>10</td><td>5</td><td>10</td><td>5</td><td>10</td></tr>
<tr><td rowspan="6">保安管理技術</td><td>第１章</td><td>圧縮機の運転と保守管理</td><td>1·2·3</td><td>1</td><td>1·2·3</td><td>1</td><td>1·2·3</td><td>1</td><td>1·2·3</td><td>1</td><td>1·2·3</td><td>1</td></tr>
<tr><td>第２章</td><td>凝縮器と蒸発器の保守管理</td><td>4·5·6</td><td>2·3</td><td>4·5·6</td><td>2·3</td><td>4·5·6</td><td>2·3</td><td>4·5·6</td><td>2·3</td><td>4·5·6</td><td>2·3</td></tr>
<tr><td>第３章</td><td>冷媒と配管</td><td>12</td><td>4·7</td><td>12</td><td>4·7</td><td>12</td><td>4·7</td><td>12</td><td>4·7</td><td>12</td><td>4·7</td></tr>
<tr><td>第４章</td><td>制御機器と付属機器</td><td>7·8·9·10·11</td><td>5·6</td><td>7·8·9·10·11</td><td>5·6</td><td>7·8·9·10·11</td><td>5·6</td><td>7·8·9·10·11</td><td>5·6</td><td>7·8·9·10·11</td><td>5·6</td></tr>
<tr><td>第５章</td><td>安全装置と圧力試験</td><td>13·14</td><td>8·9</td><td>13·14</td><td>8·9</td><td>13·14</td><td>8·9</td><td>13·14</td><td>8·9</td><td>13·14</td><td>8·9</td></tr>
<tr><td>第６章</td><td>冷凍装置の据付けと試運転</td><td>15</td><td>10</td><td>15</td><td>10</td><td>15</td><td>10</td><td>15</td><td>10</td><td>15</td><td>10</td></tr>
<tr><td rowspan="5">法令</td><td>第１章</td><td>高圧ガス保安法の目的と定義</td><td>1·2·8</td><td>1·2·8</td><td>1·2·8</td><td>1·2·8</td><td>1·2·8</td><td>1·2·8</td><td>8</td><td>8</td><td>1·8</td><td>1·8</td></tr>
<tr><td>第２章</td><td>高圧ガスに関する事業</td><td>3·4·7·11·12·13·18·19·20</td><td>3·4·7·11·13·14·17·18·19</td><td>3·4·7·11·12·13·18·19·20</td><td>3·4·7·11·13·14·17·18·19</td><td>3·4·7·11·12·13·16·17·18·19</td><td>3·4·7·11·13·14·17·18·19</td><td>1, 2, 3·4, 7, 12, 13, 16, 17, 18·19</td><td>1, 2, 3·4, 7, 13, 14, 17, 18, 19</td><td>2·3·4·7·11·12·13·15·18·19</td><td>2·3·4·7·12·13·14·15·17·18·19</td></tr>
<tr><td>第３章</td><td>高圧ガスに関する保安</td><td>9·10·14·15·16</td><td>9·10·12·15·16</td><td>9·10·14·15·16</td><td>9·10·12·15·16</td><td>9·10·14·15</td><td>9·10·12·15·16</td><td>9, 10, 11, 14, 15</td><td>9, 10, 11, 12, 15, 16</td><td>9·10·14·16·17</td><td>9·10·11·16</td></tr>
<tr><td>第４章</td><td>高圧ガスに関する容器</td><td>5·6</td><td>5·6</td><td>5·6</td><td>5·6</td><td>5·6</td><td>5·6</td><td>5·6</td><td>5·6</td><td>5·6</td><td>5·6</td></tr>
<tr><td>第５章</td><td>指定設備と特定設備</td><td>17</td><td>20</td><td>17</td><td>20</td><td>20</td><td>20</td><td>20</td><td>20</td><td>20</td><td>20</td></tr>
</table>

※１．上表の数字は，各科目「学識」「保安管理技術」「法令」での問題No.を表しています。

２．なお本分類は著者が独自に作成したものであり，必ずしも主催者（高圧ガス保安協会試験センター）の考えや採点内容と関係するものではありません。

本書は，第１種冷凍機械責任者試験及び第２種冷凍機械責任者試験の受験者を対象としています。第１種試験と第２種試験の試験内容の違いは，概略次の通りです。

○「学識」試験

必要な基礎知識には共通部分が多いのですが，出題方式や試験レベルには大きな違いが有ります。第１種に合格するためには，より高度な知識の習得が必要となります。

○「保安管理技術」試験

第１種と第２種でほぼ同内容の問題が出題されています。しかし，第１種の方がより幅広い知識の習得が必要となります。

○「法令」試験

第１種と第２種とでほぼ同内容・同等レベルの問題が出題されています。実際，本試験に出題の約半数（10問程度）は，第１種と第２種で全く同じ出題内容となっています。

記号及び単位一覧表

＜記号一覧表＞

記　号	名　称	単　位
c	比熱	kJ/(kg・K)
$(COP)_{H}$	ヒートポンプサイクルの実際成績係数	—
$(COP)_{R}$	冷凍サイクルの実際成績係数	—
$(COP)_{th.H}$	ヒートポンプサイクルの理論成績係数	—
$(COP)_{th.R}$	冷凍サイクルの理論成績係数	—
f	汚れ係数	m^2・K/kW
h	比エンタルピー	kJ/kg
H	エンタルピー	kJ
K	熱通過率	kW/(m^2・K)
K_f	フィン側基準の熱通過率	kW/(m^2・K)
K_p	平面側基準の熱通過率	kW/(m^2・K)
p	絶対圧力	MPa，MPa abs
p	ゲージ圧力	MPa，MPa g
p_o	蒸発圧力	MPa
p_k	凝縮圧力	MPa
P	圧縮機の軸動力	kW
P_c	圧縮機の圧縮動力	kW
P_m	圧縮機の機械的損失動力	kW
P_{th}	圧縮機の理論断熱圧縮動力	kW
Q	熱量	kJ，kW・s
q_{mr}	冷媒循環量	kg/s
q_{mro}	低温側の冷媒循環量	kg/s
q_{mrk}	高温側の冷媒循環量	kg/s
s	比エントロピー	kJ/(kg・K)
S	エントロピー	kJ/K
t	(環境)温度	℃

記　号	名　称	単　位
T	絶対温度	K
v	比体積	m^3/kg
V	ピストン押しのけ量	m^3/h
α	熱伝達率	$kW/(m^2 \cdot K)$
η	溶接継手の効率	—
η_c	断熱効率	—
η_m	機械効率	—
η_{tad}	全断熱効率	—
η_v	体積効率	—
λ	熱伝導率	$kW/(m \cdot k)$
Φ	伝熱量	kW
Φ_o	冷凍能力	kW
Φ_k	凝縮負荷	kW
σ	応力	N/mm^2
σ_a	許容引張応力	N/mm^2

＜単位換算表＞

項　目	換算式
応力	$1\ N/mm^2 = 1\ MPa$
圧力	1 MPa＝1, 000kPa
動力	1 W＝ 1 J/s
熱量	1 J＝ 1 W・s
冷凍能力	1 kW＝ 1 kJ/s

＜読み方（ギリシャ文字）＞

記　号	読み方
α	アルファ
δ	デルタ
η	イータ
σ	シグマ
λ	ラムダ
Φ	ファイ

第Ⅰ編　学識

第1章
冷凍サイクル

冷凍サイクルは，循環する冷媒の状態に着目して，圧縮→凝縮→膨張→蒸発を１つのサイクルとして繰り返されます。それらはp−h線図上に示すことにより，冷凍サイクルが目に見える形で理解できるようになります。

第1節 冷凍装置の基本

（1）冷凍の原理

液体が気体になる（**蒸発**）ときには熱を吸収し，気体が液体になる（**凝縮**）ときには熱を放出する。これは冷凍の基本原理である。

そして，これらの作用が効率良く行われるように，熱媒体として適切な冷媒が使用される。すなわち冷媒は，適当な低い圧力で周囲から熱を奪って**蒸発（ガス化）**し，適当な高い圧力で**凝縮（液化）**することが必要である。

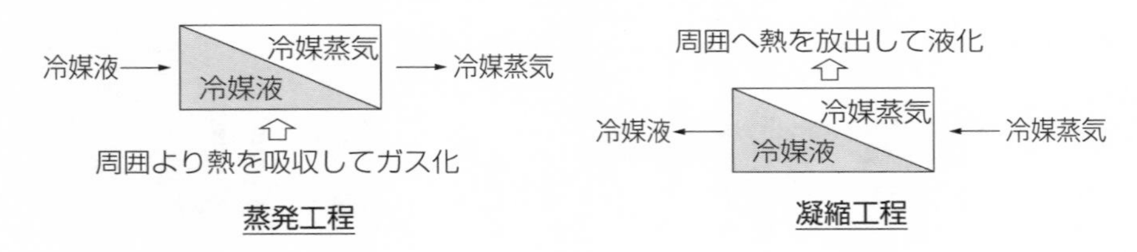

蒸発工程　　凝縮工程

（2）冷凍サイクル

冷凍の原理を効率良く行うためには，上記現象を１つのサイクルにして連続的に行うことが必要である。すなわち１つのサイクルは，**圧縮→凝縮→膨張→蒸発**となり，これが蒸気圧縮式の**「冷凍サイクル」**と言われるものである。

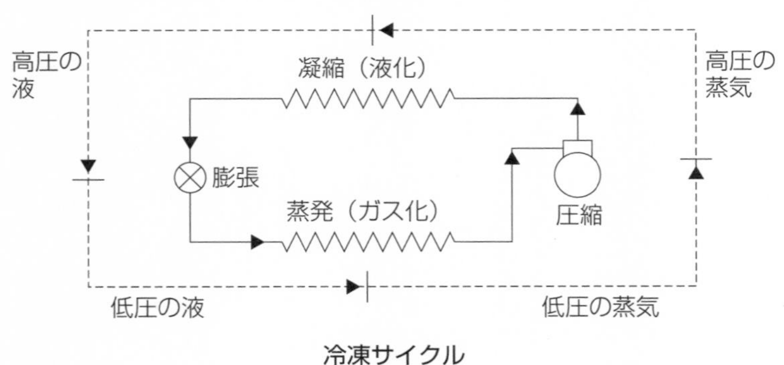

冷凍サイクル

すなわち，圧縮機で**「圧縮」**された高温・高圧の冷媒ガスを冷却して**「凝縮（液化）」**させる装置が凝縮器である。また，ここで液化した高圧の液を，小穴（オリフィス）を持った膨張弁で**「膨張」**させて低温・低圧の冷媒液にして，蒸発器に送り出す。次にこの蒸発器で**「蒸発」**することにより，周囲を冷却する。

（３）エンタルピーとエントロピー

①エンタルピー

気体または液体が保有するエネルギーは，運動エネルギーや位置エネルギーが無視できる場合は，**エンタルピーH**（kJ）で表される。すなわちエンタルピーとは，物質の発熱や吸熱にかかわる状態量である。質量 1 kg 当りの値を**比エンタルピーh**（kJ/kg）といい，次式で表される。

$h = u + pv$（kJ/kg）　h：比エンタルピー　kJ/kg
　u：比内部エネルギー　kJ/kg
　pv：流動仕事　kJ/kg
　（p 圧力，v 比体積）

従って，状態変化を行わせるに必要な**エネルギー量**は次式で表される。

$dh = du + pdv + vdp$
$\quad = dq + vdp$　　q：熱エネルギー　kJ/kg

※上式における dh とは d×h ではありません。dh とは，h の微少な変化（微分）量を表す１つの状態量である。
（du，dv，dp，dq も同様）

冷凍装置で使用される冷媒では，0℃における飽和液を基準状態として，このときの比エンタルピーを200.0kJ/kg としている。

②エントロピー

断熱過程における不可逆変化を特徴付ける状態量として**エントロピーS**（kJ/K）がある。質量 1 kg 当たりの値を**比エントロピーs**（kJ/(kg･K)）といい，次式で表される。

$ds = \frac{dq}{T}$（kJ/(kg･K)）　s：比エントロピー　kJ/(kg･K)
　q：熱エネルギー　kJ/kg
　T：絶対温度　K

※上式における ds とは d×s ではありません。ds とは，s の微少な変化（微分）量を表す 1 つの状態量である。
（dq も同様）

0 ℃における飽和液を基準状態として，このときの比エントロピーを1.000 kJ/(kg･K)としている。

（4）p－h 線図

p－h 線図は，縦軸に**圧力（絶対圧力）p** を，横軸に**比エンタルピー h** をとり，飽和液線・乾き飽和蒸気線・等圧線などから成り立っている。冷凍サイクルにおける，冷媒が装置内を循環するときの状態変化を表すのに便利である。（等比エントロピー線も線図の中で描かれている）

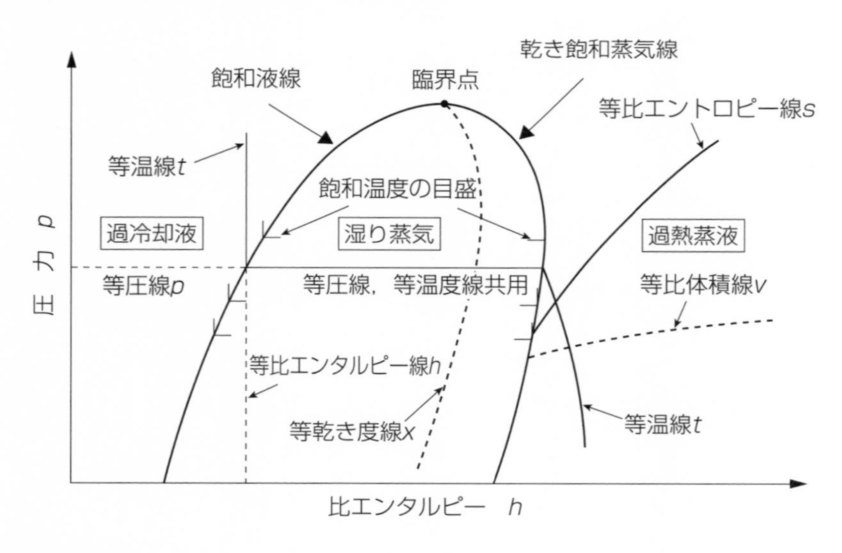

①圧力（p）

p－h 線図の縦軸は**絶対圧力**である。通常に測定される圧力は，大気圧基準の**ゲージ圧力**である。**絶対圧力**と**ゲージ圧力**との関係は，下記の通りである。

絶対圧力(MPa abs)＝ゲージ圧力(MPa g)＋大気圧(0.1MPa)

②比エンタルピー（h）

横軸の比エンタルピーとは，冷媒の質量1kg当りの全熱量（顕熱＋潜熱）である。冷媒は，0℃の飽和液の比エンタルピー200.0kJ/kgを基準としている。

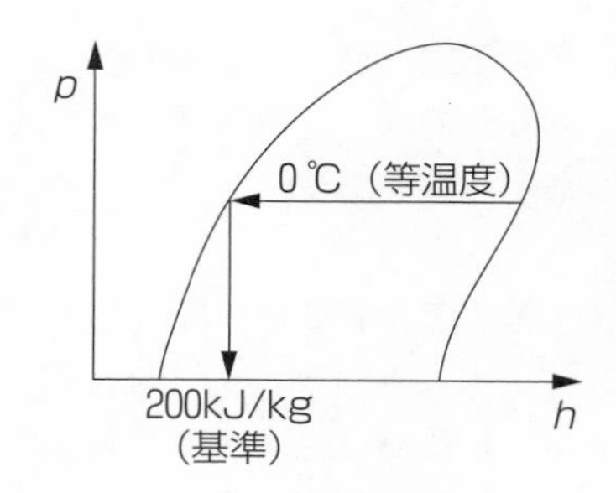

③飽和液線

飽和液線とは，冷媒液が蒸発しようとする限界線である。飽和液線上では乾き度が0であり，全てが液体状態である。

④乾き飽和蒸気線

乾き飽和蒸気線とは，冷媒液が全て蒸気となる限界線である。乾き飽和蒸気線上では乾き度が1であり，全てが気体状態である。

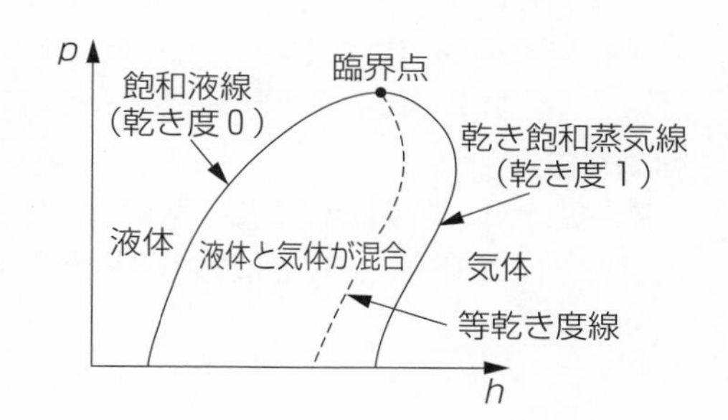

⑤等乾き度線（x）

乾き度は，湿り蒸気中の蒸気分の質量割合を示したものである。乾き度0.1は，蒸気が10%で残り90%が液状態であることを示す。等乾き度線とは，乾き度が等しい点を結んだ線である。

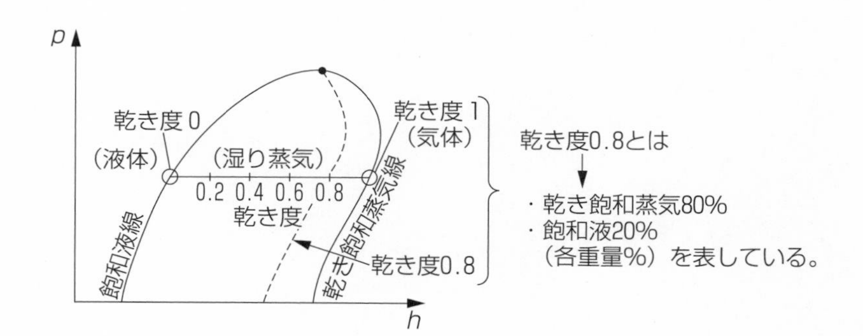

⑥等温線（t）

等温線は，過冷却域－湿り蒸気域－過熱蒸気域に渡って，温度が等しい点を結んだ線である。

⑦等比エントロピー線（s）

比エントロピー s とは，熱量 Q を絶対温度 T で除した値（$s=Q/T$）である。したがって等比エントロピー線は，過熱蒸気域の冷媒が断熱圧縮されたときにたどる線である。

⑧等比体積線（v）

比体積とは冷媒 1 kg 当りの体積であり，比体積の等しい点を結んだのが等比体積線である。比体積は，圧力が低いほど，過熱度が大きいほど大きくなる。

⑨臨界点

臨界点とは，飽和液線と乾き飽和蒸気線との交点で表わされる。臨界点以上の温度・圧力では，気体と液体の区別がなくなる限界の状態点である。

第2節 理論冷凍サイクル

（1）冷凍サイクルとp−h線図

冷媒は**冷凍装置**内において，**圧縮・凝縮・膨張・蒸発**の状態変化を連続的に行う。**冷凍装置**における**理論冷凍サイクル**は，**p−h線図**上で表すと下図のようになる。

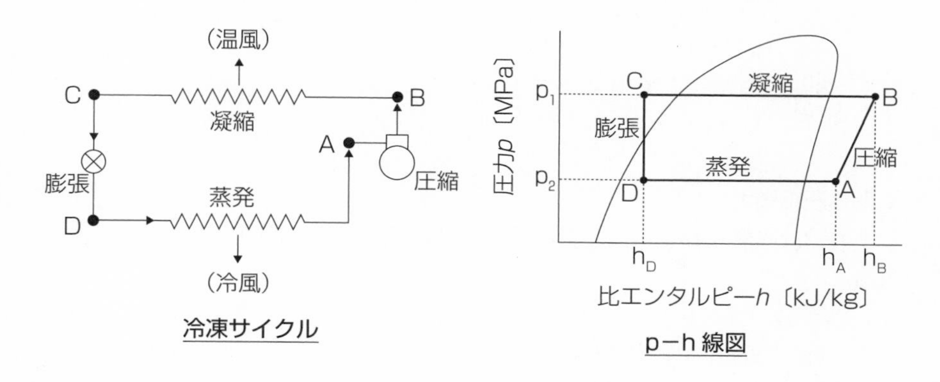

[p−h線図上の冷凍サイクル]

p−h線図上の状態点	工程名	冷媒の状態変化
A点→B点	**圧縮**行程	圧縮機により，冷媒ガスが断熱圧縮されて高温高圧の冷媒ガスとなる。
B点→C点	**凝縮**工程	凝縮器で，冷媒ガスから熱が放出されて高温高圧の冷媒液となる
C点→D点	**膨張**行程	膨張弁で，冷媒液が減圧されて低温低圧のガス・液混合の冷媒状態となる
D点→A点	**蒸発**行程	蒸発器で，冷媒液が熱を吸収して低温低圧の冷媒ガスとなる

（2）効率的な冷凍サイクルとは

冷凍サイクルの効率性を表す尺度として，冷凍サイクルの成績係数がある。圧縮動力に対する冷凍能力値によって表される。

①冷凍能力

冷凍サイクルにおける冷凍能力は，次式で表される。

$\Phi_o = q_{mr}\ (h_A - h_D)$

Φ_o：冷凍能力（kJ/s）

q_{mr}：装置の冷媒循環量（kg/s）

h_A：蒸発器出口の比エンタルピー（kJ/kg）

h_D：蒸発器入口の比エンタルピー（kJ/kg）

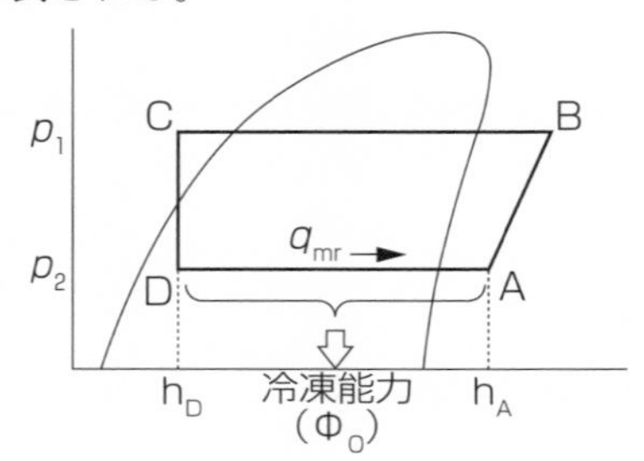

②理論圧縮動力

一方，冷媒を圧縮するに要する理論的（理想的）な圧縮動力は，次式で表される。

$P_{th} = q_{mr}\ (h_B - h_A)$

P_{th}：理論圧縮動力（kJ/s）

q_{mr}：装置の冷媒循環量（kg/s）

h_B：圧縮機吐出しガスの比エンタルピー（kJ/kg）

h_A：圧縮機吸込みガスの比エンタルピー（kJ/kg）

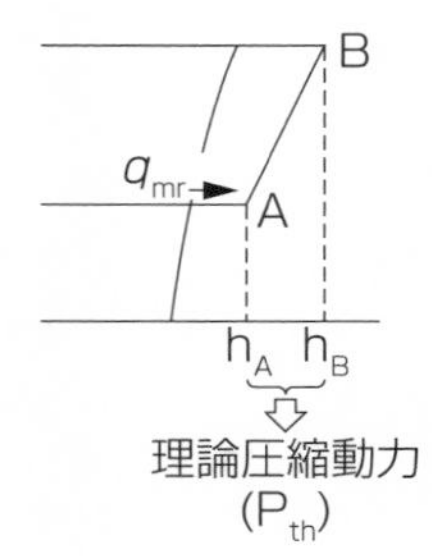

※理論圧縮動力とは

冷媒ガスが圧縮される過程において発生する熱が，周囲に対して熱の出入りが全く無い（断熱状態）ときの理論的動力である。

③成績係数

以上より，サイクルの効率性を表す冷凍サイクルの理論成績係数 $(COP)_{th.R}$ は，次式によって表される。

$$(COP)_{th.R}=\frac{冷凍能力(\Phi_o)}{圧縮動力(P_{th})}=\frac{q_{mr}(h_A-h_D)}{q_{mr}(h_B-h_A)}=\frac{h_A-h_D}{h_B-h_A}$$

冷凍サイクルにおいて，蒸発温度（蒸発圧力）と凝縮温度（凝縮圧力）との温度差（圧力比）が，大きくなると冷凍能力が小さくなり，圧縮動力は大きくなるので，成績係数は小さくなる。

（3）ヒートポンプサイクル

ヒートポンプサイクルの基本は，冷凍サイクルと同じである。ただし，冷凍サイクルでは蒸発器からの吸熱量を利用するのに対して，ヒートポンプサイクルでは凝縮器からの放熱量を利用するものである。

通常の冷凍サイクル

理論成績係数

$$(COP)_{th.R}=\frac{冷凍能力(\Phi_o)}{理論圧縮動力(P_{th})}$$

$$=\frac{h_A-h_D}{h_B-h_A}$$

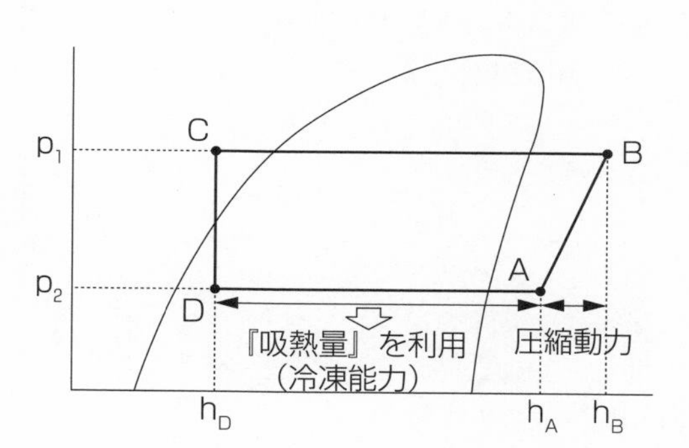

ヒートポンプサイクル

理論成績係数

$$(COP)_{th.H}=\frac{放熱量(\Phi_o+P_{th})}{理論圧縮動力(P_{th})}$$

$$=\frac{h_B-h_C}{h_B-h_A}$$

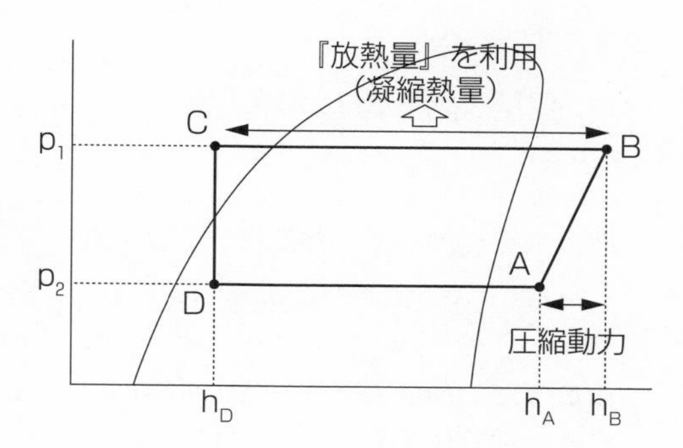

理論冷凍サイクルにおいては，「凝縮熱量＝冷凍能力＋圧縮動力」であるから，「$(COP)_{th.H}=(COP)_{th.R}+1$」となる。

第3節 種々の冷凍サイクル

（1）液ガス熱交換器付き冷凍装置

この装置では，蒸発器を出た低圧冷媒ガス（7）と膨張弁前の高圧冷媒液（3）を熱交換させる。これにより，圧縮機の吸込みガス（1）を適切な温度まで加熱し，また膨張弁前の冷媒液の過冷却度を大きくする。

<目的>

①吸込みガス過熱により，湿り蒸気や液冷媒の圧縮機吸込みを防止する。

②過冷却度を大きくして，液管内でのフラッシュガスの発生を防止する。

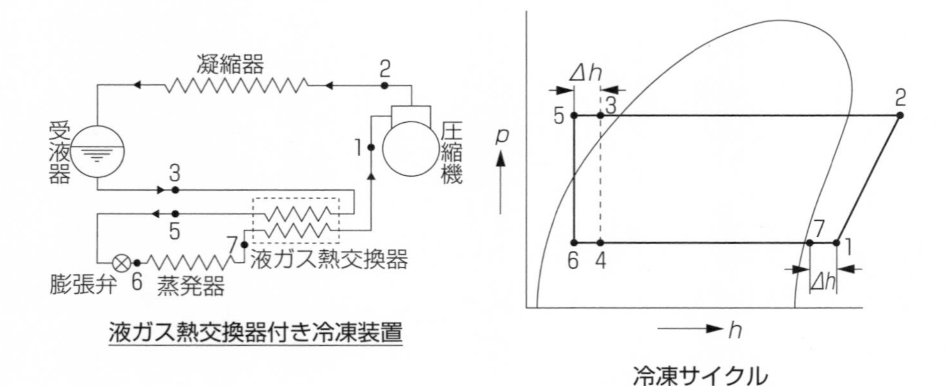

液ガス熱交換器付き冷凍装置

冷凍サイクル

液ガス熱交換器での**熱交換量**（Φ_h）は，下記の通りである。

$$\Phi_h = \underbrace{q_{mr}(h_1 - h_7)}_{\text{過熱量}} = \underbrace{q_{mr}(h_3 - h_5)}_{\text{過冷却量}}$$

Φ_h：熱交換量(kW)

q_{mr}：冷媒循環量(kg/s)

ここで，冷凍能力（Φ_o）は，$\Phi_o = q_{mr}(h_7 - h_6)$ である。

また，理論圧縮動力（P_{th}）は，$P_{th} = q_{mr}(h_2 - h_1)$ である。

従って，この冷凍サイクルの**理論成績係数**（$(COP)_{th.R}$）は次式となる。

$$(COP)_{th.R} = \frac{q_{mr}(h_7 - h_6)}{q_{mr}(h_2 - h_1)} = \frac{h_7 - h_6}{h_2 - h_1}$$

(2) 二元冷凍装置

低い蒸発温度を使用したい場合において，1つの冷凍サイクルで蒸発温度が低いと圧縮機の運転効率が悪くなる。このようなときに，二元圧縮方式を採用すると低い蒸発温度で効率的な運転が可能となる。

二元冷凍装置では，低温側サイクルに低温特性の良い冷媒を採用する。

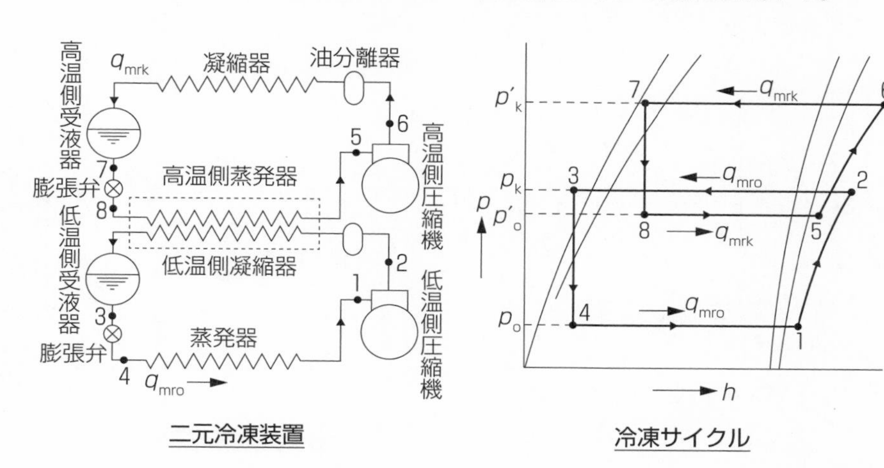

二元冷凍装置　　冷凍サイクル

ここで，システムの冷凍能力は低温側の冷凍能力であるため，**冷凍能力 Φ_o** は右記の通りとなる。　$\Phi_o = q_{mro}(h_1 - h_4)$

次に，**低温側の冷媒循環量** q_{mro} は右記式で求められる。　$q_{mro} = \dfrac{\Phi_o}{h_1 - h_4}$

一方，低温側凝縮能力と高温側蒸発能力は等しくなることから，下記等式が成り立つ。　$q_{mrk}(h_5 - h_8) = q_{mro}(h_2 - h_3)$

したがって，**高温側の冷媒循環量** q_{mrk} は下記式で求められる。

$$q_{mrk} = \frac{q_{mro}(h_2 - h_3)}{(h_5 - h_8)} = \frac{\Phi_o(h_2 - h_3)}{(h_1 - h_4)(h_5 - h_8)}$$

これより，**理論圧縮動力** P_{th}(kW) を求めると次式となる。

$$P_{th} = q_{mro}(h_2 - h_1) + q_{mrk}(h_6 - h_5)$$

$$= \frac{\Phi_o}{(h_1 - h_4)}\left[(h_2 - h_1) + \frac{(h_2 - h_3)(h_6 - h_5)}{h_5 - h_8}\right]$$

したがって，**理論成績係数** $(COP)_{th.R}$ は下記式より求められる。

$$(COP)_{th.R} = \frac{\Phi_o}{P_{th}}$$

（3）ホットガスバイパス付き冷凍装置

小形冷凍装置で使用される容量制御方法の1つである。圧縮機の吐出しガス（2）の一部を蒸発器前（6）へバイパスさせる。

<目的>

有効冷媒循環量を少なくすることにより，実際の冷凍能力を小さくする。

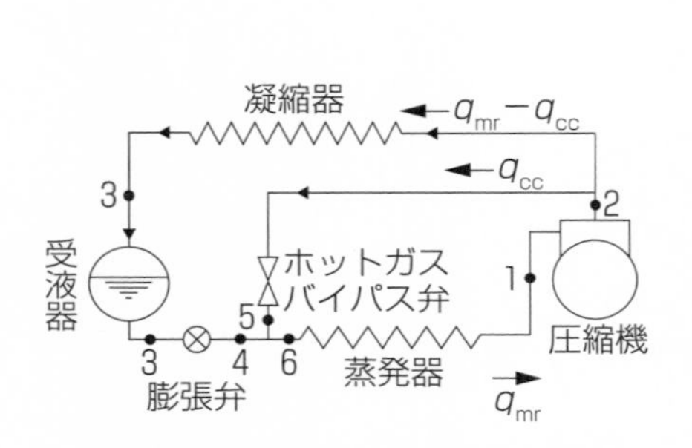

ホットガスバイパス付き冷凍装置

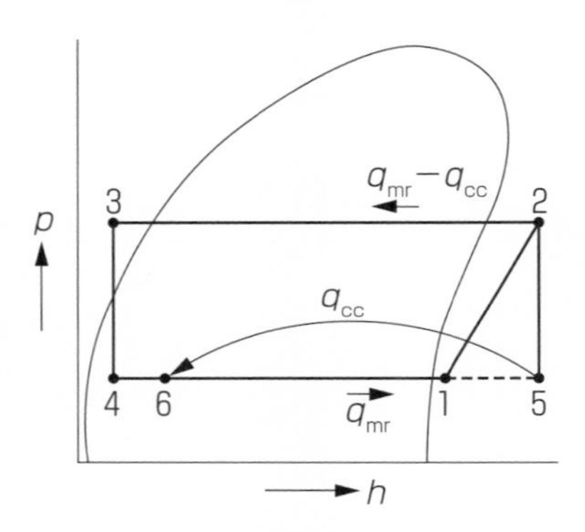

冷凍サイクル

ホットガスバイパス時の冷凍能力（Φ_{cc}）は，下記式により求められる。

$$\Phi_{cc}=q_{mr}(h_1-h_6)=\underbrace{q_{mr}(h_1-h_4)}_{\text{本来の冷凍能力}}-\underbrace{q_{cc}(h_5-h_4)}_{\text{バイパスによる能力低下}}$$

q_{mr}：圧縮機の吸込み冷媒循環量（kg/s）

q_{cc}：ホットガスバイパス冷媒循環量（kg/s）

従って，**容量制御時の理論成績係数**（$(COP)_{th.cc}$）は，下記の通りとなる。

$$(COP)_{th.cc}=\frac{q_{mr}(h_1-h_4)-q_{cc}(h_5-h_4)}{q_{mr}(h_2-h_1)}$$

$$=\underbrace{(COP)_{th.R}}_{\text{第1項}}-\underbrace{\frac{r_{cc}(h_5-h_4)}{h_2-h_1}}_{\text{第2項}}$$

r_{cc}：容量制御する冷媒循環量比率（q_{cc}/q_{mr}）

$(COP)_{th.cc}$：容量制御時の理論成績係数

$(COP)_{th.R}$：冷凍サイクルの理論成績係数

以上のように，バイパスした蒸気分だけ再び余分に圧縮しなければならないため，上式の第2項に相当する分だけ容量制御時の成績係数が小さくなる。

（4）液インジェクション付き冷凍装置

圧縮機吸込みガス（1）に冷媒液（6）をインジェクション（噴射）して吸込みガスを冷却する。

<目的>

圧縮機吸込みガスの過熱度が過大になるのを防止して，圧縮機の吐出し温度を下げる。

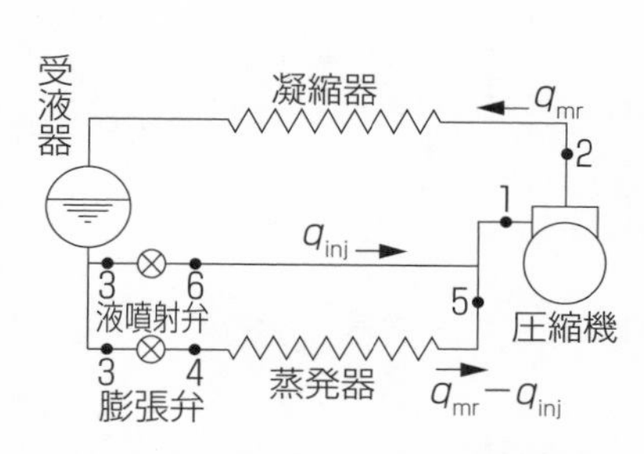

液インジェクション付き冷凍装置

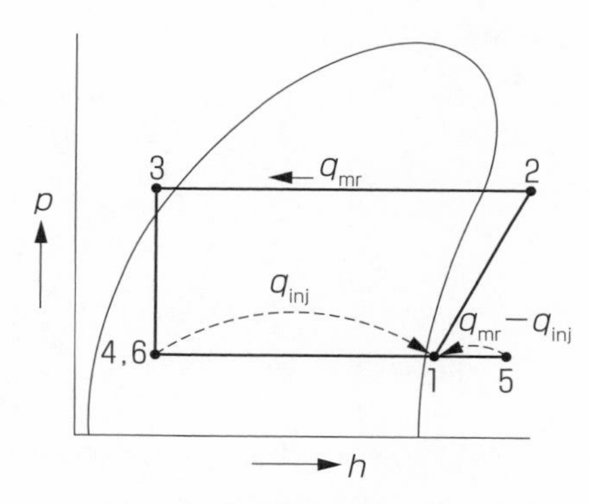

冷凍サイクル

圧縮機の吐出し冷媒循環量を q_{mr} インジェクション（噴射）液量を q_{inj} とする。噴射時においては，蒸発器で蒸発済みの状態（5）の過熱冷媒ガスに状態（6）の冷媒液を噴射して状態（1）が出来上がるので，**冷凍能力**（Φ_o）と**理論圧縮動力**（P_{th}）は下記式で求められる。

$$\Phi_o=(q_{mr}-q_{inj})(h_5-h_4)$$

$$P_{th}=q_{mr}(h_2-h_1)$$

q_{mr}：圧縮機の吐出し冷媒循環量（kg/s）
q_{inj}：液インジェクション（噴射）量（kg/s）

また，このときの**理論成績係数**（COP）$_{th.R}$ は，下記式で求められる。

$$(COP)_{th.R}=\frac{\Phi_o}{P_{th}}=\frac{(1-r_{inj})\times(h_5-h_4)}{h_2-h_1}$$

$(COP)_{th.R}$：冷凍サイクルの理論成績係数
r_{inj}：液インジェクションする冷媒量比率（q_{inj}/q_{mr}）

（5）満液式蒸発器の冷凍装置

胴体(シェル)の冷媒中に，水またはブラインが流れる伝熱管群が絶えず浸っている構造の蒸発器である。蒸発した冷媒蒸気は，ほぼ乾き飽和蒸気の状態で圧縮機（1）に吸い込まれる。

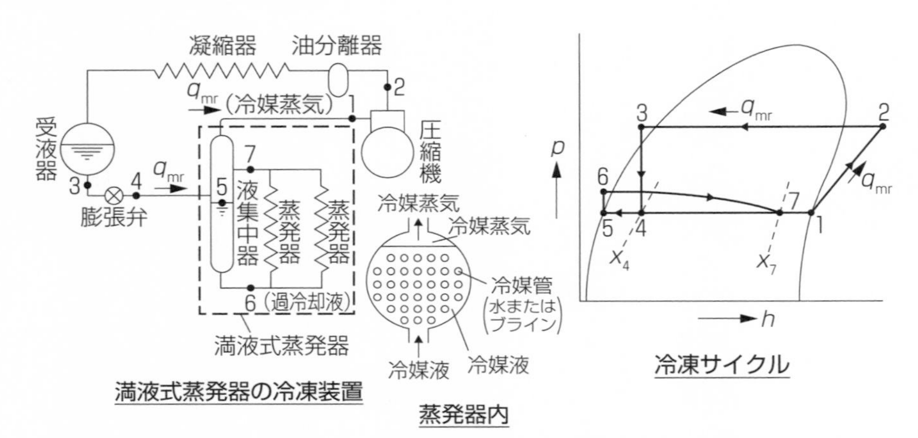

満液式蒸発器の冷凍装置

蒸発器内

冷凍サイクル

しかしながら，装置全体の冷媒充填量が多くなる欠点がある。また冷却管の大半は常に冷媒液に浸されており，この冷媒液と冷却管内の液体（水またはブライン）の間で熱交換が行われるため，熱の伝達率がとても高くなる。

システムの冷凍能力を考えると，外部との熱交換は蒸発器のみ(冷凍能力 Φ_o)と考えられるので，冷凍能力は状態（4）から状態（1）への熱量の変化量から求められる。(ここで，圧縮機を通過する冷媒量を q_{mr} とする)

冷凍能力　$\Phi_o = q_{mr}(h_1 - h_4)$　(kW)

理論圧縮動力　$P_{th} = q_{mr}(h_2 - h_1)$　(kW)

したがって，**理論成績係数** $(COP)_{th.R}$ は下記式で求められる。

$$(COP)_{th.R} = \frac{q_{mr}(h_1 - h_4)}{q_{mr}(h_2 - h_1)} = \frac{h_1 - h_4}{h_2 - h_1}$$

満液式蒸発器を乾式蒸発器と比較すると，次のような長所／短所がある。

長所　①蒸発器内に冷媒液を満たすため，伝熱が良く小型化できる。
②圧縮機は乾き飽和蒸気を吸い込むので，液圧縮の危険が少ない。
③大形の遠心式冷凍機などで良く使用される。

短所　①冷媒充てん量が多くなる。
②蒸発器から出てきた冷媒を気液分離させる液集中器が必要。

（6）冷媒液強制循環式の冷凍装置

本システムは，満液式蒸発器のもう一方の方式である。低圧受液器から蒸発器内で蒸発する冷媒液量の3～5倍の冷媒液を，冷媒液ポンプで強制的に冷却管内に送り，未蒸発の液は気化した蒸気とともに低圧受液器へ戻す方式である。

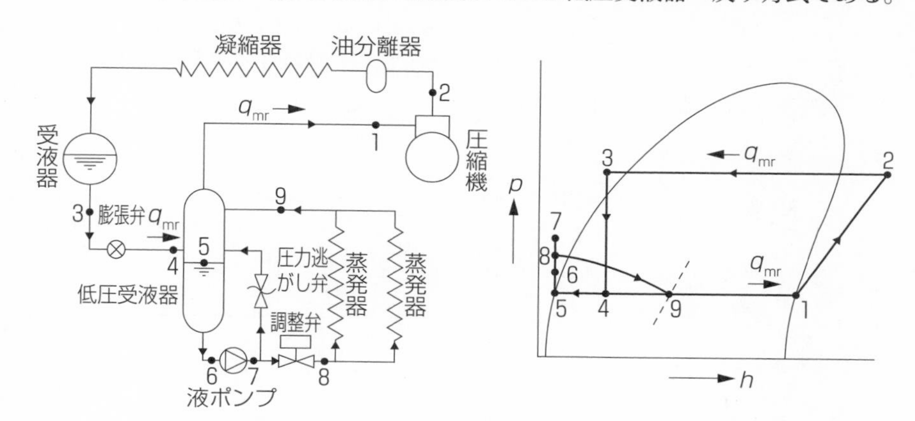

冷媒液強制循環式冷凍装置　　　冷凍サイクル

本システムは，前項の『（5）満液式蒸発器の冷凍装置』と良く似ているが，低圧受液器の底部の液は液ポンプで状態（7）に加圧され，調整弁で状態（8）まで減圧されて蒸発器に送られる点が異なる。そして蒸発器で冷媒液の一部が蒸発して，未蒸発の冷媒液は低圧受液器に戻る。

したがって，前項の「冷凍能力の式」等が本システムでも採用できる。

冷凍能力　$\Phi_o = q_{mr}(h_1 - h_4)$　（kW）

理論圧縮動力　$P_{th} = q_{mr}(h_2 - h_1)$　（kW）

したがって**理論成績係数**（COP）$_{th.R}$ は，下記式で求められる。

$$(COP)_{th.R} = \frac{q_{mr}(h_1 - h_4)}{q_{mr}(h_2 - h_1)} = \frac{h_1 - h_4}{h_2 - h_1}$$

冷媒液強制循環式は，乾式蒸発器に対しては前項と同様の長所／短所がある。

本システムの特徴…満液式蒸発器との比較

①液ポンプで送る冷媒液量は，蒸発量の3～5倍程度である。

②液ポンプは受液器（高圧側）の液面より低く，さらに低圧受液器の液面よりも十分下側に設置する。（冷媒液のポンプ入口までの気化を防止）

③蒸発器は小型化できるが，液ポンプ付で小形冷凍装置には採用されない。

（7）二段圧縮一段膨張式の冷凍装置

冷凍装置を低い蒸発温度で使用したい場合に，通常の冷凍サイクルで蒸発温度を下げると下記問題点が発生する。

＜問題点＞①圧力比が大きくなり成績係数が大きく低下する。

②圧縮機吐出し温度が高くなり，冷凍油の劣化や軸損傷が発生する。

そこで，サイクルを高圧段と低圧段に分けて，1段当りの圧力比を小さくする二段圧縮1段膨張方式を採用する。

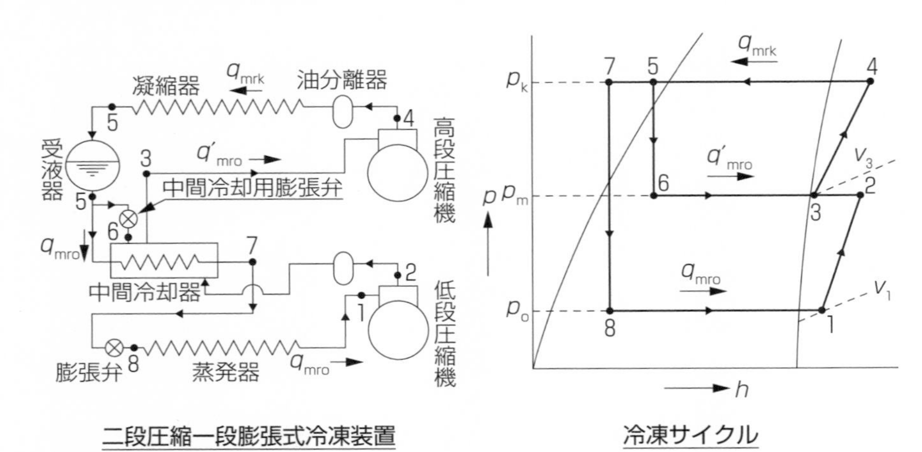

二段圧縮一段膨張式冷凍装置　　　冷凍サイクル

この装置では，蒸発器で蒸発した冷媒ガス（1）は低段圧縮機に吸い込まれ，中間圧力まで圧縮されて状態（2）となる。そして状態（2）の冷媒ガスは，**中間冷却器**に入っていく。

中間冷却器では，高圧の冷媒液（5）の一部をバイパスさせて，中間冷却用膨張弁で中間圧力まで膨張した冷媒（6）が流入してくる。この冷媒（6）による冷凍効果により，**中間冷却器内**で状態（2）は冷却されて状態（3）となり，また冷媒液（5）も過冷却されて冷媒液（7）となる。冷媒（6）は加熱されて状態（3）となる。

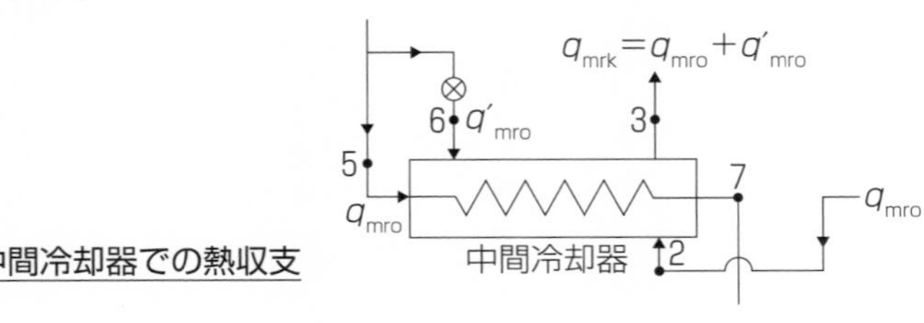

中間冷却器での熱収支

中間冷却器内における熱収支は，下記の通りとなる。

$$\underbrace{q_{mro}(h_5-h_7)}_{\text{放熱1}}+\underbrace{q_{mro}(h_2-h_3)}_{\text{放熱2}}=\underbrace{q'_{mro}(h_3-h_6)}_{\text{吸熱}}$$

q_{mro}：低段蒸発器の冷媒循環量（kg/s）

q'_{mro}：バイパスの冷媒循環量（kg/s）

h_2，h_3，h_5，h_6，h_7

：添字番号の各箇所での比エンタルピー（kJ/kg）

状態(3)となった冷媒ガスは高段圧縮機に吸い込まれ，圧縮されて状態(4)となる。この冷媒ガスは，凝縮器で冷却されて状態（5）の過冷却液となり，**中間冷却器**でさらに冷却されて状態（7）となる。

ここで，凝縮器の**冷媒循環量**を q_{mrk}（kg/s）とすると下記式が成り立つ。

$$q_{mrk}=q_{mro}+q'_{mro}$$

また，**冷凍能力**（Φ_o）と**理論圧縮動力**（P_{th}）は下記式で求められる。

$$\Phi_o=q_{mro}(h_1-h_8)$$

$$P_{th}=P_H+P_L=q_{mro}(h_2-h_1)+q_{mrk}(h_4-h_3)$$

したがって，この冷凍サイクルの**理論成績係数**（COP）$_{th.R}$ は次式となる。

$$(COP)_{th.R}=\frac{q_{mro}(h_1-h_8)}{q_{mro}(h_2-h_1)+q_{mrk}(h_4-h_3)}$$

※コンパウンド圧縮機

二段圧縮の冷凍サイクルにおいて，1台の圧縮機に高段用と低段用を配置した圧縮機を**コンパウンド圧縮機**という。通常，6気筒の圧縮機の場合，高段用に2気筒，低段用に4気筒を使用する。

本圧縮機では，高段用と低段用のピストン押しのけ量が固定されるので，中間圧力が最適値から若干のずれを生じる。

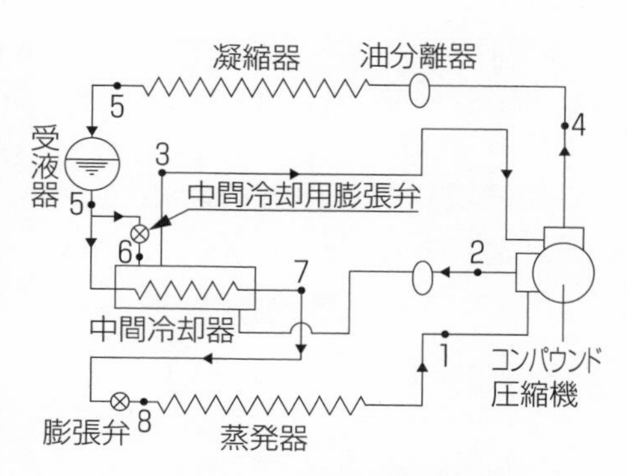

コンパウンド圧縮機の冷凍装置

(8) 二段圧縮二段膨張式の冷凍装置

本装置の「二段圧縮一段膨張式」との違いは，受液器からの冷媒液（5）の全てを第1膨張弁で中間圧力（p_m）まで膨張させ，次に中間冷却器の冷媒液（7）を第2膨張弁で蒸発圧力（p_o）まで膨張させていることである。

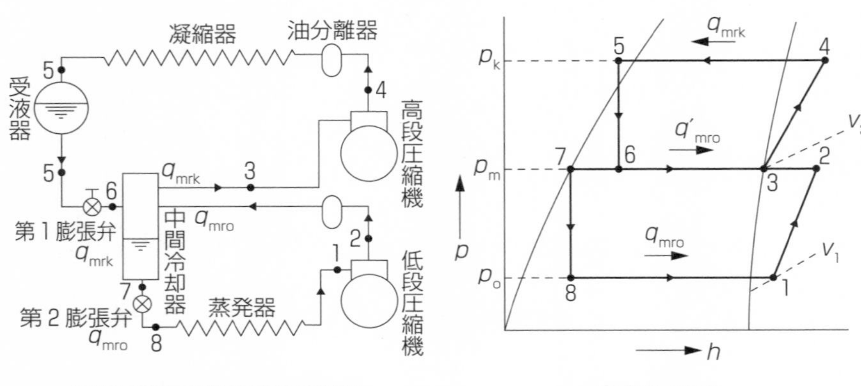

二段圧縮二段膨張式冷凍装置　　冷凍サイクル

このシステムでは，状態（5）の冷媒液は第1膨張弁で膨張して，中間圧力の湿り蒸気の状態（6）となって**中間冷却器**に入る。**中間冷却器**では，この湿り蒸気によって低段圧縮機吐出しガス（2）が状態（3）まで冷却される。

それと同時に，飽和液（7）と乾き飽和蒸気（3）とに分離され，分離された飽和液（7）は第2膨張弁を経て蒸発器に送られる。一方乾き蒸気（3）は，高段圧縮機に吸い込まれて凝縮圧力まで圧縮される。

冷媒循環量を低段圧縮機側 q_{mro}・高段圧縮機側 q_{mrk} とすると，**中間冷却器**での熱収支は下記の通りとなる。

$$q_{mro}h_2+q_{mrk}h_6=q_{mro}h_7+q_{mrk}h_3$$

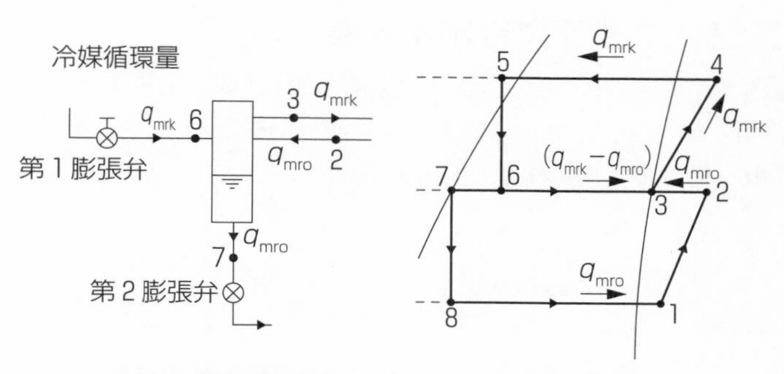

中間冷却器の熱収支　　冷凍サイクル

したがって**冷媒循環量** q_{mrk} は下記式となり，一段膨張式と同じである。

$$q_{mrk}=q_{mro}+q'_{mro}$$

また，**冷凍能力**（Φ_o）と**理論圧縮動力**（P_{th}）は下記式で求められる。

$$\Phi_o=q_{mro}(h_1-h_8)$$

$$P_{th}=P_H+P_L=q_{mro}(h_2-h_1)+q_{mrk}(h_4-h_3)$$

この冷凍サイクルの**理論成績係数**（$(COP)_{th.R}$）は次式となる。

$$(COP)_{th.R}=\frac{q_{mro}(h_1-h_8)}{q_{mro}(h_2-h_1)+q_{mrk}(h_4-h_3)}$$

（9）エコノマイザ付き冷凍装置

多段圧縮の冷凍装置においては，各段毎の高圧冷媒液を膨張させる機能と二段圧縮二段膨張式の中間冷却器のような気液分離機能を，併せ持つ「**エコノマイザ**」を取り付けて，成績係数の向上を図る。

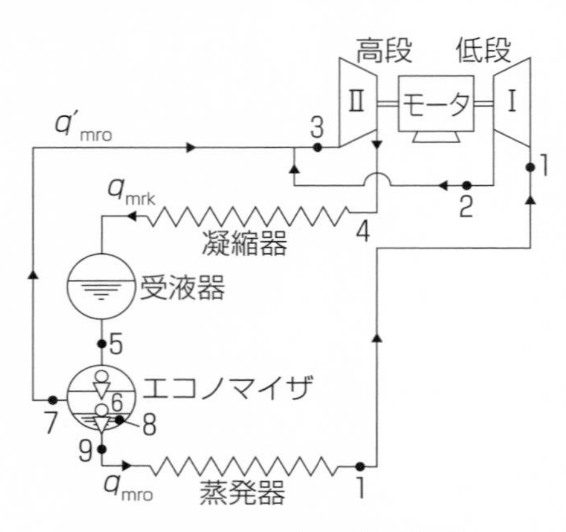

エコノマイザ付き冷凍装置

冷凍サイクル

まず蒸発器を出た冷媒蒸気（1）は，一段目の羽根車Ⅰで中間圧力（2）まで圧縮される。そして二段圧縮冷凍サイクルのように冷却されることなく，**エコノマイザ**内で高圧液が中間圧力まで膨張するときに発生するフラッシュガスと混合して，羽根車Ⅱ（3）に吸い込まれる。そこで再び圧縮されて凝縮器（4）に入る。

凝縮器からは，高圧冷媒液（5）は**エコノマイザ**に入り中間圧力（6）まで膨張し，分離した冷媒液（8）は蒸発圧力（9）まで再膨張して蒸発器に入る。

ここで，システムの**冷凍能力** Φ_o は低温側の冷凍能力であるため，求める式は下記の通りとなる。

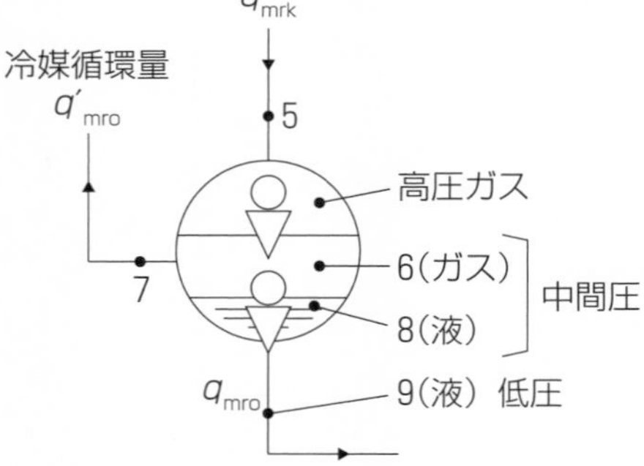

エコノマイザでの圧力分布

$$\Phi_o = q_{mro}(h_1 - h_9)$$

一方，**エコノマイザ**での**熱収支**は，下記通りとなる。

$$q_{mro}(h_6 - h_8) = q'_{mro}(h_7 - h_6)$$

したがって　$q'_{mro}=q_{mro}(h_6-h_8)/(h_7-h_6)$ である。

以上により，羽根車Ⅱに吸い込まれる**蒸気量** q_{mrk} は次の通りとなる。

$$q_{mrk}=q_{mro}+q'_{mro}$$

$$=q_{mro}\left[1+\frac{h_6-h_8}{h_7-h_6}\right]=q_{mro}\times\frac{h_7-h_8}{h_7-h_6}\quad(kg/s)$$

二段目の羽根車Ⅱに吸い込まれる冷媒蒸気は，状態（２）と（７）との混合蒸気であるから，**比エンタルピー** h_3は下記式で求められる。

$$h_3=(q_{mro}h_2+q'_{mro}h_7)/q_{mrk}\quad(kJ/kg)$$

また，**冷凍能力** Φ_o（kW）は次式により求められる。

$$\Phi_o=q_{mro}(h_1-h_9)$$

一方，一段目の圧縮動力を $P_{th.L}$（kW），二段目の圧縮動力を $P_{th.H}$（kW）とすると**理論圧縮動力** P_{th}（kW）は，次式により求められる。

$$P_{th}=P_{th.L}+P_{th.H}=q_{mro}(h_2-h_1)+q_{mrk}(h_4-h_3)$$

$$=q_{mro}\left[(h_2-h_1)+\frac{(h_7-h_8)(h_4-h_3)}{(h_7-h_6)}\right]$$

従って，**理論成績係数**（COP）$_{th.R}$ は下記式となる

$$(COP)_{th.R}=\frac{\Phi_o}{P_{th}}$$

$$=\frac{(h_1-h_9)(h_7-h_6)}{(h_2-h_1)(h_7-h_6)+(h_7-h_8)(h_4-h_3)}$$

エコノマイザの効果

①エコノマイザを通過した冷媒は過冷却となり，低温域の冷凍効果が増している。

②高段側圧縮機の吸込みガスは，エコノマイザにより冷却され，圧縮に要するエネルギーが少なくてすむ。

(10) 吸収式冷凍装置

「水」を冷媒として用いて，冷水や温水を作る機器である。

基本サイクルとしては，『①**蒸発器**』で冷媒を低温低圧で蒸発させて冷水・冷液をつくる。次に『②**吸収器**』で蒸発冷媒を吸収液に吸収させる。次に『③**再生器**』では冷媒を吸収した吸収液に熱を加えて冷媒を蒸発分離させる。最後に蒸発分離した冷媒を『④**凝縮器**』で冷却して液化し，再び蒸発器に戻す。

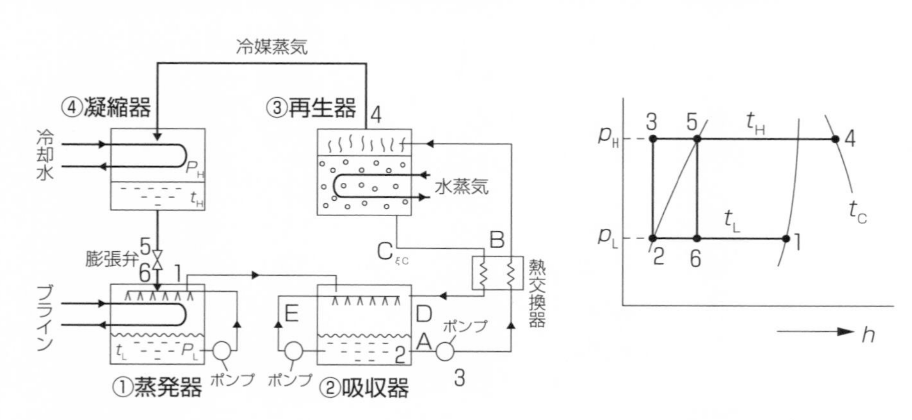

吸収式冷凍サイクル

①蒸発器：冷媒（水など）が低温低圧で蒸発し水蒸気になる。このときに被冷却水（ブライン）を冷却する。

②吸収器：蒸発した冷媒を吸収液（臭化リチウムなど）に吸収させる。

③再生器：冷媒を吸収した吸収液に熱を加えて冷媒を蒸発分離させる。吸収液は吸収器に戻り，蒸発した冷媒は凝縮器に送られる。

④凝縮器：冷却された冷媒（蒸気）は液化して冷媒（水）になる。冷媒（水）は膨張弁で減圧した後，蒸発器に戻される。

吸収式冷凍装置には，次のような長所／短所がある。

長所　①冷媒に水（蒸留水）を使用しているため，安価で環境に優しい。
②冷水・温水の取り出しが可能で，1台で冷房と暖房ができる。

短所　①化学反応利用のため，立上がりが遅く負荷変動への追随も悪い。
②真空度検査などの定期点検を行わないと機器効率が低下する。

第2章

圧縮機

圧縮機は，人間における心臓のように，冷凍機器の中で冷媒ガスを圧縮して送り出す中心的な役割担っています。また圧縮機には色んな種類があり，用途に応じて使い分けています。

本章では，圧縮機の種類とともに，実際の圧縮機の効率を考慮した「冷凍サイクルの成績係数の求め方」についても学びます。

第1節 圧縮機の種類

圧縮機を大きく分けると，**容積形**と**遠心形**に大別される。容積形圧縮機は，往復式・ロータリー式・スクロール式・スクリュー式がある。また遠心形圧縮機にはターボ圧縮機がある。各圧縮機の特徴を整理すると下記のようになる。

［圧縮機の種類と用途］

区　分			形　態	用　途	備　考
容積形	往復式（レシプロ）	クランク式	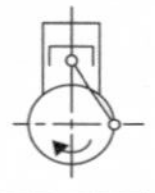	冷蔵庫・冷凍庫・エアコン・カーエアコン	・取扱いがし易い ・機種が豊富である ・大型化は困難
		斜板式	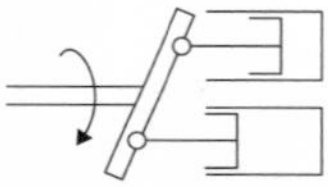	カーエアコン	・軽量，コンパクト
	ロータリー式	回転ピストン		冷蔵庫・エアコン・カーエアコン	・高速回転が可能 ・小型軽量で小容量に適する
		スライディングベーン		電気冷蔵庫 カーエアコン	・高速回転が可能 ・小型軽量で小容量に適する
	スクロール式			エアコン・カーエアコン	・部品点数が少ない
	スクリュー式	シングル	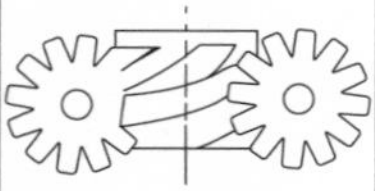	中型冷凍機・空調機器・ヒートポンプ	・往復式に比べて振動が少ない ・遠心式に比べて高圧縮比に適している
		ツイン	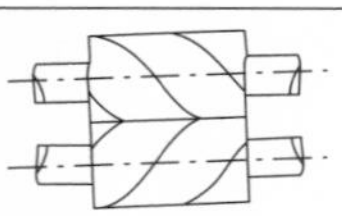	中型冷凍機・空調機器・ヒートポンプ	
遠心形（ターボ）			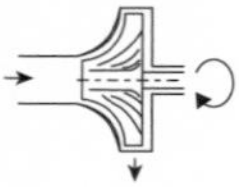	大型冷凍機・空調機器	・大容量に適している ・高圧縮比には不向き

（１）往復圧縮機

往復圧縮機は，シリンダ（気筒）内をピストンがクランク機構により往復運動し，吸込み弁を通してシリンダ内に吸い込んだ冷媒蒸気を圧縮して，吐出し弁より吐き出す構造である。

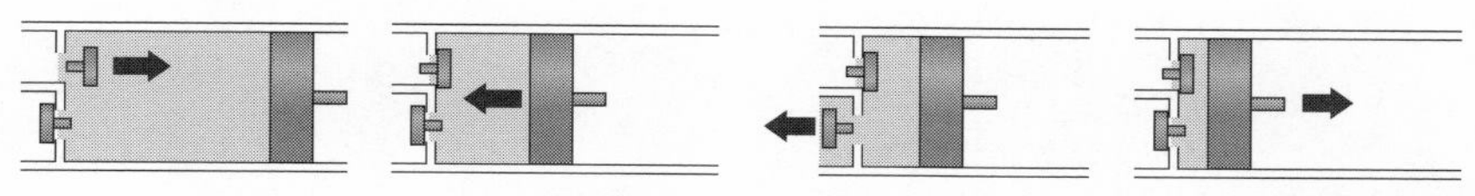

（１）吸込み工程 →（２）圧縮工程 →（３）吐出し工程 →（４）再膨張工程

往復圧縮機では，潤滑油が吸込み側の低圧部分にあり，始動時や液戻り時にオイルフォーミングを発生しやすいので，注意を要する。

（２）ロータリー圧縮機

ロータリー圧縮機は，電気冷蔵庫やルームエアコンなどの小型機器で多く使用されている。シリンダ内で回転するピストンにより，冷媒蒸気を圧縮するものである。構造上，**ロータリー圧縮機**の容器内は高圧であり，運転時の電動機巻線温度は吐出しガス温度より高くなる。

次のようなタイプがある。

①回転ピストン式
②スライディングベーン式
③スイング式

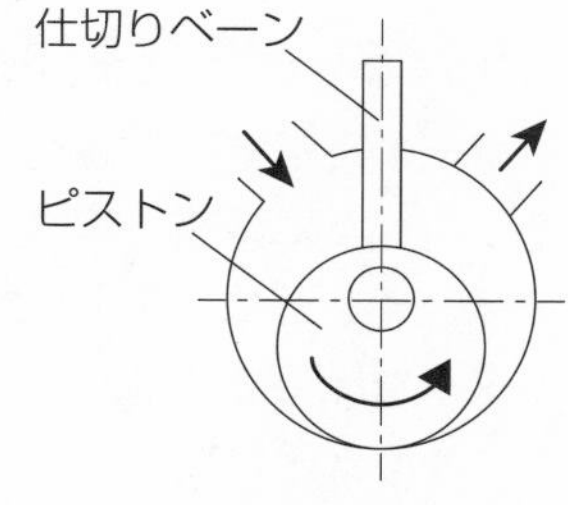

回転ピストン式

（３）スクロール圧縮機

スクロール圧縮機は，うず巻き状の曲線で構成された固定スクロールと，それとほぼ同じ形の旋回スクロールとで構成されている。旋回運動により冷媒蒸気は徐々に圧縮されて，最終的にスクロールの中心部にある吐出し口より吐き出される。

スクロール圧縮機では，圧縮の始りと終り

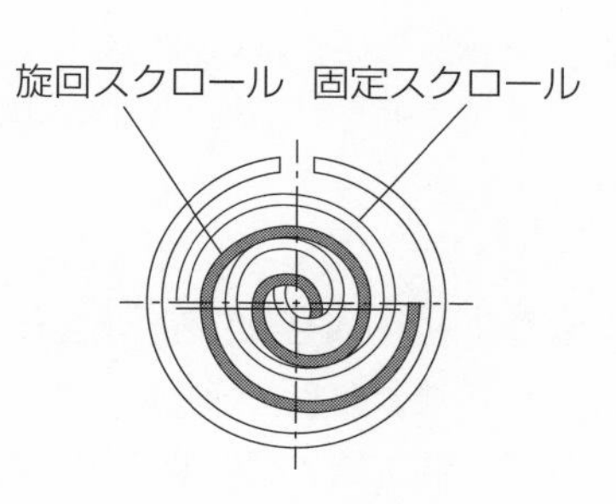

スクロール式

の容積比は固定されるため，運転条件に合わせた設計が必要となる。

（４）スクリュー圧縮機

スクリュー圧縮機は，吐出し弁・吸込み弁が無く，スクリュー形の溝部の容積変化を利用して圧縮するものである。

オスロータ　メスロータ

ツインスクリュー式

構造として次の２種類がある。

①**シングルスクリュー式**（１軸形）

②**ツインスクリュー式**（２軸形）

ツインスクリュー式では，冷凍機油の噴射によって，ロータ歯間・ロータ歯とケーシング間の潤滑を行い，動力の伝達はスクリューロータ歯自身で行っている。

（５）ターボ圧縮機

ターボ圧縮機は，高速回転する羽根車によって大量の冷媒蒸気を吸込み，高速から徐々に減速することにより，静圧（圧縮）に変換されるものである。大容量タイプとして採用されている圧縮機である。

ターボ圧縮機には遠心式と軸流式とがある。

①遠心式圧縮機

ターボ圧縮機の中で，気体フローが遠心方向（径方向）に徐々に減速させて圧力に変換する圧縮機である。

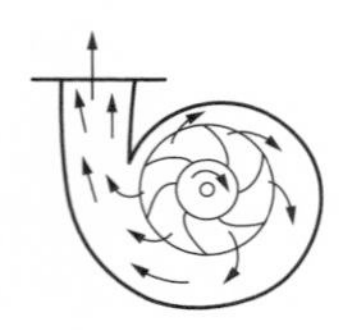

遠心式

②軸流式圧縮機

ターボ圧縮機の中で，気体フローが軸方向にそって，徐々に減速させて圧力に変換する圧縮機である。

※軸流式圧縮機は同容量の遠心式圧縮機に比べて，小型・軽量・高速回転の特徴がある。

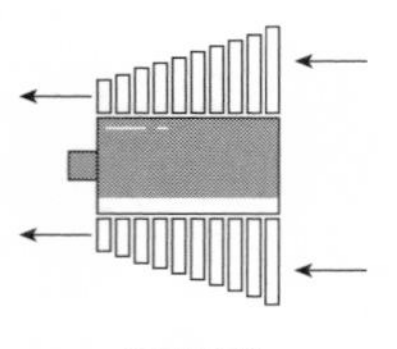

軸流式

（６）開放型と密閉型

圧縮機の駆動は電動機が用いられている。この圧縮機と電動機の配置のあり方で，**開放型**と**密閉型**とがある。

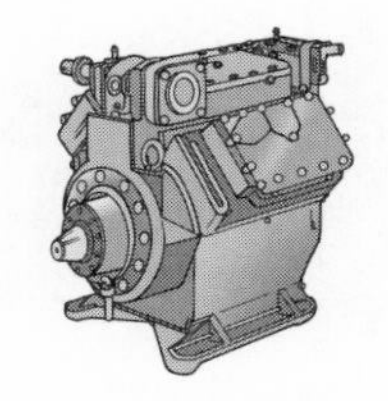

開放型

①**開放型**：圧縮機と電動機が別々に配置され，軸継手で直結駆動またはベルト掛け駆動するものである。電動機の動力を圧縮機に伝えるために，軸が外に突き出ているため，シャフトシール（軸封装置）が必要である。

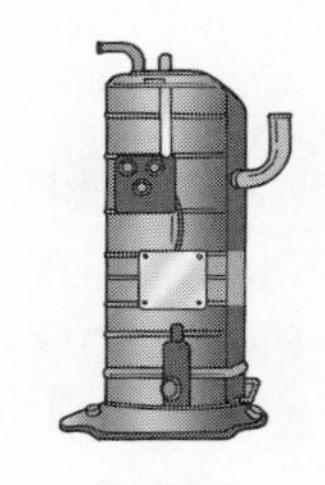

密閉型

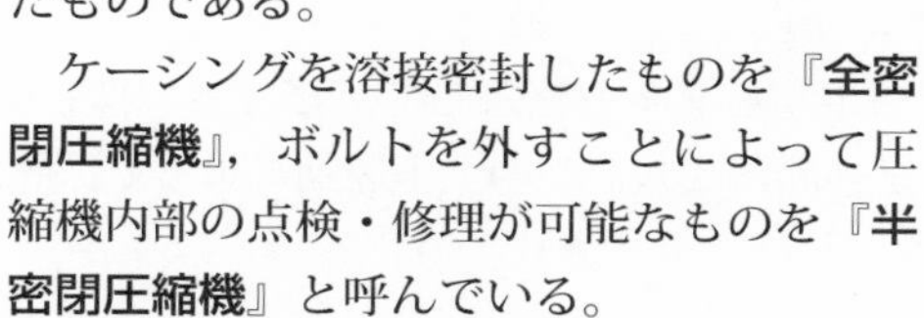

②**密閉型**：圧縮機と電動機が軸で直結されて1つのケーシング内に収められ，一体構造となったものである。

　ケーシングを溶接密封したものを『**全密閉圧縮機**』，ボルトを外すことによって圧縮機内部の点検・修理が可能なものを『**半密閉圧縮機**』と呼んでいる。

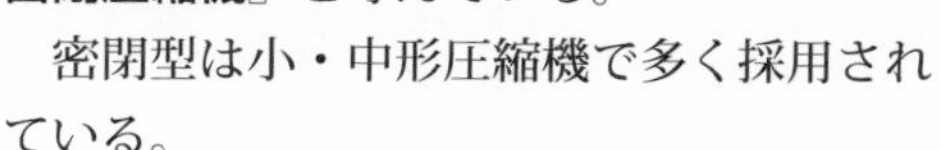

　密閉型は小・中形圧縮機で多く採用されている。

（7）コンパウンド圧縮機

二段圧縮の冷凍サイクルにおいて，1台の圧縮機に高段用と低段用を配置した圧縮機を**コンパウンド圧縮機**という。通常，6気筒の圧縮機の場合，高段用に2気筒，低段用に4気筒を使用する。

本圧縮機では，高段用と低段用のピストン押しのけ量が固定されるので，中間圧力が最適値から若干のずれを生じる。

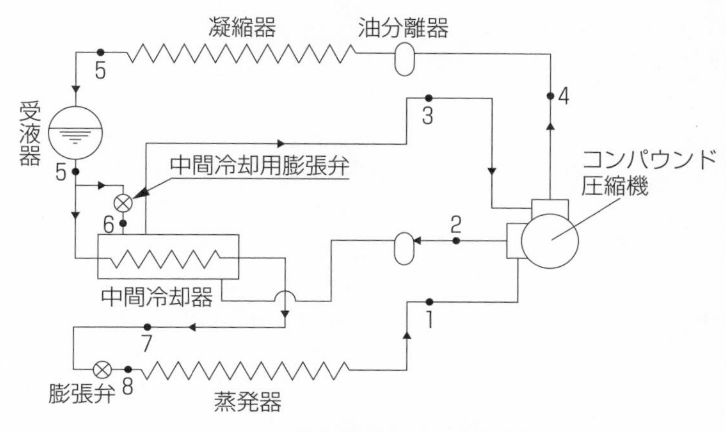

コンパウンド圧縮機の冷凍装置

圧縮機

圧縮機の性能

圧縮機の性能は，圧縮機構の大きさや回転速度の他に，吸込み蒸気の圧力・温度や吐出し圧力などの外部要因によって決まる。

（1）理論ピストン押しのけ量

圧縮機の冷凍能力を決定する基本要素として，**ピストン押しのけ量**がある。往復圧縮機の場合は，１秒間にピストンの上下運動によって冷媒蒸気を押しのける量として求められる。

$$V=\frac{\pi \cdot D^2}{4}\times L\times N\times n\times\frac{1}{60}$$

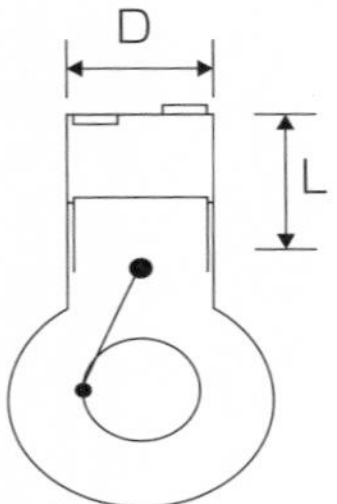

V：理論ピストン押しのけ量（m^3/s）
D：気筒径（m）
L：ピストン行程（m）
N：気筒数
n：１分間の回転数（rpm）

（2）体積効率

実際に圧縮機が吸い込む冷媒の量 q_{vr} は，理論上のピストン押しのけ量Ｖよりも小さくなる。この割合を**体積効率**として下記式で表す。

$$\eta_v=\frac{q_{vr}}{V}$$

η_v：体積効率
q_{vr}：実際の冷媒吸込み量（m^3/s）
V：理論ピストン押しのけ量（m^3/s）

体積効率を低下させる理由としては，圧縮機の構造面から次のことが考えられる。

①シリンダ上部スキマ
②冷媒吸込み時の通路とシリンダ壁での過熱
③吸込み弁での絞り抵抗
④吐出し弁での絞り抵抗
⑤冷媒圧縮時のピストンからクランクケースへの冷媒漏れ

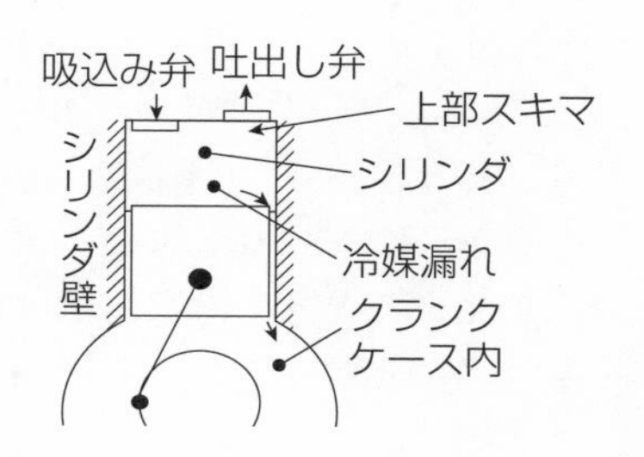

（3）冷媒循環量

冷媒循環量は単位時間当りの質量流量で，理論ピストン押しのけ量・体積効率・吸込み蒸気の比容積によって求められる。

$$q_{mr}=\frac{q_{vr}}{v}=\frac{V\times\eta_v}{v}$$

q_{mr}：冷媒循環量（kg/s）
q_{vr}：実際の冷媒吸込み量（m^3/s）
v：吸込み蒸気の比容積（m^3/kg）
V：理論ピストン押しのけ量（m^3/s）
η_v：体積効率

（4）冷凍能力

一方で**冷凍能力**は，『第１章　冷凍サイクル』で記したように下記式で表される。

$$\Phi_o=q_{mr}\times(h_A-h_B)=\frac{V\times\eta_v}{v}\times(h_A-h_B)$$

Φ_o：冷凍能力（kJ/s）
q_{mr}：冷媒循環量（kg/s）
v：吸込み蒸気の比容積（m^3/kg）
h_A：蒸発器出口の比エンタルピー（kJ/kg）
h_B：蒸発器入口の比エンタルピー（kJ/kg）

[例題１]

右のような冷凍サイクルにおいて，理論ピストン押しのけ量Vが1,000m³/hであり，体積効率η_Vが0.85であるとき，冷媒循環量q_{mr}はいくらですか。

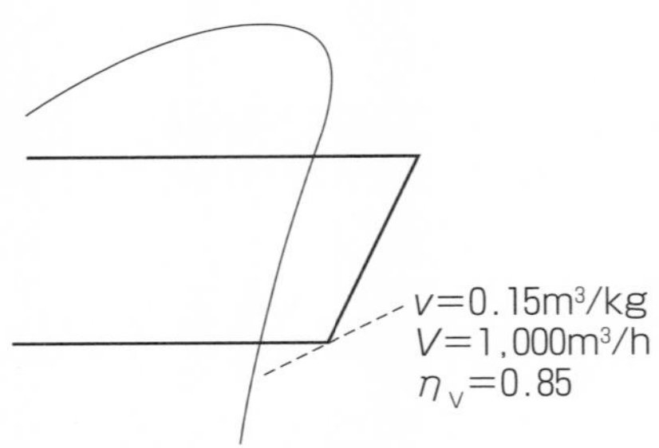

<解答>単位を合わせる。$V=1,000m^3/h=\frac{1,000}{3,600}\fallingdotseq 0.28m^3/s$

したがって冷媒循環量は$q_{mr}=\frac{V\times\eta_V}{v}=\frac{0.28\times 0.85}{0.15}\fallingdotseq 1.6kg/s$となる。

答：1.6kg/s

[例題２]

例題１の冷媒循環量q_{mr}において，蒸発器出口の比エンタルピーh_Aが350kJ/kg，蒸発器入口の比エンタルピーh_Bが200kJ/kgであるとき，冷凍能力Φ_oはいくらですか。

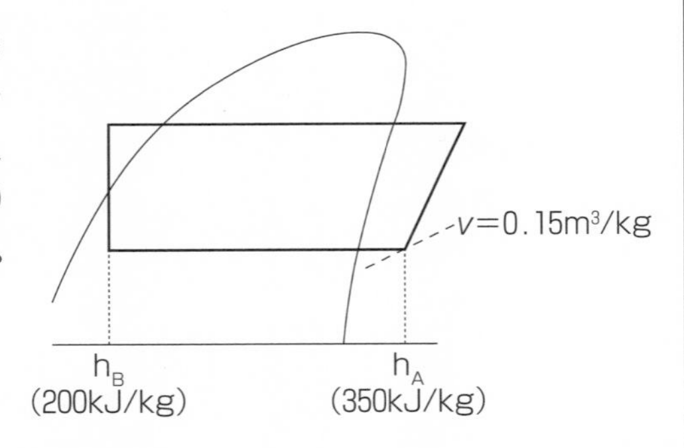

<解答>冷凍能力Φ_oは，

$\Phi_o=q_{mr}\times(h_A-h_B)=1.6\times(350-200)=240kJ/s$

答：240kJ/s

（５）断熱効率

実際の圧縮機の駆動に必要な**軸動力** P は，蒸気の圧縮に必要な**圧縮動力** P_c と**機械的摩擦損失** P_m との和で表される。

$P = P_c + P_m$ （kW）　P：実際の圧縮機駆動の軸動力（kW）
P_c：実際の蒸気圧縮動力（kW）
P_m：機械的摩擦損失（kW）

圧縮機駆動に必要な軸動力 P は，理論上の断熱圧縮動力 P_{th} よりも大きくなる。そこで，**理論断熱圧縮動力** P_{th} と圧縮に必要な**圧縮動力** P_c との比を**断熱効率** η_c で表す。

$$\eta_c = \frac{P_{th}}{P_c}$$

η_c：断熱効率（圧縮効率ともいう）
P_{th}：理論断熱圧縮動力（kW）
P_c：実際の蒸気圧縮動力（kW）

（６）機械効率

圧縮機駆動時，圧縮機に必要な**軸動力** P は，実際の蒸気圧縮に必要な**圧縮動力** P_c とその時の**機械的摩擦損失** P_m を加えたものである。

$P = P_c + P_m$　P：実際の圧縮機駆動の軸動力（kW）
P_c：実際の蒸気圧縮動力（kW）
P_m：機械的摩擦損失（kW）

これより，**機械効率** η_m は下記式で求められる。

$$\eta_m = \frac{P_c}{P}$$

η_m：機械効率

（７）全断熱効率

断熱効率 η_c と**機械効率** η_m の式より，下記式が成り立つ。

$$\eta_{tad} = \eta_c \times \eta_m = \frac{P_{th}}{P_c} \times \frac{P_c}{P} = \frac{P_{th}}{P}$$

この η_{tad} を**全断熱効率**といい，理論断熱圧縮動力 P_{th} と実際の圧縮機駆動の軸動力 P との比を表している。

[例題３]

ある冷凍サイクルにおいて，圧縮機の圧縮動力や機械的摩擦損失が右記状態であるとき，断熱効率 η_c と機械効率 η_m を求めよ。

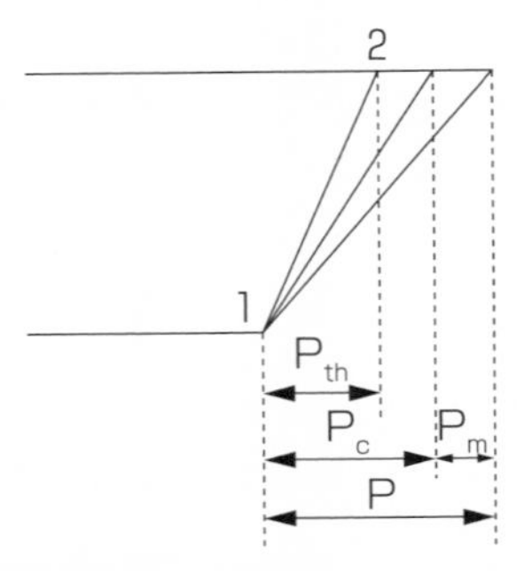

・理論断熱圧縮動力 $P_{th}=120$kW
・圧縮機の圧縮動力 $P_c=135$kW
・機械的摩擦損失 $P_m=25$kW

<解答>理論上の断熱圧縮動力・圧縮機の圧縮動力・機械的摩擦損失を右記通りとすると，η_c と η_m は下記式で求められる。

$$\eta_c=\frac{P_{th}}{P_c}=\frac{120}{135}=0.89$$

$$\eta_m=\frac{P_c}{P}=\frac{P_c}{P_c+P_m}=\frac{135}{135+25}=0.84$$

答：断熱効率0.89　機械効率0.84

[例題４]

理論断熱圧縮動力が200kW で $\eta_c=0.70$，$\eta_m=0.90$であるとき，実際の圧縮機軸動力を求めよ。

<解答>$P_{th}=200$kW，$\eta_c=0.70$，$\eta_m=0.90$であるから，実際の圧縮機軸動力 P は次式で求められる。

$$P=\frac{P_{th}}{\eta_c\times\eta_m}=\frac{200}{0.70\times0.90}\fallingdotseq317\text{kW}$$

答：317kW

[例題５]

実際の圧縮機軸動力が300kW で $\eta_c=0.80$，$\eta_m=0.95$であるとき，理論断熱圧縮動力はいくらですか。

<解答>$P=300$kW，$\eta_c=0.80$，$\eta_m=0.95$であるから，理論断熱圧縮動力 P_{th} は次式で求められる。

$$P_{th}=P\times\eta_c\times\eta_m=300\times0.80\times0.95=228\text{kW}$$

答：228kW

実際の冷凍サイクル

（1）理論冷凍サイクルでの成績係数

理論冷凍サイクルにおける成績係数（すなわち圧縮機に断熱圧縮以外に損失が無い場合）は，第1章第2節でも示したように下記通りである。

冷凍サイクル

理論成績係数

$$(\mathrm{COP})_{\mathrm{th.R}}=\frac{\text{冷凍能力}\ (\Phi_o)}{\text{理論圧縮動力}\ (P_{th})}=\frac{h_A-h_D}{h_B-h_A}$$

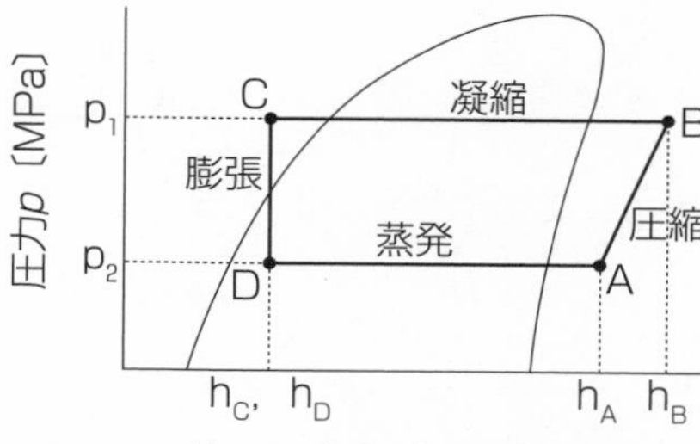

ヒートポンプサイクル

理論成績係数

$$(\mathrm{COP})_{\mathrm{th.H}}=\frac{\text{放熱量}\ (\Phi_o+P_{th})}{\text{理論圧縮動力}\ (P_{th})}=\frac{h_B-h_C}{h_B-h_A}$$

（2）実際冷凍サイクルでの成績係数

実際の冷凍サイクルにおいては圧縮機に損失があり，その損失が吐出しガスの比エンタルピーに影響を及ぼす。

B点：理論冷凍サイクルでの圧縮機吐出しガスの比エンタルピー

B”点：実際冷凍サイクルでの圧縮機吐出しガスの比エンタルピー

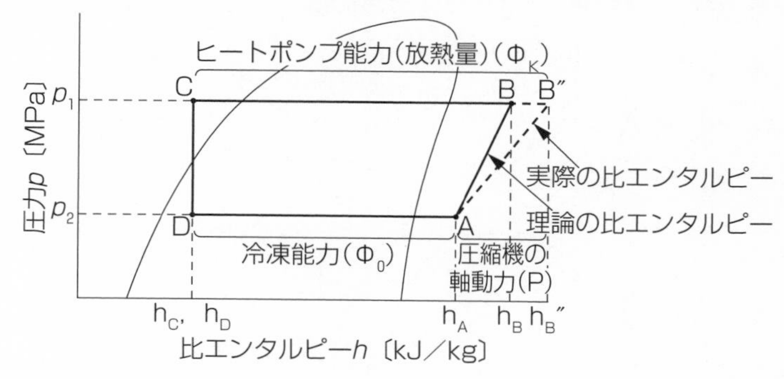

冷凍サイクル

前ページのp−h線図において，実際の冷凍サイクルでの圧縮機の軸動力Pは次の通りとなる。　$P=q_{mr}(h_{B}''-h_{A})$

一方，冷凍能力Φ_{o}は　$\Phi_{o}=q_{mr}(h_{A}-h_{D})$であるから，実際の成績係数$(COP)_{R}$は次式で求められる。

$$(COP)_{R}=\frac{\Phi_{o}}{P}=\frac{q_{mr}(h_{A}-h_{D})}{q_{mr}(h_{B}''-h_{A})}=\frac{h_{A}-h_{D}}{h_{B}''-h_{A}}$$

※圧縮機の損失にはさまざまなものが有り，大きくは①吐出弁の抵抗などによるものと②機械的な摩擦損失によるものとがある。

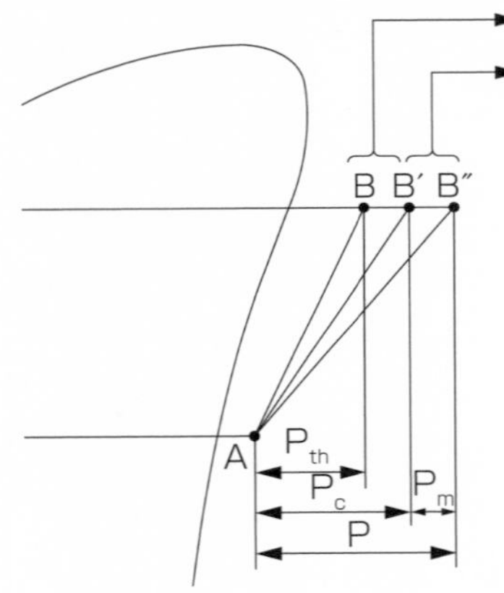

- P_{th}：理論上の断熱圧縮動力（kW）
- P_{c}：実際の蒸気圧縮動力（kW）
- P_{m}：圧縮機の機械的摩擦損失（kW）
- P：実際の圧縮機駆動に必要な軸動力（kW）

⇩

○断熱効率 $\eta_{c}=\frac{P_{th}}{P_{c}}$

○機械効率 $\eta_{m}=\frac{P_{c}}{P}$

○全断熱効率 $\eta_{tad}=\eta_{o}\times n_{m}=\frac{P_{th}}{P}$

ヒートポンプサイクル

一方，実際のヒートポンプサイクルでの成績係数は，下記通りとなる。

$$(COP)_{H}=\frac{\Phi_{k}}{P}=\frac{q_{mr}(h_{B}-h_{D})}{q_{mr}(h_{B}-h_{A})}=\frac{h_{B}''-h_{D}}{h_{B}''-h_{A}}$$

※圧縮機の機械的摩擦損失P_{m}が，「熱となって冷媒に加えられる場合」と「熱として冷媒に加えられない場合」とで成績係数が異なる。

<熱となって冷媒に加えられる場合>

ヒートポンプ能力

$\Phi_k = \Phi_o + P$

ヒートポンプ時の成績係数

$$(COP)_H = \frac{\Phi_k}{P} = \frac{\Phi_o}{P} + 1 = (COP)_R + 1$$

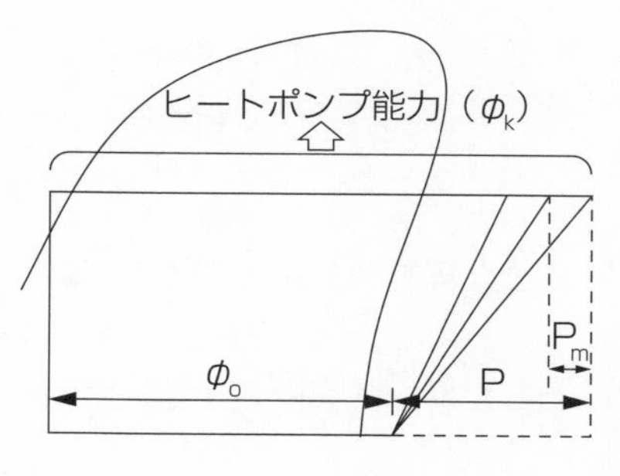
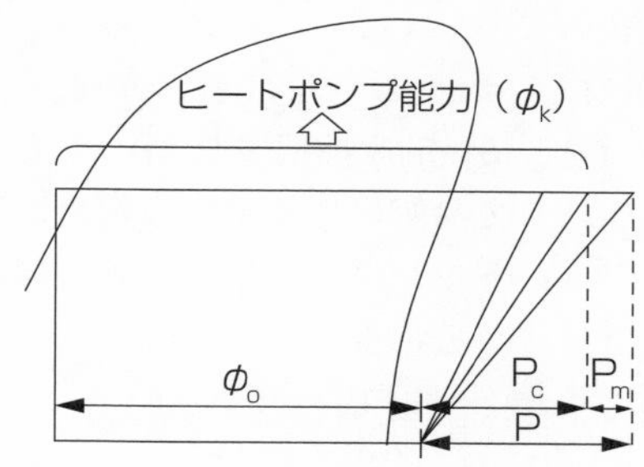

<熱として冷媒に加えられない場合>

ヒートポンプ能力

$\Phi_k = \Phi_o + P_c$

ヒートポンプ時の成績係数

$$(COP)_H = \frac{\Phi_k}{P} = \frac{\Phi_o}{P} + \frac{P_c}{P} = (COP)_R + \eta_m$$

［例題６］

ある冷凍装置が右のような冷凍サイクルで運転されている。また圧縮機の断熱効率 η_c は0.85，機械効率 η_m は0.90である。

ここで装置の冷凍能力 Φ_o が275kWであるとき，次の(１)(２)に答えよ。

（１）実際の圧縮機駆動の軸動力Ｐはいくらか。

（２）機械的摩擦損失が熱となって，冷媒に加えられる場合と加えられない場合それぞれで，ヒートポンプ能力はいくらか。

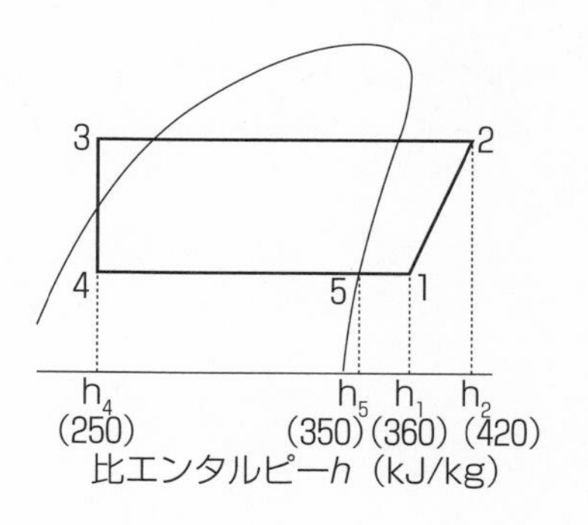

$\eta_c = 0.85$

$\eta_m = 0.90$

$\Phi_o = 275\text{kW}$

<解答>（1）冷媒循環量を q_{mr} とすると，冷凍能力 Φ_o は $\Phi_o = q_{mr} \times (h_1 - h_4)$ となる。これより q_{mr} は下記式にて求められる。

$$q_{mr} = \frac{\Phi_o}{h_1 - h_4} = \frac{275}{360 - 250} = 2.5\text{kg/s}$$

また理論断熱圧縮動力 P_{th} は，下記式にて求められる。

$$P_{th} = q_{mr} \times (h_2 - h_1) = 2.5 \times (420 - 360) = 150\text{kJ/s} = 150\text{kW}$$

したがって実際の圧縮機駆動の軸動力 P は，下記式にて求められる。

$$P = \frac{P_{th}}{\eta_c \times \eta_m} = \frac{150}{0.85 \times 0.90} = 196\text{kW}$$

答：実際の軸動力196kW

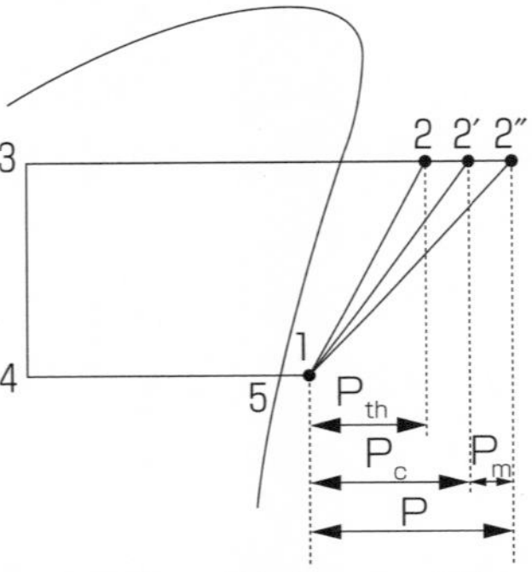

（2）機械的摩擦損失 P_m が，熱となって冷媒に加えられる場合のヒートポンプ能力は，下記式にて求められる。

$$\Phi_k = \Phi_o + P = 275 + 196 = 471\text{kW}$$

熱となって冷媒に加えられない場合のヒートポンプ能力は，下記となる。

$$\Phi_k = \Phi_o + P_c = \Phi_o + \frac{P_{th}}{\eta_c} = 275 + \frac{150}{0.85} \fallingdotseq 451\text{kW}$$

答：熱となって冷媒に加えられる場合471kW　加えられない場合451kW

第4節 容量制御

冷凍装置にかかる熱負荷は常に変動している。熱負荷変動により，蒸発圧力や凝縮圧力などが所定の条件に保つことができなくなる。所定の条件から離れると，経済的な運転（効率的な運転）ができなくなるだけでなく，装置に不都合な問題を生じさせる。したがって，大きな負荷変動のある冷凍装置では容量制御を行う。容量制御の具体的方法としては，次のようなものがある。

（1）圧縮機内部での容量制御

圧縮機の内部構造により，圧縮機の容量を制御する容量制御装置（アンローダ）を設ける。その構造は圧縮機の形式により異なる。

①多気筒圧縮機の容量制御

多気筒の往復圧縮機などでは，**容量制御装置（アンローダ）**が取り付けられ，複数の気筒のうちのいくつかの気筒の吸込み弁を開放して，作動気筒数を減らすことにより容量制御を行う。容量変化は次のように段階的に行われる。

- 4気筒圧縮機：100，50％
- 6気筒圧縮機：100，66，33％
- 8気筒圧縮機：100，75，50，25％

圧縮機始動時では，潤滑油の油圧が正常圧力に上がるまでは容量制御装置が働いて，圧縮機はアンロード状態となる。圧縮機始動時の負荷軽減装置としても使用される。

②スクリュー圧縮機の容量制御

スクリュー圧縮機の容量制御として**スライド弁方式**がある。スライド弁の移動によりロータの圧縮行程の途中から一部ガスを吸込み側に戻す。ある範囲で無段階に制御でき，負荷変動に対する追随性が良い。

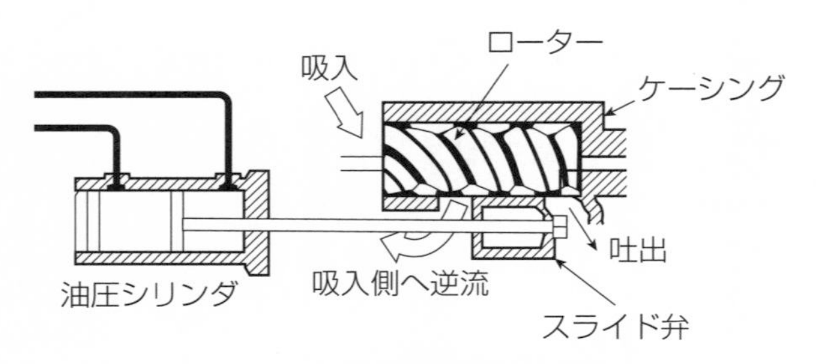

スクリュー圧縮機の容量制御

③ターボ圧縮機の容量制御

ターボ圧縮機の容量制御は，ターボ圧縮機の吸込み口に多数の扇状の羽根（ベーン）で行う。ただし，低流量時には不安定な運転による振動や騒音が発生することがある。（サージ現象）

（2）圧縮機の運転 ON／OFF 制御

圧縮機の運転 ON／OFF により容量制御を行う方法である。通常は，圧縮機の吸込み側に設けられた低圧圧力スイッチ，または冷却室内に設けられたサーモスタットにより圧縮機を ON／OFF させる。

小容量の冷凍装置に広く用いられるが，圧縮機が短時間で ON／OFF を繰り返すと，圧縮機の潤滑不良や電動機焼損の原因となる可能性がある。

（3）複数圧縮機の運転 ON／OFF 制御

熱負荷の大きな冷凍装置などで，**複数台の圧縮機の運転を ON／OFF** させる方法である。圧縮機の吸込み側に設けられた低圧圧力スイッチを用いて ON／OFF を行うが，複数台圧縮機の同時 ON／OFF でなく順次 ON／OFF とする必要があるため，作動圧力に差を設けて段階的な容量制御を行う。

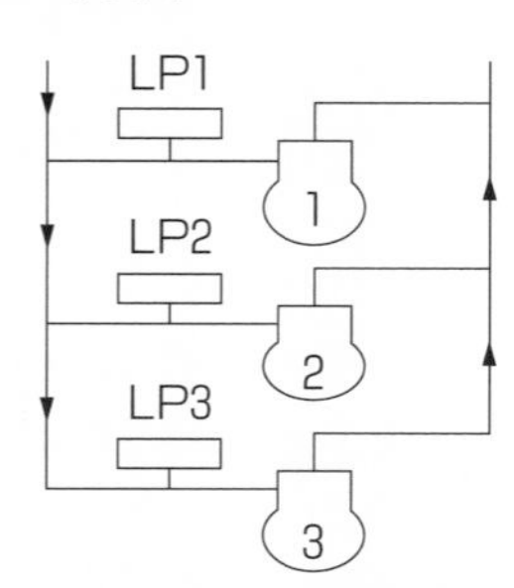

低圧圧力スイッチにより吸込み圧力の変動を検知して圧縮機の運転台数を制御する。

圧縮機台数の容量制御

容量制御を行う圧縮機台数は，負

荷変動の大きさに応じて種々な台数が考えられる。

・圧縮機2台の場合：

「2台の圧縮機をON／OFF」または「1台常時ON＋1台ON／OFF」

・圧縮機3台の場合：

「3台の圧縮機をON／OFF」または「2台常時ON＋1台ON／OFF」

※圧縮機のON／OFFを行うと，圧縮機間の潤滑油量のバランスが崩れて潤滑油不足による潤滑不良発生の恐れがある。同時ON／OFFさせないだけでなく，潤滑油を偏在させないように，均油管・均圧管設置などの配慮が必要である。

（4）圧縮機の回転速度制御

インバータ装置を用いて，圧縮機への**供給電源周波数**を変えて，圧縮機の回転速度を調節して容量制御を行う方法である。回転速度がある範囲では，回転速度と圧縮機の容量はほぼ比例する。

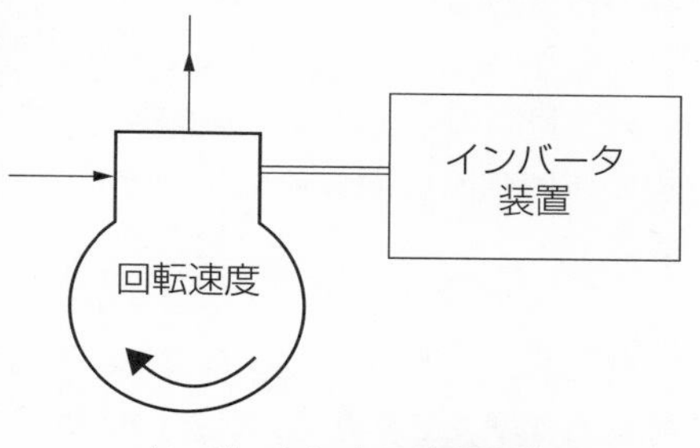

インバータによる容量制御

しかしながら，ある範囲を超える（低速回転速度または高速回転速度）と比例しなくなる。またクランク軸に油ポンプを設けている圧縮機では，低速運転による油圧不足により，潤滑不良となる恐れがあり注意を要する。

（5）蒸発圧力調整弁による制御

冷凍装置において，吸込み蒸気の圧力が下がると冷媒の比容積が大きくなり，圧縮機の能力は低下する。そこで圧縮機への負荷が減少したときに，蒸発圧力が所定の圧力以下とならないように，「**蒸発圧力調整弁**」で吸込み蒸気を絞り，**圧縮機の容量制御**を行う。蒸発圧力が所定の圧力以下とならないように，吸込み蒸気を絞る方法である。

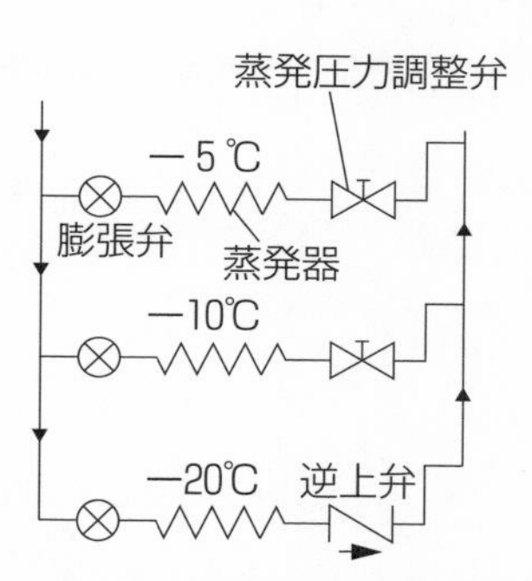

蒸発圧力調整弁による制御

<蒸発圧力調整弁取り付け時の注意点>

①「蒸発圧力調整弁」は，蒸発圧力を維持するために，温度自動膨張弁の感温筒や均圧管取付け位置よりも下流側に取付ける。

②「蒸発圧力調整弁」は，1台の圧縮機に対して複数台の蒸発器があるときは，蒸発温度の高い方の出口に取り付ける。

（6）吸入圧力調整弁による制御

圧縮機への負荷が急激に上昇したときなどに，蒸発圧力が所定圧力以上とならないように，「**吸入圧力調整弁**」を取付け吸込み蒸気を絞り，**圧縮機の容量制御**を行う。蒸発圧力が所定の圧力以上とならないように，吸込み蒸気を絞る方法である。この容量制御方法は，圧縮機の始動時や除霜終了後の再始動時の過負荷防止などに活用されている。

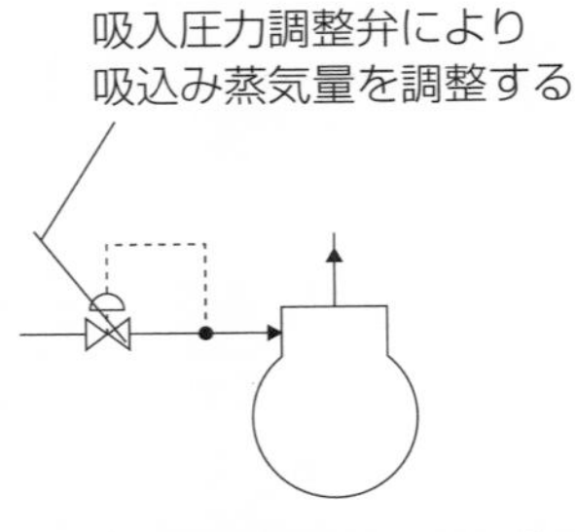

吸入圧力調整弁による制御

ただし，これらの吸込み蒸気を絞る方法は，結果として冷媒1 kg当りの圧縮動力は増大するため，装置の**成績係数は低下する。**

（7）ホットガスバイパスによる制御

圧縮機の吐出しガスの一部を吸込み側にバイパスさせて，**容量制御**を行う方法である。バイパスされた冷媒ガスは圧縮機で再圧縮されるので，圧縮機の軸動力はあまり変わらない。しかしながら，膨張弁を通過する冷媒循環量はバイパス分減少し冷凍能力が低下するので，**成績係数は低下する**。

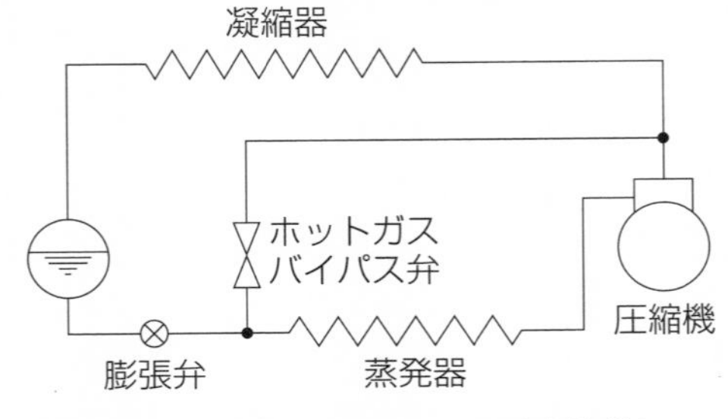

ホットガスバイパスによる容量制御

演習問題〈冷凍サイクル〉〈圧縮機〉

問題１＜第１種＞

液インジェクション付き冷凍装置（冷媒：**R410A**）が，右の理論冷凍サイクルで運転されている。

この冷凍装置で，圧縮機の吸込みガスに凝縮器出口の冷媒循環量の10%を噴射した場合について，設問１．～３．に答えよ。計算式も示して答えよ。

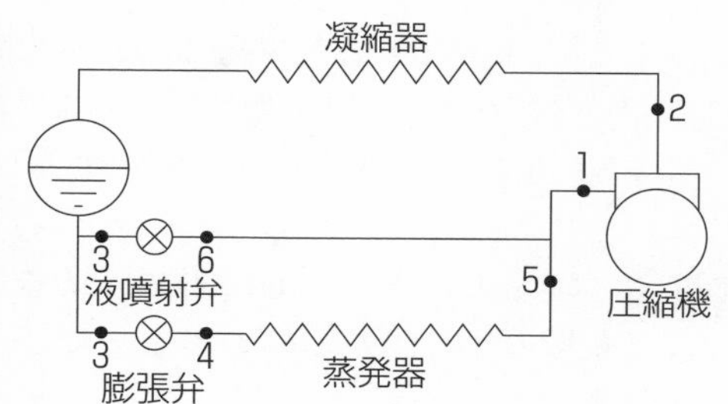

（運転条件）

・圧縮機の吐出しガスの比エンタルピー　$h_2 = 460$ kJ/kg

・蒸発器の出口蒸気の比エンタルピー　$h_5 = 445$ kJ/kg

・膨張弁直前および液噴射弁直前の液の比エンタルピー

$h_3 = 260$ kJ/kg

設問１．理論冷凍サイクルをp－h線図上に記載し点１～点６を図中に記入せよ。

設問２．圧縮機の吸込み蒸気の比エンタルピー h_1（kJ/kg）を求めよ。

設問３．本冷凍装置の理論成績係数 $(COP)_{th.R}$ を求めよ。

解答・解説

設問１．理論冷凍サイクルを記載する。

液インジェクション付き冷凍装置の冷凍サイクル図は右図の通りである。膨張弁は２つあるが，２つの膨張弁出口は１つの圧縮機吸込ガスに導かれることより，同じ圧力となる（点４と点６）。そして大きく過熱された蒸発器出口（点５）は，液インジェクション（点６）により冷やされて（点１）となる。

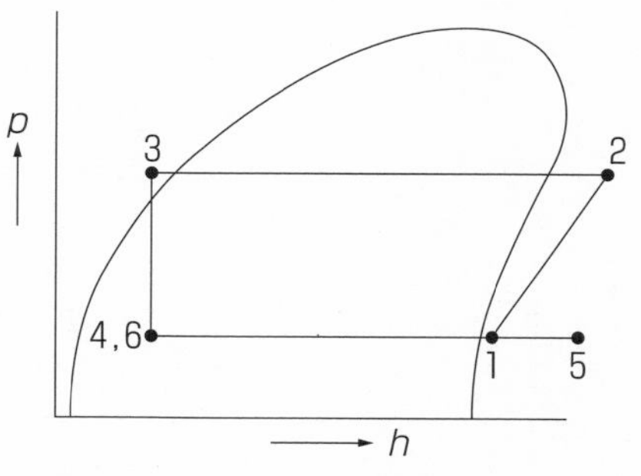

設問２．吸込み蒸気の比エンタルピーを求める。

冷凍サイクルにおいて，冷媒循環量に対する液インジェクション量比率を r_{inj} とすると，下記式が成り立つ。

$$h_1 = r_{inj} \times h_6 + (1 - r_{inj}) \times h_5$$

ここで，$h_3 = h_4 = h_6 = 260$ kJ/kg，$h_5 = 445$ kJ/kg であり，またインジェクション量比率は10％で，残りは90％であることより，h_1は次のように求まる。

$$h_1 = 0.10 \times 260 + 0.90 \times 445 = 426.5$$

答：426.5kJ/kg

設問３．理論成績係数 $(COP)_{th.R}$ を求める。

圧縮機の吐出し冷媒量を q_{mr} とすると，この装置の冷凍能力，理論圧縮動力は下記式で求められる。

冷凍能力　$\Phi_o = q_{mr}(1 - r_{inj})(h_5 - h_4)$

理論圧縮動力　$P_{th} = q_{mr}(h_2 - h_1)$

したがって，理論成績係数は次のように求まる。

$$(COP)_{th.R} = \frac{\text{冷凍能力}}{\text{理論圧縮動力}} = \frac{(1 - r_{inj})(h_5 - h_4)}{h_2 - h_1} = \frac{(1 - 0.10)(445 - 260)}{460 - 426.5}$$

$$= 5.0$$

答：理論成績係数　5.0

問題２＜第１種＞

液ガス熱交換器付き冷凍装置（冷媒：R410A）が，下記条件で運転されているとき，設問１．～３．に答えよ。計算式も示して答えよ。

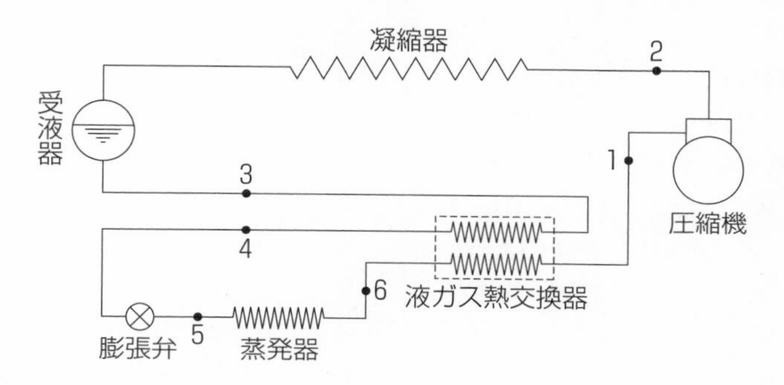

（運転条件）

- 圧縮機の吸込み蒸気の比エンタルピー　$h_1=432$kJ/kg
- 受液器出口の液の比エンタルピー　$h_3=268$kJ/kg
- 膨張弁直前の液の比エンタルピー　$h_4=250$kJ/kg
- 蒸発圧力における飽和蒸気の比エンタルピー　$h_D=418$kJ/kg
- 蒸発圧力における飽和液の比エンタルピー　$h_W=200$kJ/kg

（圧縮機仕様）

- 圧縮機のピストン押しのけ量　$V=20.8\,\mathrm{m^3/h}$
- 圧縮機の体積効率　$\eta_v=0.80$
- 圧縮機の吸込み蒸気の比体積　$v_1=0.036\,\mathrm{m^3/kg}$
- 理論成績係数　$(COP)_{th.R}=3.98$
- 実際の成績係数　$(COP)_R=2.80$

設問１．装置の冷凍能力 Φ_o（kW）を求めよ。
設問２．蒸発器出口（点６）の冷媒状態の乾き度を求めよ。
設問３．圧縮機の全断熱効率 η_{tad} を求めよ。

解答・解説

液ガス熱交換器付き冷凍装置の冷凍サイクル図を描いて，各ポイントに番号を付けると，次ページの図のようになる。

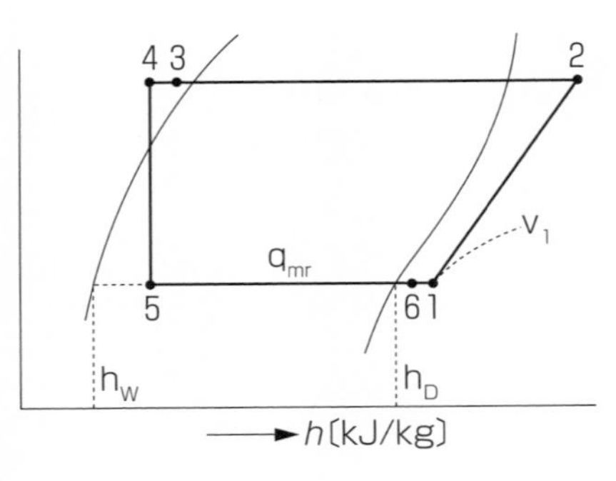

※ただし，番号位置表示は正確ではない。点6の位置が乾き側か湿り側かは現時点では不明である。

設問1．冷凍能力Φ_oを求める。

冷媒循環量をq_{mr}，蒸発器入口（点5）の冷媒の比エンタルピーをh_5，蒸発器出口（点6）の冷媒の比エンタルピーをh_6とすると，冷凍能力Φ_oは次のようになる。$\Phi_o = q_{mr}(h_6 - h_5)$

ここで，q_{mr}を求めると次のようになる。

$$q_{mr} = \frac{V \cdot \eta_v}{v_1 \times 3,600} = \frac{20.8 \times 0.80}{0.036 \times 3,600} = 0.128 \quad \text{kg/s}$$

液ガス熱交換器の熱収支から「$h_3 - h_4 = h_1 - h_6$」となるので，冷凍能力Φ_oは次のようになる。

$$\Phi_o = q_{mr}(h_6 - h_5) = q_{mr}(h_6 - h_4) = q_{mr}(h_1 - h_3) = 0.128 \times (432 - 268) \fallingdotseq 21.0$$

答：冷凍能力　21.0kW

設問2．乾き度を求める。

蒸発器出口の比エンタルピーh_6は，上記熱収支より次のようになる。

$$h_6 = h_1 - (h_3 - h_4) = 432 - (268 - 250) = 414 \quad \text{kJ/kg}$$

この値は，飽和液の比エンタルピーh_Wよりも大きく，飽和蒸気の比エンタルピーh_Dよりも小さいので，湿り蒸気となる。従って乾き度x_6は次のようになる。

$$x_6 = \frac{h_6 - h_W}{h_D - h_W} = \frac{414 - 200}{418 - 200} \fallingdotseq 0.98$$

答：乾き度　0.98

設問3．全断熱効率η_{tad}を求める。

断熱圧縮後の比エンタルピーh_2は，実際の圧縮機の吐出しガスの比エンタルピーをh_2'とすると，次の式が成り立つ。

$$(COP)_R = \frac{\Phi_o}{P} = \frac{h_6 - h_5}{h_2' - h_1} = \frac{h_6 - h_5}{(h_2 - h_1)/\eta_{tad}}$$

ここで，$(COP)_{th.R} = \dfrac{h_6 - h_5}{h_2 - h_1}$であるので，圧縮機の全断熱効率$\eta_{tad}$は次の式により求まる。

$$\eta_{tad} = \frac{(COP)_R}{(COP)_{th.R}} = \frac{2.80}{3.98} = \fallingdotseq 0.70$$

答：全断熱効率　0.70

問題3 <第1種>

ホットガスバイパス付き冷凍装置が，右の冷凍サイクルで容量制御運転されている。

圧縮機の吐出し量の30%がバイパスして容量制御を行っているとき，設問1．～3．に答えよ。計算式も示して答えよ。

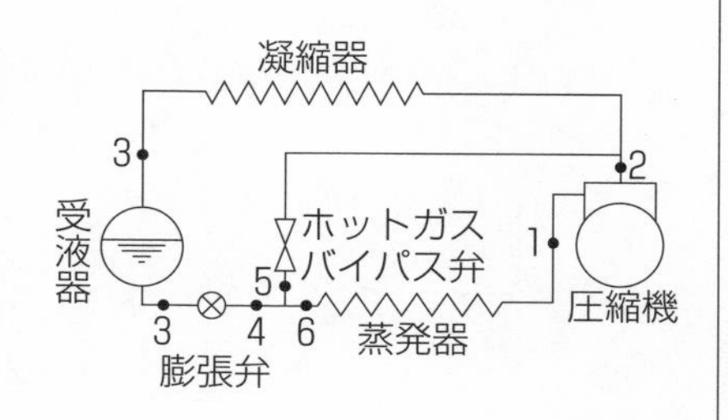

※1．なお，圧縮機の機械的摩擦損失は吐出しガスに熱として加わるものとする。また，配管での熱の出入り及び圧力損失は無いものとする。

2．全負荷時，容量制御時における蒸発器冷媒循環量及び圧縮機軸動力などは，等しいものとする。

（運転条件）

・圧縮機の冷媒循環量	q_{mr}＝2.0kg/s
・圧縮機の吸込み蒸気の比エンタルピー	h_1＝500kJ/kg
・断熱圧縮後の吐出しガスの比エンタルピー	h_2＝600kJ/kg
・膨張弁直前の液の比エンタルピー	h_3＝200kJ/kg
・圧縮機の断熱効率	η_c＝0.90
・圧縮機の機械効率	η_m＝0.85

設問1．バイパスされた冷媒蒸気の比エンタルピーを求めよ。

設問2．全負荷時，容量制御時の冷凍能力 Φ_o（kW）を求めよ。

設問3．全負荷時，容量制御時の成績係数 $(COP)_R$ を求めよ。

解答・解説

ホットガスバイパス付き冷凍装装の冷凍サイクル図は右図の通りである。冷凍負荷減少時には，圧縮機吐出し直後の吐出しガス（点2′）の一部を蒸発器入口にバイパス弁を通して絞り膨張（点5）させて容量制御を行っている。

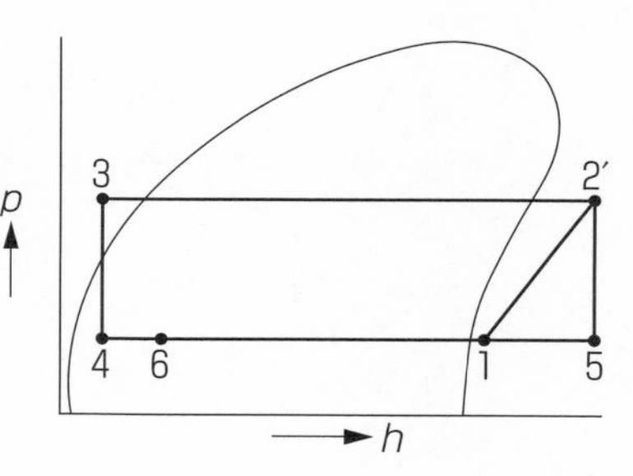

設問１．バイパス冷媒蒸気の比エンタルピーを求める。

バイパスされた冷媒蒸気の比エンタルピーh_5は，実際の圧縮機の吐出しガスの比エンタルピーh_2'と等しいので下記式が成り立つ。

$h_5 = h_2'$

ここでh_2'は下記により求められる。

$$h_2' = h_1 + \frac{h_2 - h_1}{\eta_c \cdot \eta_m} = 500 + \frac{(600 - 500)}{0.90 \times 0.85} \fallingdotseq 631\mathrm{kg/s}$$

答：バイパスされた冷媒蒸気の比エンタルピー　631kg/s

設問２．全負荷時，容量制御時の冷凍能力を求める。

また$h_4 = h_3$であるから，全負荷時の冷凍能力Φ_oは，下記式により求められる。

$\Phi_o = q_{mr}(h_1 - h_4) = 2.0 \times (500 - 200) = 600\mathrm{kW}$

一方，蒸発器入口における比エンタルピーh_6は，膨張弁後（点４）の冷媒70％と，バイパス弁後（点５）の冷媒30％の混合であることより，次式で求められる。

$h_6 = 0.7h_4 + 0.3h_5 = 0.7 \times 200 + 0.3 \times 631 \fallingdotseq 329\mathrm{kJ/kg}$

従って，容量制御時の冷凍能力Φ_oは，

$\Phi_o = q_{mr}(h_1 - h_6) = 2.0 \times (500 - 329) = 342\mathrm{kW}$　となる。

答：全負荷時の冷凍能力　600kW
容量制御時の冷凍能力　342kW

設問３．全負荷時，容量制御時の成績係数$(COP)_{th.R}$を求める。

圧縮機の軸動力　$P = q_{mr}(h_2' - h_1)/(\eta_c \cdot \eta_m)$

$= 2.0 \times (631 - 500)/(0.90 \times 0.85) \fallingdotseq 342\mathrm{kW}$

従って，全負荷時・容量制御時の成績係数は下記で求まる。

全負荷時　$(COP)_R = \dfrac{\text{全負荷時の冷凍能力}(\Phi_o)}{\text{圧縮機の軸動力}(P)} = \dfrac{600}{342} \fallingdotseq 1.75$

容量制御時　$(COP)_R = \dfrac{\text{容量制御時の冷凍能力}(\Phi_o)}{\text{圧縮機の軸動力}(P)} = \dfrac{342}{342} \fallingdotseq 1.00$

答：全負荷時の成績係数　1.75
容量制御時の成績係数　1.00

問題4 <第1種>

二元冷凍装置（冷媒：**R23**と**R404A**）において，この装置を下記冷凍サイクルの条件で運転するとき，設問1．及び設問2．に答えよ。計算式も示して答えよ。ただし，圧縮機の機械的摩擦損失は，熱として加わらないものとする。

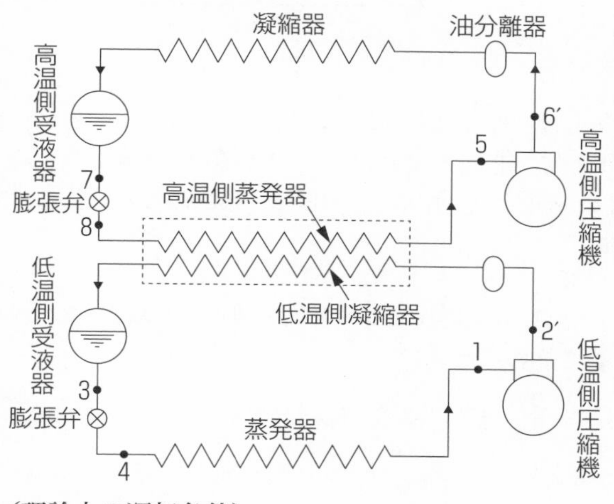

（実際の運転条件）

・低温側サイクルの冷凍能力

$\Phi_o = 46\text{kW}$

・圧縮機の断熱効率（低温側，高温側とも）

$\eta_c = 0.80$

・圧縮機の機械効率（低温側，高温側とも）

$\eta_m = 0.85$

（理論上の運転条件）

・圧縮機の吸込み蒸気の比エンタルピー

低温側：$h_1 = 338\text{kJ/kg}$，高温側：$h_5 = 362\text{kJ/kg}$

・断熱圧縮後の吐出しガスの比エンタルピー

低温側：$h_2 = 368\text{kJ/kg}$，高温側：$h_6 = 380\text{kJ/kg}$

・膨張弁直前の液の比エンタルピー

低温側：$h_3 = 185\text{kJ/kg}$，高温側：$h_7 = 235\text{kJ/kg}$

設問1．低温側冷媒循環量 η_{mro}（kg/s）及び高温側冷媒循環量 η_{mrk}（kg/s）を求めよ。

設問2．実際の圧縮機の総軸動力P（kW）及び実際の冷凍装置の成績係数 $(COP)_R$ を求めよ。

※必要に応じて，下記記号を用いる。

・蒸発器入口の冷媒の比エンタルピー　低温側：h_4　高温側：h_8

・実際の圧縮機吐出しガスの比エンタルピー　低温側：h_2'　高温側：h_6'

圧縮機

解答・解説

二元冷凍装置の冷凍サイクル図を p−h 線図上に描いて，各ポイントに番号を付与すると，右図のようになる。

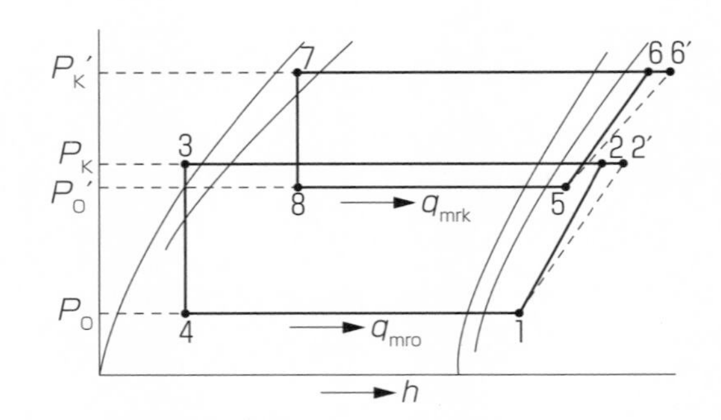

設問 1．低温側冷媒循環量 q_{mro} 及び高温側冷媒循環量 q_{mrk} を求める。

二元冷凍サイクルにおいて，必要とする低温での冷凍能力が Φ_o（kg/s）のとき，低温側冷凍装置の必要冷媒循環量 q_{mro}（kg/s）は次のようになる。

$$q_{mro}=\frac{\Phi_o}{h_1-h_4}=\frac{46}{338-185}\fallingdotseq 0.301 \quad \text{kg/s}$$

低温側圧縮機の実際の吐出しガスの比エンタルピー h_2' を求めると，次のようになる。（η_m は熱として加わらない）

$$h_2'=h_1+\frac{h_2-h_1}{\eta_c}=338+\frac{368-338}{0.80}\fallingdotseq 376 \quad \text{kJ/kg}$$

そこで高温側冷媒循環量を q_{mrk} とすると，高温側蒸発器と低温側凝縮器との熱収支より，次の等式が成り立つ。

$$q_{mrk}(h_5-h_8)=q_{mro}(h_2'-h_3)$$

ここで $h_8=h_7$ であるので，高温側冷媒循環量 q_{mrk} は次のようになる。

$$q_{mrk}=\frac{q_{mro}(h_2'-h_3)}{h_5-h_8}=\frac{0.301\times(376-185)}{362-235}\fallingdotseq 0.453$$

答：0.453kg/s

設問 2．実際の圧縮機軸動力 P 及び実際の成績係数 $(COP)_R$ を求める。

まず，低温側・高温側圧縮機の軸動力 P_o・P_k は次のようになる。

$$P_o=q_{mro}\times\frac{h_2-h_1}{\eta_c\cdot\eta_m}=0.301\times\frac{368-338}{0.80\times0.85}\fallingdotseq 13.3 \quad \text{kW}$$

$$P_k=q_{mrk}\times\frac{h_6-h_5}{\eta_c\cdot\eta_m}=0.453\times\frac{380-362}{0.80\times0.85}\fallingdotseq 12.0 \quad \text{kW}$$

実際の圧縮機の軸動力 P は $P=P_o+P_k=13.3+12.0=25.3$kW である。従って，実際の冷凍装置の成績係数 $(COP)_R$ は，次のようになる。

$$(COP)_R=\frac{\Phi_o}{P}=\frac{46}{25.3}\fallingdotseq 1.82$$

答：1.82

問題5<第1種>

満液式蒸発器を使用した冷凍装置において，下記条件で運転されているとき，設問1.～5.に答えよ。計算式も示して答えよ。

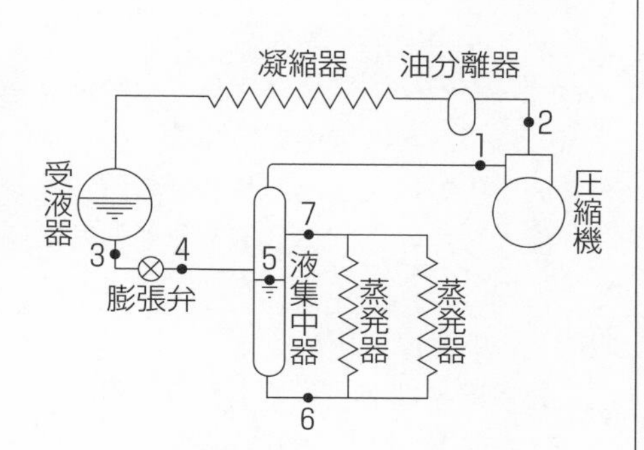

（運転条件）

- 圧縮機の冷媒循環量　$q_{mr}=1.0$kg/s
- 圧縮機吸込み蒸気の比エンタルピー　$h_1=400$kJ/kg
- 圧縮機吐出しガスの比エンタルピー　$h_2=460$kJ/kg
- 膨張弁直前の液の比エンタルピー　$h_3=210$kJ/kg
- 蒸発器入口冷媒の比エンタルピー　$h_6=150$kJ/kg
- 蒸発器出口冷媒の比エンタルピー　$h_7=360$kJ/kg

設問1．この冷凍装置の理論冷凍サイクルをp－h線図上に記載し，点1～点7を図中に記載せよ。

設問2．点7の乾き度x_7を求めよ。

設問3．冷凍能力Φ_oを求めよ。

設問4．圧縮機の理論断熱圧縮動力P_{th}を求めよ。

設問5．理論成績係数$(COP)_{th.R}$を求めよ。

解答・解説

設問1．冷凍サイクルをp－h線図上に記載し，点1～点7を図中に記載する。

受液器から出た冷媒液は膨張弁（点3）を経て，気液混合冷媒（点4）となって，液集中器に入る。

気液混合冷媒は，飽和液（点5）と乾き蒸気（点1）に分離される。

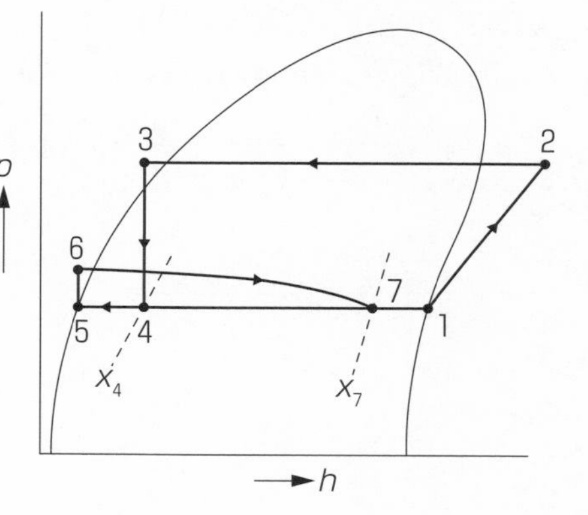

飽和液（点５）は溜っている液分相当の，圧力が加わった過冷却液（点６）となって出口より蒸発器に入る。

蒸発器の冷媒は熱交換して一部は蒸発する。蒸発器出口の冷媒は，湿り蒸気（点７）で液集中器に入る。

液集中器に入った湿り蒸気の飽和液分は下に落ち，乾き飽和蒸気は点４より流入した乾き飽和蒸気とともともに圧縮機に入る。

設問２．乾き度を求める。

乾き度 x_7 は次の式で求められる。

$$x_7=\frac{h_7-h_6}{h_1-h_6}=\frac{360-150}{400-150}=0.84$$

答：乾き度　0.84

設問３．冷凍能力を求める。

冷凍能力 Φ_o は，状態（４）から状態（１）への熱量の変化であり，また $h_4=h_3$ であることより次式で求められる。

$$\Phi_o=q_{mr}(h_1-h_4)=1.0\times(400-210)=190\text{kW}$$

答：冷凍能力　190kW

設問４．圧縮機の理論断熱圧縮動力を求める。

理論断熱圧縮動力 P_{th} は，次式で求められる。

$$P_{th}=q_{mr}(h_2-h_1)=1.0\times(460-400)=60.0\text{kW}$$

答：理論断熱圧縮動力　60.0kW

設問５．理論成績係数を求める。

理論成績係数 $(COP)_{th.R}$ は，次式で求められる。

$$(COP)_{th.R}=\frac{\Phi_o}{P_{th}}=\frac{190}{60.0}\fallingdotseq 3.17$$

答：成績係数　3.17

問題6＜第1種＞

油戻し装置付きの冷媒液強制循環式冷凍装置（冷媒：アンモニア）が，下記条件で運転されている。設問1．～3．に答えよ。計算式も示して答えよ。液ポンプの動力，配管での熱出入・圧力損失は無い。

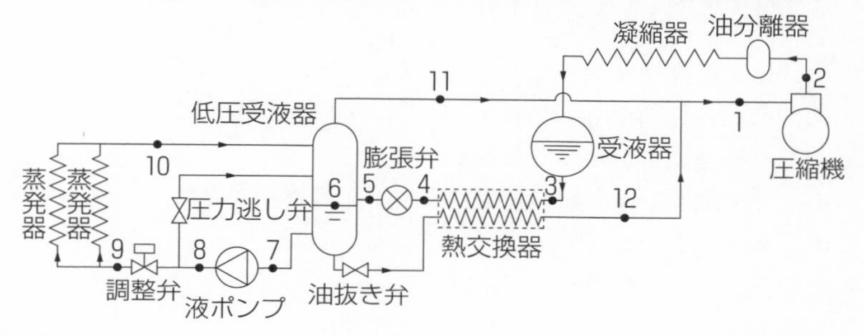

（運転条件）

- 圧縮機の冷媒循環量　q_{mr}＝1.00kg/s
- 油戻し装置の通過冷媒量　q'_{mr}＝0.05kg/s
- 圧縮機の吐出しガスの比エンタルピー　h_2＝2,000kJ/kg
- 受液器出口の液の比エンタルピー　h_3＝350kJ/kg
- 膨張弁直前の液の比エンタルピー　h_4＝260kJ/kg
- 低圧受液器の飽和液の比エンタルピー　h_6＝120kJ/kg
- 低圧受液器の出口ガスの比エンタルピー　h_{11}＝1,400kJ/kg

設問1．この冷凍装置の理論冷凍サイクルをp−h線図上に記載し，点1～点12を図中に記載せよ。

設問2．本冷凍装置の冷凍能力 Φ_o（kW）を求めよ。

設問3．本冷凍装置の理論成績係数 $(COP)_{th.R}$ を求めよ。

解答・解説

設問1．冷凍サイクルを記載する。

油戻し装置付きの冷媒液強制循環式冷凍装置の冷凍サイクル図を描いて，各ポイントに番号を付けると，右記のようになる。　答

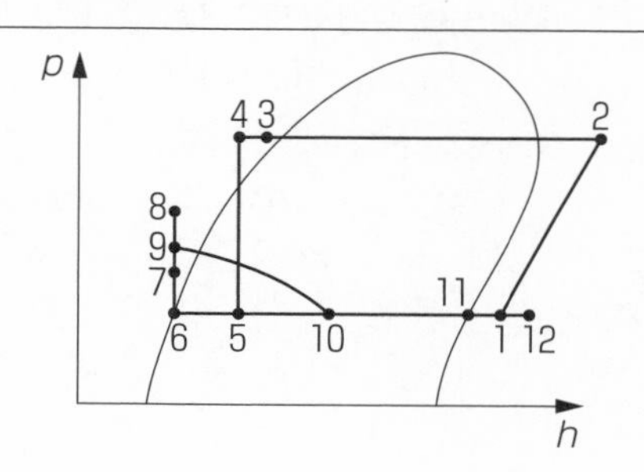

設問２．本冷凍装置の冷凍能力を求める。

圧縮機を通る冷媒流量を q_{mr} とし，低圧受液器からの油抜き弁を通る冷媒流量を q'_{mr} とすると，冷凍能力は次式で表される。

$$\Phi_o = [q_{mr}(1-x_5) - q'_{mr}](h_{11}-h_6) = q_{mr}\left(\frac{h_{11}-h_5}{h_{11}-h_6} - \frac{h_3-h_4}{h_{12}-h_6}\right)(h_{11}-h_6)$$

$$= q_{mr}(h_1-h_3)\ \text{(kW)}$$

※上式は，冷凍サイクルにおける外部との熱の授受を考えると良い。（受液器出口の循環量 q_{mr} の冷媒（h_3）の外部との熱の授受は，蒸発器での熱量（冷凍能力）のみである）

一方，熱交換器では，熱の授受により下記等式が成立つ。

$$q'_{mr}(h_{12}-h_6) = q_{mr}(h_3-h_4)$$

従って h_{12}は，下記式で求められる。

$$h_{12} = \frac{q_{mr}(h_3-h_4)}{q'_{mr}} + h_6 = \frac{1.00\times(350-260)}{0.05} + 120$$

$$= 1,920\text{kJ/kg}$$

ここで，上式の h_1は次式により求められる。

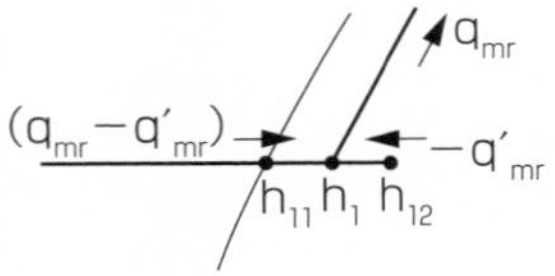

$$q_{mr}h_1 = (q_{mr}-q'_{mr})h_{11} + q'_{mr}h_{12}$$

$$\Rightarrow\quad h_1 = \frac{(q_{mr}-q'_{mr})h_{11} + q'_{mr}h_{12}}{q_{mr}}$$

$$= \frac{(1.00-0.05)\times1,400 + 0.05\times1,920}{1.00} = 1,426\text{kJ/kg}$$

q_{mr}
$(q_{mr}-q'_{mr})$
$-q'_{mr}$
h_{11} h_1 h_{12}

以上より，冷凍能力 Φ_o は下記通りとなる。

$$\Phi_o = q_{mr}(h_1-h_3) = 1.00\times(1,426-350) = 1,076\text{kW}$$

答：冷凍能力　1,076kW

設問３．冷凍装置の理論成績係数を求める。

理論圧縮動力（P_{th}）は次式により求められる。

$$P_{th} = q_{mr}(h_2-h_1) = 1.00\times(2,000-1,426) = 574\text{kW}$$

従って，冷凍装置の理論成績係数（$(COP)_{th.R}$）は次式で求められる。

$$(COP)_{th.R} = \Phi_o/P_{th} = 1,076/574 \fallingdotseq 1.87$$

答：理論成績係数　1.87

問題7＜第1種＞

二段圧縮一段膨張の冷凍装置（冷媒：R410A）が，下記条件で運転されているとき，設問1．～3．に答えよ。計算式も示して答えよ。

（運転条件）

・低段圧縮機の吸込み蒸気の比エンタルピー　$h_1 = 410 kJ/kg$

・低段圧縮機の吸込み蒸気の比体積　$v_1 = 0.132 m^3/kg$

・低段圧縮機の断熱圧縮後における吐出しガスの比エンタルピー　$h_2 = 450 kJ/kg$

・高段圧縮機の吸込み蒸気の比エンタルピー　$h_3 = 428 kJ/kg$

・高段圧縮機の吸込み蒸気の比体積　$v_3 = 0.045 m^3/kg$

・高段圧縮機の断熱圧縮後における吐出しガスの比エンタルピー　$h_4 = 465 kJ/kg$

・中間冷却器用膨張弁直前の液の比エンタルピー　$h_5 = 240 kJ/kg$

・蒸発器用膨張弁直前の液の比エンタルピー　$h_7 = 220 kJ/kg$

（圧縮機仕様）

・低段側ピストン押しのけ量　$V_L = 62 m^3/h$

・高段側ピストン押しのけ量　$V_H = 28 m^3/h$

・体積効率（低段側・高段側共）　$\eta_v = 0.80$

・断熱効率（低段側・高段側共）　$\eta_c = 0.70$

・機械効率（低段側・高段側共）　$\eta_m = 0.85$

設問1．凝縮器を流れる冷媒循環量 q_{mrk}（kg/s）を求めよ。

設問2．中間冷却器へのバイパス冷媒循環量 q'_{mro}（kg/s）と蒸発器の冷媒循環量 q_{mro}（kg/s）との比（q'_{mro}/q_{mro}）を求めよ。

設問3．冷凍装置の成績係数 $(COP)_R$ を求めよ。

解答・解説

二段圧縮一段膨張の冷凍サイクル図を描いて，各ポイントに番号を付けると，次のようになる。

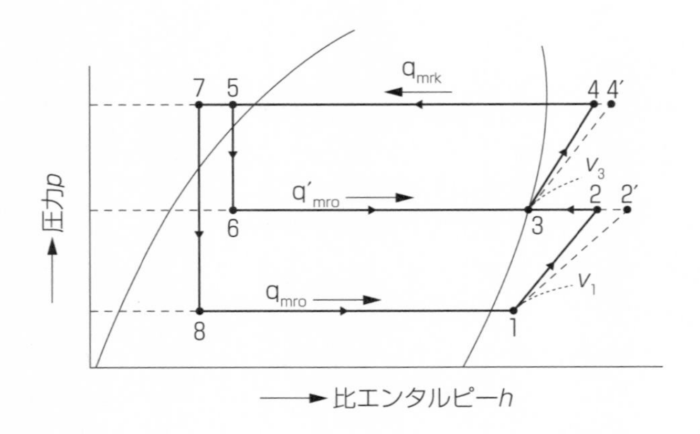

設問 1．凝縮器の冷媒循環量 q_{mrk} を求める。

$q_{mrk}=V_H \cdot \eta_v/(v_3\times3,600)=28\times0.80/(0.045\times3,600)=0.138$

答：0.138kg/s

設問 2．バイパス冷媒循環量 q'_{mro} と蒸発器の冷媒循環量 q_{mro} との比を求める。

・蒸発器の冷媒循環量（q_{mro}）

$q_{mro}=V_L \cdot \eta_v/(v_1\times3,600)=62\times0.80/(0.132\times3,600)=0.104$kg/s

・中間冷却器へのバイパス冷媒循環量（q'_{mro}）」

$q'_{mro}=q_{mrk}-q_{mro}=0.138-0.104=0.034$kg/s

したがって，求める循環量比は次のようになる。

$q'_{mro}/q_{mro}=0.034/0.104=0.33$ 答：0.33

設問 3．冷凍装置の成績係数 $(COP)_R$ を求める。

・冷凍装置の冷凍能力（Φ_o）

$\Phi_o=q_{mro}(h_1-h_7)=0.104(410-220)=19.8$kW

・圧縮機の軸動力（P）

低段側圧縮機の軸動力（P_L）と高段側圧縮機の軸動力（P_H）を求めると

$P_L=q_{mro}(h_2-h_1)/(\eta_c \cdot \eta_m)=0.104(450-410)/(0.70\times0.85)=6.99$kW

$P_H=q_{mrk}(h_4-h_3)/(\eta_c \cdot \eta_m)=0.138(465-428)/(0.70\times0.85)=8.58$kW

したがって，圧縮機の軸動力（P）は次のようになる。

$P=P_L+P_H=6.99+8.58=15.6$kW

以上より，冷凍装置の成績係数 $(COP)_R$ は次のように求まる。

$(COP)_R=\Phi_o/P=19.8/15.6=1.27$ 答：1.27

問題8＜第1種＞

二段圧縮二段膨張式の冷凍装置において，下記条件で運転されているとき，設問1．～設問3．に答えよ。計算式も示して答えよ。

ただし，圧縮機の機械的摩擦損失は吐出しガスに熱として加わるものとする。また，配管での熱の出入り及び圧力損失は無いものとする。

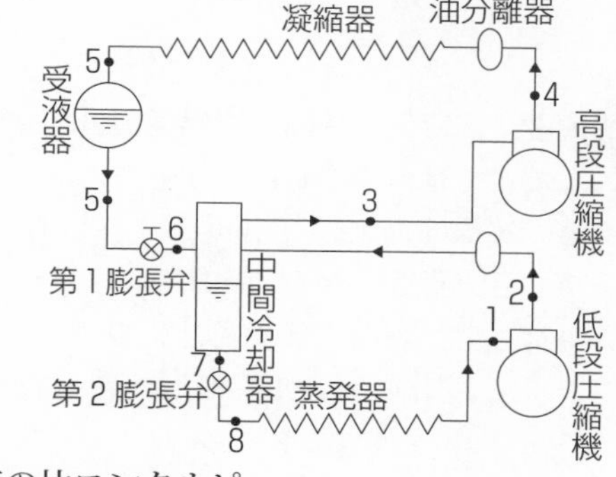

（実際の運転条件）

・冷凍能力 Φ_o＝85kW

・圧縮機の断熱効率 η_c＝0.85（低段側，高段側とも）

・圧縮機の機械効率 η_m＝0.80（低段側，高段側とも）

（理論上の運転条件）

・圧縮機の吸込み蒸気の比エンタルピー
低段側：h_1＝365kJ/kg，高段側：h_3＝355kJ/kg

・断熱圧縮後の吐出しガスの比エンタルピー
低段側：h_2＝380kJ/kg，高段側：h_4＝380kJ/kg

・膨張弁直前の液の比エンタルピー
第一膨張弁：h_5＝230kJ/kg，第二膨張弁：h_7＝190kJ/kg

設問1．低段側蒸発器の冷媒循環量 η_{mro}（kg/s）を求めよ。

設問2．高段側凝縮器の冷媒循環量 η_{mrk}（kg/s）を求めよ。

設問3．冷凍装置全体の実際の成績係数 $(COP)_R$ を求めよ。

解答・解説

二段圧縮二段膨張式冷凍装置の冷凍サイクル図をp-h線図上に描いてみる。各ポイントに番号を付与すると，右図のようになる。（実際の吐出しガスを点2′，4′とする）

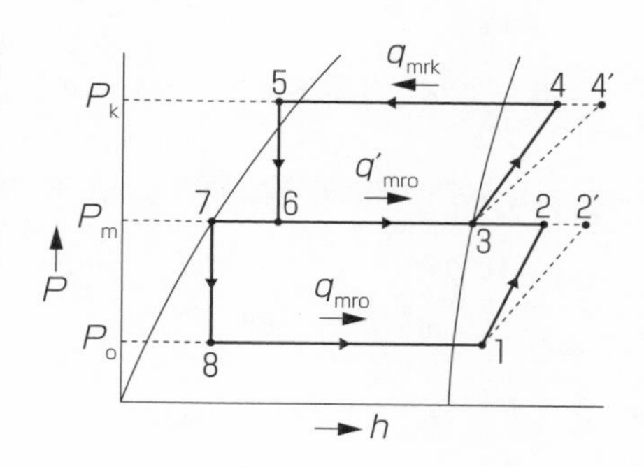

設問１．低段側蒸発器の冷媒循環量 η_{mro} を求める。

冷凍能力 Φ_o を求める式は，$\Phi_o = q_{mro}(h_1 - h_8)$ である。従って冷媒循環量 η_{mro} は，$h_8 = h_7$ であることより次のように求められる。

$$q_{mro} = \frac{\Phi_o}{h_1 - h_7} = \frac{85}{365 - 190} = 0.486 \text{kg/s}$$

答：蒸発器の冷媒循環量　0.486kg/s

設問２．高段側凝縮器の冷媒循環量 η_{mrk} を求める。

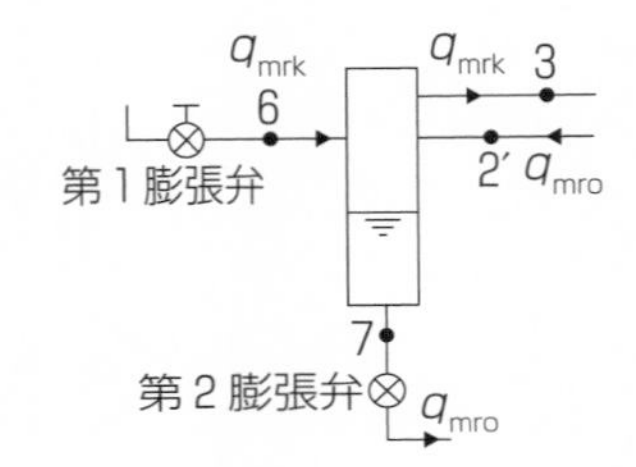

ここでは，まず中間冷却器での熱収支を考える。冷媒は（点６）と（点２′）から流入し，（点７）と（点３）から流出する。

従って，熱収支は次式となる。

$$q_{mrk} \times h_6 + q_{mro} \times h_2' = q_{mrk} \times h_3 + q_{mro} \times h_7$$

$$\Rightarrow \quad q_{mrk} = \frac{q_{mro}(h'_2 - h_7)}{h_3 - h_6}$$

一方，上式で h'_2 は低段側の比エンタルピーであり，次式で求められる。

$$h'_2 = h_1 + \frac{h_2 - h_1}{\eta_c \cdot \eta_m} = 365 + \frac{380 - 365}{0.85 \times 0.80} \fallingdotseq 387 \text{kJ/kg}$$

また $h_6 = h_5 = 230 \text{kJ/kg}$ であることより，q_{mrk} は次式で求められる。

$$q_{mrk} = \frac{0.486 \ (387 - 190)}{355 - 230} \fallingdotseq 0.766 \text{kg/s}$$

答：凝縮器の冷媒循環量　0.766kg/s

設問３．冷凍装置全体の実際の成績係数 $(COP)_R$ を求める。

まず高段側と低段側の実際の圧縮機動力 P_H と P_L を求める。

$$P_H = \frac{q_{mrk}(h_4 - h_3)}{\eta_c \cdot \eta_m} = \frac{0.766(380 - 355)}{0.85 \times 0.80} \fallingdotseq 28.2 \text{kW}$$

$$P_L = \frac{q_{mro}(h_2 - h_1)}{\eta_c \cdot \eta_m} = \frac{0.486(380 - 365)}{0.85 \times 0.80} \fallingdotseq 10.7 \text{kW}$$

従って，実際の冷凍装置の成績係数 $(COP)_R$ は，次のようになる。

$$(COP)_R = \frac{\Phi_o}{P_H + P_L} = \frac{85}{28.2 + 10.7} \fallingdotseq 2.19$$

答：実際の成績係数　2.19

問題9 <第2種>

ある冷凍装置（冷媒：**R404A**）の理論冷凍サイクルがある。冷凍能力Φ_oが282kWであるとき，記述イ．ロ．ハ．ニ．のうち正しいものの組合せはどれか。

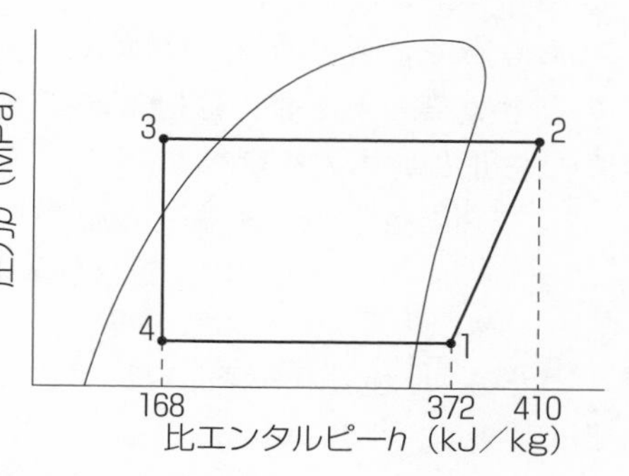

イ．冷凍サイクルの冷媒循環量は1.20kg/s である。

ロ．凝縮器の凝縮負荷は345kW である。

ハ．圧縮機の理論軸動力は52.4kW である。

ニ．冷凍サイクルの理論成績係数は4.82kW である。

ホ．ヒートポンプサイクルの理論成績係数は6.37である。

（選択肢）

（1）イ，ロ　（2）イ，ハ　（3）イ，ニ　（4）ロ，ハ　（5）ハ，ホ

解説

イ．冷媒循環量（q_{mr}）

$q_{mr}=\Phi_o／(h_1-h_4)=282／(372-168)=1.38$kg/s　　従って記述は誤り

ロ．凝縮負荷（Φ_k）

$\Phi_k=q_{mr}(h_2-h_3)=1.38\times(410-168)=334$kW　　従って記述は誤り

ハ．圧縮機の理論軸動力（P_{th}）

$P_{th}=q_{mr}(h_2-h_1)=1.38\times(410-372)=52.4$kW　　従って記述は正しい

ニ．冷凍サイクルの理論成績係数（$(COP)_{th.R}$）

$(COP)_{th.R}=\Phi_o／P_{th}=282／52.4=5.38$　　従って記述は誤り

ホ．ヒートポンプサイクルの理論成績係数（$(COP)_{th.H}$）

$(COP)_{th.H}=\Phi_k／P_{th}=334／52.4=6.37$　　従って記述は正しい

解答　（5）

問題10＜第２種＞

ある冷凍装置（冷媒：R410A）が，下記条件で運転されている。このとき実際の冷凍能力は何 kW であるか，下記選択肢（1）～（5）のうち正しいものを選べ。

（運転条件）　圧縮機の軸動力 P　　64kW

圧縮機の断熱効率 η_c　0.75

圧縮機の機械効率 η_m　0.80

ただし，圧縮機の機械的摩擦損失仕事は，吐出しガスに熱として加わるものとする。また，配管での熱の出入り及び圧力損失は無いものとする。

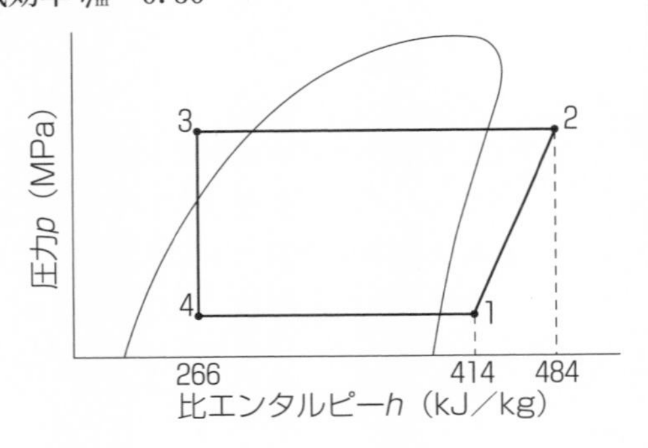

（選択肢）

（1）81kW　（2）89kW　（3）100kW　（4）112kW　（5）121kW

解説

圧縮機の理論軸動力 P_{th} と実際軸動力 P との関係は，次式で表される。

$P = P_{th} / (\eta_c \cdot \eta_m)$

したがって冷媒循環量を q_{mr} とすると，実際軸動力 P は次式で表される。

$P = q_{mr}(h_2 - h_1) / (\eta_c \cdot \eta_m)$

上式より，冷媒循環量 q_{mr} を求めると下記の通りとなる。

$q_{mr} = P(\eta_c \cdot \eta_m) / (h_2 - h_1) = 64 \times 0.75 \times 0.80 / (484 - 414) \fallingdotseq 0.549\text{kg/s}$

以上より，実際の冷凍能力 Φ_o は次式で求められる。

$\Phi_o = q_{mr}(h_1 - h_4) = 0.549 \times (414 - 266) = 81.3 \fallingdotseq 81\text{kW}$

従って，実際の冷凍能力は81kW である。

解答　（1）

問題11<第２種>

理論冷凍サイクルのp－h線図がある。冷凍能力（Φ_o）が560kWであるとき，記述イ．ロ．ハ．ニ．ホ．のうち正しいものの組合せはどれか。

ただし，圧縮機の断熱効率η_cは0.70，機械効率η_mは0.85である。

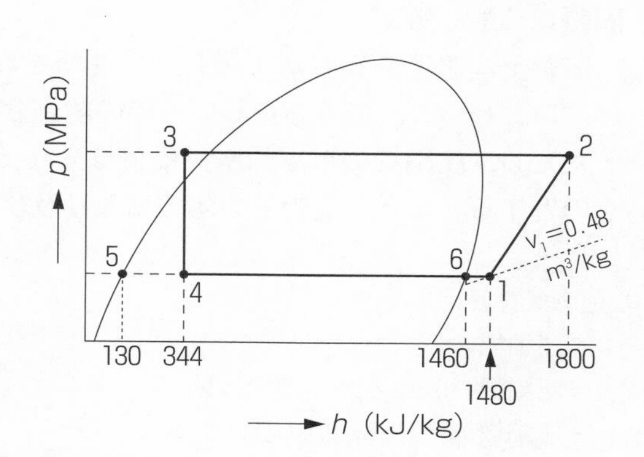

イ．冷凍サイクルの冷媒循環量は，約0.49kg/sである。

ロ．圧縮機の吸込み蒸気量は，約0.24m³/sである。

ハ．実際の圧縮機吐出しガスの比エンタルピーは1750kJ/kgである。

ニ．蒸発器入口の冷媒乾き度は，0.20である。

ホ．凝縮器の放熱量は，約700kWである。

（選択肢）

（１）イ，ロ　（２）イ，ハ　（３）イ，ニ　（４）ロ，ハ　（５）ロ，ホ

解説

イ．冷媒循環量（q_{mr}）

$q_{mr}=\Phi_o/(h_1-h_4)=560/(1480-344)\fallingdotseq 0.49\text{kg/s}$　　記述は正しい

ロ．圧縮機の吸込み蒸気量（q_{vr}）

$q_{vr}=q_{mr}\times v_1=0.49\times 0.48=0.2352\fallingdotseq 0.24\text{m}^3/\text{s}$　　記述は正しい

ハ．実際の圧縮機吐出しガスの比エンタルピー（h'_2）

$h'_2=h_1+(h_2-h_1)/(\eta_c\cdot\eta_m)$

$=1480+(1800-1480)/(0.70\cdot 0.85)=2018\text{kJ/kg}$　　記述は誤り

ニ．蒸発器入口の乾き度（x_4）

$x_4=(h_4-h_5)/(h_6-h_5)=(344-130)/(1460-130)=0.1609\fallingdotseq 0.16$

記述は誤り

ホ．凝縮器の放熱量（Φ_k）

$\Phi_k=q_{mr}(h'_2-h_3)=0.49\times(2018-344)\fallingdotseq 820\text{kW}$　　記述は誤り

解答　（１）

問題12＜第２種＞

アンモニア冷凍装置が下記条件で運転されている。このとき，記述イ．ロ．ハ．ニ．のうち正しいものの組合せはどれか。

ただし，圧縮機の機械的摩擦損失は，吐出しガスに熱として加わるものとする。また，配管での熱の出入り及び圧力損失は無い。

（運転条件）

- 圧縮機のピストン押しのけ量　$V=0.10m^3/s$
- 圧縮機の吸込み蒸気の比体積　$v_1=0.43m^3/kg$
- 圧縮機の吸込み蒸気の比エンタルピー　$h_1=1420kJ/kg$
- 断熱圧縮後の吐出しガスの比エンタルピー　$h_2=1700kJ/kg$
- 蒸発器入口の冷媒の比エンタルピー　$h_4=350kJ/kg$
- 圧縮機の体積効率　$\eta_v=0.80$　断熱効率　$\eta_c=0.85$　機械効率　$\eta_m=0.90$

イ．冷凍サイクルの冷媒循環量 q_{mr} は，0.150kg/s である。

ロ．圧縮機の軸動力 P は，68.1kW である。

ハ．装置の冷凍能力 Φ_o は，150kW である。

ニ．冷凍サイクルの成績係数（COP）$_R$ は，3.54である。

（選択肢）

（１）イ　（２）ロ　（３）イ，ハ　（４）ロ，ハ　（５）ロ，ニ

解説

イ．冷媒循環量 q_{mr}

$q_{mr}=V\cdot\eta_v/v_1=0.10\times0.80/0.43=0.186kg/s$　記述は誤り

ロ．圧縮機の軸動力 P

$P=q_{mr}(h_2-h_1)/(\eta_c\cdot\eta_m)$

$=0.186\times(1700-1420)/(0.85\times0.90)=68.1kW$　記述は正しい

ハ．冷凍能力 Φ_o

$\Phi_o=q_{mr}(h_1-h_4)=0.186\times(1420-350)=199kW$　記述は誤り

ニ．成績係数（COP）$_R$

$(COP)_R=\Phi_o/P=199/68.1=2.92$　記述は誤り

解答　（２）

問題13<第2種>

圧縮機に関する次の記述イ，ロ，ハ，ニのうち，正しいものはどれか。

イ．二段圧縮を1台の圧縮機で行うコンパウンド圧縮機では，高段用と低段用の気筒数を切り換えることにより，中間圧力を最適に制御する。

ロ．渦巻き曲線で構成された固定スクロールと旋回スクロールを組み合わせたスクロール圧縮機は，中心部より吸い込み，外周部の吐出し口から圧縮ガスが吐き出される。

ハ．遠心圧縮機の容量制御は，吐出し側にあるベーンによって行う。低流量域では運転が不安定となり，振動や騒音を発生する。

ニ．往復圧縮機では，潤滑油が吸込み側の低圧部分にあり，始動時や液戻り時にオイルフォーミングを発生しやすいので，注意を要する。

(選択肢)

(1) イ　(2) ニ　(3) イ，ロ　(4) ロ，ニ　(5) ハ，ニ

解説

イ．コンパウンド圧縮機では，多気筒圧縮機の気筒数を低段側と高段側に振り分けて使用する。この気筒数振り分けは固定されるので，中間圧力は最適値から若干のずれが生じる。「中間圧力を最適に制御する」との記述は誤りである。

ロ．スクロール圧縮機は，外周部から吸込み，中心部の吐出し口から吐出すので，「中心部より吸い込み，……，外周部の吐出し口から……吐き出される」との記述は，誤りである。

ハ．遠心圧縮機の容量制御は，吸込み側にあるベーンによって行うので，「吐出し側にあるベーンによって行う」との記述は誤りである。

ニ．往復圧縮機に関する記述は，全て正しい。
始動時は，圧力低下で潤滑油内の冷媒が一気に発泡する。また液戻り時には，冷媒液が潤滑油に混入することによりオイルフォーミングを起こす。

解答　(2)

問題14<第２種>

圧縮機に関する次の記述イ，ロ，ハ，ニのうち，正しいものはどれか。

イ．低温用冷凍装置においては，吐出しガス温度が高くなりすぎたり，圧力比の増大により機械効率が低下したりする。それらを避けるために，冷凍装置を低圧段と高圧段に分けた二段圧縮方式を採用して，その間に中間冷却器を設けて圧縮温度範囲を調整する。

ロ．スクリュー圧縮機は，雄ロータと雌ロータから構成されており，２つの回転体の溝の容積変化を利用して圧縮を行う。２軸形になっており，１軸形のものは存在しない。

ハ．多気筒圧縮機に取り付けられている容量制御装置（アンローダ）は，圧縮機始動時の作動気筒数を減らす負荷軽減装置として使用される。

ニ．二段圧縮冷凍装置において，圧縮機の冷媒循環量は低段側の方が高段側よりも少ない。従って，一般的にピストン押しのけ量も低段側が高段側よりも少ない。

（選択肢）

（1）イ，ロ　（2）イ，ハ　（3）ロ，ハ　（4）ロ，ニ　（5）ハ，ニ

解説

イ．「低温用冷凍装置においては，吐出しガス……」の記述は全て正しい。
二段圧縮方式の採用により，圧力比が大きくなり過ぎで，圧縮機の吐出しガス温度が高くなるのを防止することができる。

ロ．スクリュー圧縮機には，２軸形のツインスクリュー圧縮機と１軸形のシングルスクリュー圧縮機とがある。従って，「１軸形のものは存在しない」との記述は誤りである。

ハ．「多気筒圧縮機に取り付けられている……」の記述は全て正しい。
多気筒圧縮機の始動時は，制御が働いて正常油圧値になるまでアンロード状態となる。

ニ．二段圧縮冷凍装置においては，低段側では吸込み蒸気の比容積が大きいために，一般的に，低段側のピストン押しのけ量は高段側の２～３倍大きい。従って，「低段側が高段側よりも少ない」との記述は誤りである。

解答　（2）

第 3 章

伝熱理論

熱の移動（伝熱）の作用には，熱伝導・熱伝達・熱放射の３つの形態があります。一般の冷凍装置における伝熱は，ほとんどが熱伝導と熱伝達によるものです。本章では，それらにおける伝熱量を求める方法について学びます。

第1節 熱の移動

熱の移動には，熱伝導・熱伝達・熱放射の３つの形態があるが，一般の冷凍装置では熱伝導と熱伝達がほとんどである。

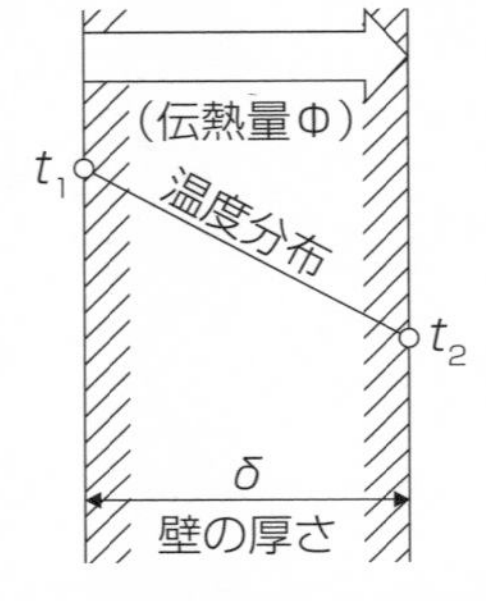

高温壁から低温壁への熱伝導

（１）熱伝導

熱伝導とは，１つの物体内の高温壁から低温壁に向かって，**熱が移動**する現象である。定常状態での**伝熱量**は，次式で表される。

$$\Phi=\lambda A\frac{t_1-t_2}{\delta}$$

Φ：伝熱量（kW）

λ：熱伝導率（kW/(m·K)）

A：伝熱面積（m^2）

t_1，t_2：壁面温度（℃）

δ：熱の移動距離（m）

［熱伝導率］

物　質	熱伝導率λ W/(m·K)	物　質	熱伝導率λ W/(m·K)
鉄鋼	35～58	ポリウレタン	0.023～0.035
アルミニウム	230	空気	0.023
銅	370	水	0.59
木材	0.09～0.15		

（２）熱伝達

熱伝達とは，**流体と物体間での熱移動**の現象である。物体表面での熱伝達による伝熱量は，次式で表される。

$$\Phi=\alpha A(t_w-t_f)$$

Φ：伝熱量（kW）

α：熱伝達率（$kW/m^2\cdot K$）

A：伝熱面積（m^2）

t_f：流体の温度（℃）

t_w：固体壁面温度（℃）

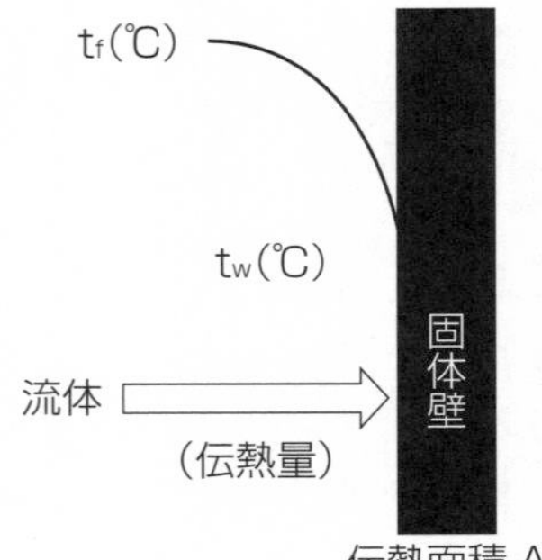

流体から固体壁への熱伝達

[熱伝達率]

流体の状態		熱伝達率 kW/(m²·K)	流体の状態		熱伝達率 kW/(m²·K)
気体	自然対流	0.005～0.012	液体	自然対流	0.08～0.35
	強制対流	0.012～0.12		強制対流	0.35～12.0

熱伝達には，対流熱伝達・沸騰熱伝達・凝縮熱伝達の3種類がある。

①対流熱伝達

固体壁の表面とそれに接している流体（水や空気など）との間に**温度差があるときの，熱移動の現象**である。

ポンプや送風機による「**強制対流熱伝達**」と流体内の温度差で発生する「**自然対流熱伝達**」とがある。

固体壁
t_w
（境界層）
流体
熱流
t_f

対流熱伝達

②沸騰熱伝達

液体からガス体への流体の相変化を伴う熱移動である。具体的には，蒸発器内で冷媒液が蒸発管により沸騰してガス化し，熱が蒸発管から冷媒へ移動する現象である。

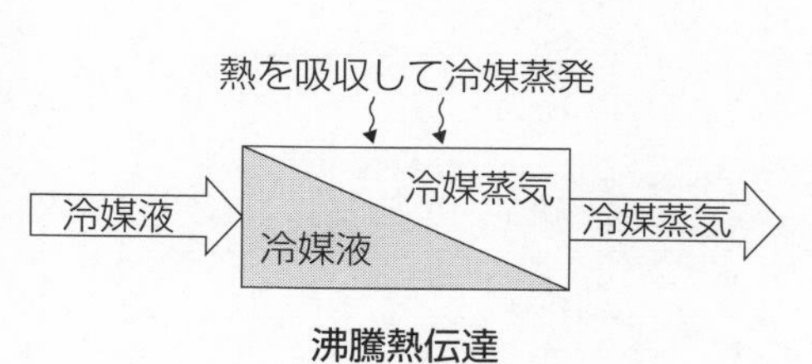

沸騰熱伝達

③凝縮熱伝達

ガス体から液体への流体の相変化を伴う熱移動である。具体的には，凝縮器内で冷媒ガスが冷却管により冷却されて液化し，熱が冷媒から冷却管へ移動する現象である。

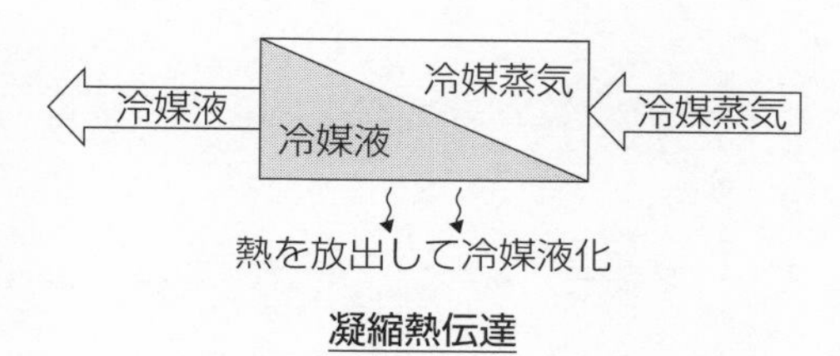

凝縮熱伝達

伝熱理論

（3）熱放射

ある距離を隔てて離れている物体間において，温度差がある場合は，**電磁波の形で内部エネルギーが移動**する。これが熱放射である。

熱放射による伝熱量は，次式で表される。

$E = \varepsilon \sigma T^4$

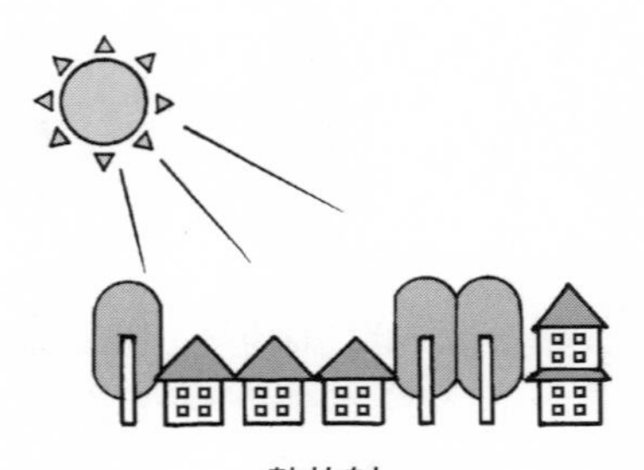

熱放射

E：伝熱量（kW）　ε：放射率（無次元量）

σ：ステファン・ボルツマン定数（$5.67 \times 10^{-11} \cdot kW \cdot m^{-2} \cdot K^{-4}$）

T：絶対温度（K）

伝熱量と熱通過率

固体壁により隔てられている高温流体と，低温流体との間の熱の流れを**熱通過**という。そのときの**伝熱量**は以下の式で求められる。

（1）平板壁で隔てられた流体間

流体１から流体２への熱移動は下図のようになり，**伝熱量**は次の通りである。

流体１（高温）　平板壁　流体２（低温）

厚さδ　伝熱面積A

t_1　t_2

伝熱量Φ

熱伝導率λ

熱伝達率α_1　熱伝達率α_2

熱通過時の温度変化

［平板壁で隔てられた伝熱量Φ（kW）］

$$\Phi = K \cdot A \cdot (t_1 - t_2)$$

K：熱通過率（kW/（m^2・K））

A：伝熱面積（m^2）

t_1, t_2：流体１，２の温度（℃）

ここで，**熱通過率**Kは次式で表される。

$$K = \frac{1}{\frac{1}{\alpha_1} \quad \frac{\sigma}{\lambda} + \frac{1}{\alpha_2}}$$

$\frac{1}{\alpha_1}$：流体１～平板壁への熱伝達の項

$\frac{\sigma}{\lambda}$：平板壁（高温側）～平板壁（低温側）への熱伝導の項

$\frac{1}{\alpha_2}$：平板壁～流体２への熱伝達の項

α_1：流体１の熱伝達率（kW/（m^2・K））

α_2：流体２の熱伝達率（kW/（m^2・K））

δ：平板壁の厚さ（m）

λ：平板壁の熱伝導率（kW/（m・K））

前ページで説明した「流体１と平板壁」・「平板内」・「平板壁と流体２」間のそれぞれにおける伝熱量は等しいので，下記式が成り立つ。

①流体１と平板壁の熱伝達

$$\Phi=\alpha_1 A(t_1-t_a) \Longrightarrow (t_1-t_a)=\Phi\times\boxed{\frac{1}{\alpha_1 A}}$$ 熱伝達抵抗

②平板内の熱伝導

$$\Phi=\lambda A\frac{(t_a-t_b)}{\delta} \Longrightarrow (t_a-t_b)=\Phi\times\boxed{\frac{\delta}{\lambda A}}$$ 熱伝導抵抗

③平板壁と流体２の熱伝達

$$\Phi=\alpha_2 A(t_b-t_2) \Longrightarrow (t_b-t_2)=\Phi\times\boxed{\frac{1}{\alpha_2 A}}$$ 熱伝達抵抗

上式において，［　］内は電気抵抗に相当し熱伝達抵抗，熱伝導抵抗と呼ばれている。

熱伝達抵抗：$\frac{1}{\alpha_1 A}$，$\frac{1}{\alpha_2 A}$　（K/kW）

熱伝導抵抗：$\frac{\delta}{\lambda A}$　（K/kW）

以上より，**「流体１と流体２」の間の温度差**を求めると下記式が成り立つ。

$$(t_1-t_2)=\Phi\times\boxed{\left[\frac{1}{\alpha_1 A}+\frac{\delta}{\lambda A}+\frac{1}{\alpha_2 A}\right]}$$

上式において，［　］は熱通過抵抗と呼ばれており，熱の伝わりにくさを表わしている。

熱通過抵抗：$\frac{1}{\alpha_1 A}+\frac{\delta}{\lambda A}+\frac{1}{\alpha_2 A}$　（K/kW）

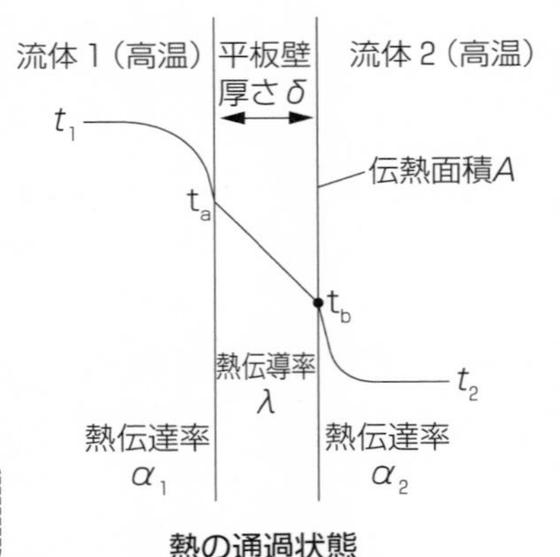

熱の通過状態

★**熱通過抵抗**が大きいほど熱が伝わりにくく，流体Ｉと流体IIの温度差が大きくなる。（一般的に，金属（銅など）は値が小さく熱が伝わりやすく，断熱材などは値が大きく熱が伝わりにくい）

（2）異形壁面で隔てられた流体間

流体1側と流体2側の表面積が異なる場合，流体1から流体2への熱移動は下図のようになる。このときの**伝熱量** Φ を求める式は2通りある。

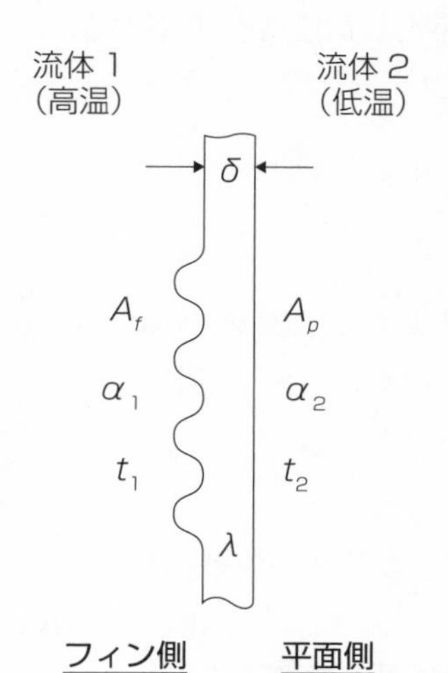

※右の式における m の値は，
下記により求められる。

$$m = \frac{A_f(\text{フィン側の表面積})}{A_p(\text{平面側の表面積})}$$

［フィン側を基準とした伝熱量 Φ（kW）］

$$\Phi = K_f \cdot A_f \cdot (t_1 - t_2) \cdots\cdots\cdots (1)$$

$$K_f = \frac{1}{\dfrac{1}{\alpha_1} + m\left[\dfrac{\delta}{\lambda} + \dfrac{1}{\alpha_2}\right]}$$

［平面側を基準とした伝熱量 Φ（kW）］

$$\Phi = K_p \cdot A_p \cdot (t_1 - t_2) \cdots\cdots\cdots (2)$$

$$K_p = \frac{1}{\dfrac{1}{m\alpha_1} + \dfrac{\delta}{\lambda} + \dfrac{1}{\alpha_2}}$$

K_f：フィン側基準の熱通過率（$kW/(m^2 \cdot K)$）
K_p：平面側基準の熱通過率（$kW/(m^2 \cdot K)$）
A_f：フィン側の表面積（m^2）
A_p：平面側の表面積（m^2）
t_1，t_2：流体1，2の温度（℃）
α_1：流体1の熱伝達率（$kW/(m^2 \cdot K)$）
α_2：流体2の熱伝達率（$kW/(m^2 \cdot K)$）
δ：平板壁の厚さ（m）
λ：平板壁の熱伝導率（$kW/(m \cdot K)$）
m：有効内外伝熱面積比

対象熱交換器

・乾式蒸発器　・空冷凝縮器など

（3）平面側に汚れが付着した場合

「（2）異形壁面で隔てられた流体間」において，流体2側の伝熱面に汚れが付着している場合の**伝熱量** Φ と**熱通過率** K は，次の通りとなる。

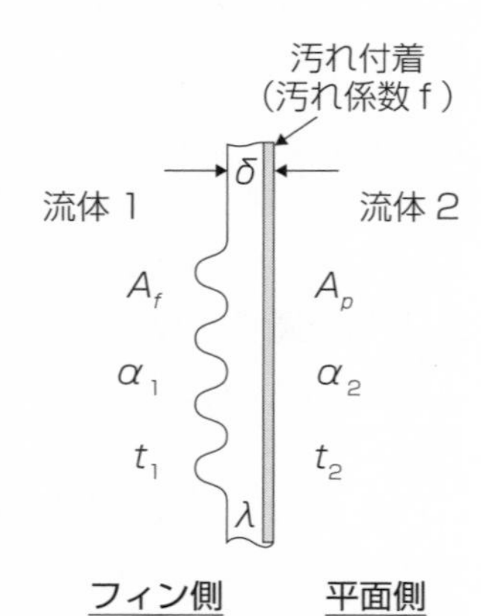

※右の式における f の値は下記により求められる。

汚れ係数　$f = \delta_d / \lambda_d$

δ_d：汚れの厚さ（m）

λ_d：汚れ膜の熱伝導率（kW/(m･K)）

[フィン側を基準とした伝熱量 Φ（kW)]

$$\Phi = K_f \cdot A_f \cdot (t_1 - t_2) \cdots\cdots\cdots (1)$$

$$K_f = \frac{1}{\dfrac{1}{\alpha_1} + m\left[\dfrac{\delta}{\lambda} + \dfrac{1}{\alpha_2} + f\right]}$$

[平面側を基準とした伝熱量 Φ（kW)]

$$\Phi = K_p \cdot A_p \cdot (t_1 - t_2) \cdots\cdots\cdots (2)$$

$$K_p = \frac{1}{\dfrac{1}{m\alpha_1} + \dfrac{\delta}{\lambda} + \dfrac{1}{\alpha_2} + f}$$

K_f：フィン側基準の熱通過率（$kW/(m^2 \cdot K)$）

K_p：平面側基準の熱通過率（$kW/(m^2 \cdot K)$）

A_f：フィン側の表面積（m^2）

A_p：平面側の表面積（m^2）

t_1，t_2：流体1，2の温度（℃）

m：有効内外伝熱面積比（A_p/A_f）

α_1：流体1の熱伝達率（$kW/(m^2 \cdot K)$）

α_2：流体2の熱伝達率（$kW/(m^2 \cdot K)$）

δ：平板壁の厚さ（m）

λ：平板壁の熱伝導率（kW/(m･K)）

f：汚れ係数

対象熱交換器

・水冷凝縮器で配管内面に汚れが生じたとき

（４）フィン側に霜が付着した場合

流体１側の伝熱面に霜が付着している場合の**伝熱量** Φ と**熱通過率** K は，次の通りとなる。ただし，平板壁の熱伝導抵抗は無視し，替わりに霜の熱電導抵抗を考慮するものとする。

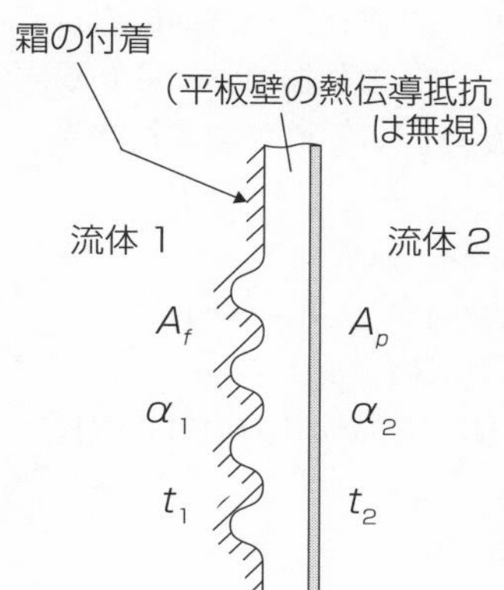

［フィン側を基準とした伝熱量 Φ（kW)］

$$\Phi = K_f \cdot A_f \cdot (t_1 - t_2) \cdots\cdots\cdots (1)$$

$$K_f = \frac{1}{\dfrac{1}{\alpha_1} + \dfrac{\delta_s}{\lambda_s} + m\left[\dfrac{1}{\alpha_2}\right]}$$

［平面側を基準とした伝熱量 Φ（kW)］

$$\Phi = K_p \cdot A_p \cdot (t_1 - t_2) \cdots\cdots\cdots (2)$$

ただし，ここで平板壁の熱伝導抵抗は無視できるものとし，δ_s を霜の厚さ・λ_s を霜の熱電導率とすると，熱通過率は次の通りとなる。

$$K_p = \frac{1}{\dfrac{1}{m}\left[\dfrac{1}{\alpha_1} + \dfrac{\delta_s}{\lambda_s}\right] + \dfrac{1}{\alpha_2}}$$

K_f：フィン側基準の熱通過率（kW/(m^2･K))
K_p：平面側基準の熱通過率（kW/(m^2･K))
A_f：フィン側の表面積（m^2)
A_p：平面側の表面積（m^2)
t_1，t_2：流体１，２の温度（℃)
m：有効内外伝熱面積比（A_f/A_p)
α_1：流体１の熱伝達率（kW/(m^2･K))
α_2：流体２の熱伝達率（kW/(m^2･K))
δ_s：霜の厚さ（m)
λ_s：霜の熱伝導率（kW/(m･K))

対象熱交換器

・空冷凝縮器に霜が付着したときなど

第3節 平均温度差

熱交換器内において，高温流体から低温流体への熱移動は，伝熱面に沿って流れ方向に移動する。次ページ図A. は高温流体（Ⅰ）と低温流体（Ⅱ）が同じ方向に流れる「**並行流**」であり，B. はⅠとⅡが対向して流れる「**対向流**」である。それぞれの**伝熱量**は，下記通りとなる。

$\Phi = K \cdot A \cdot \Delta t$

Φ：伝熱量（kW）
K：熱通過率（kW/(m²·K)）
A：伝熱面積（m²）
Δt：流体Ⅰと流体Ⅱの温度差（K）

ここで，温度差 Δt は下記式で求められる。

○算術平均温度差

並行流の場合　$$\Delta t = \frac{(T_1 - t_1) + (T_2 - t_2)}{2}$$

対向流の場合　$$\Delta t = \frac{(T_1 - t_2) + (T_2 - t_1)}{2}$$

○対数平均温度差

並行流の場合　$$\Delta t = \frac{(T_1 - t_1) - (T_2 - t_2)}{\ln \dfrac{(T_1 - t_1)}{(T_2 - t_2)}}$$

対向流の場合　$$\Delta t = \frac{(T_1 - t_2) - (T_2 - t_1)}{\ln \dfrac{(T_1 - t_2)}{(T_2 - t_1)}}$$

T_1：高温流体の入口温度（℃）
T_2：高温流体の出口温度（℃）
t_1：低温流体の入口温度（℃）
t_2：低温流体の出口温度（℃）

※正確性を求める場合は「**対数平均温度差**」を用いるが，温度差が小さい場合などに「**算術平均温度差**」が多用される。

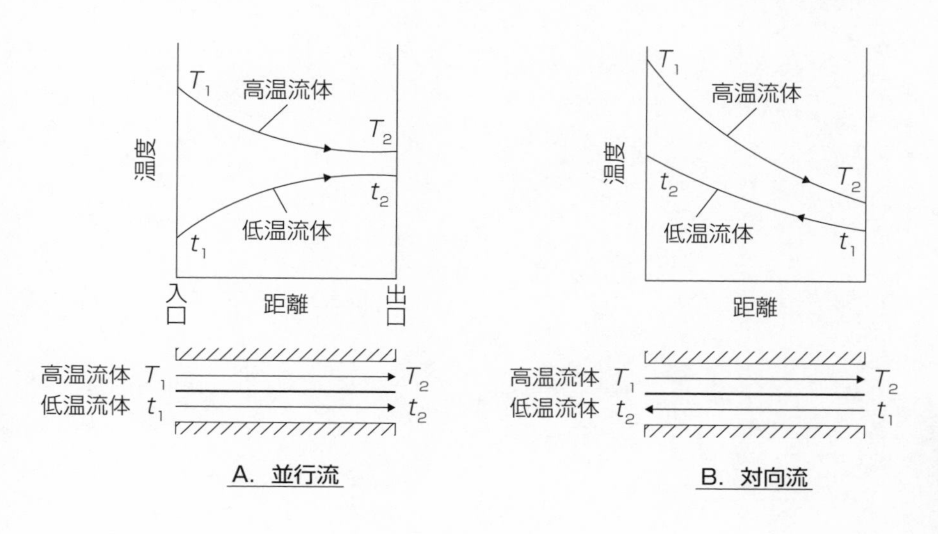

温度
T_1
高温流体
T_2
t_2
低温流体
t_1
入口
距離
出口
高温流体 T_1
T_2
低温流体 t_1
t_2
A. 並行流
温度
T_1
高温流体
T_2
t_2
低温流体
t_1
距離
高温流体 T_1
T_2
低温流体 t_2
t_1
B. 対向流

第 4 章
熱交換器

第1節 凝縮器

（1）凝縮負荷について

凝縮器は，圧縮機で圧縮された高温・高圧の冷媒ガスを，水や空気などで冷却し，高温・高圧の冷媒液にする熱交換器である。この**冷媒から取り出す熱量（凝縮負荷）**Φ_k は，冷凍能力 Φ_o に圧縮機入力 P を加えたものである。

$$\Phi_k = \Phi_o + P = \Phi_o + \frac{P_{th}}{\eta_c \cdot \eta_m}$$

Φ_k：凝縮負荷（kW）
Φ_o：冷却能力（kW）
P　：圧縮機入力（kW）
P_{th}：理論断熱圧縮動力（kW）
η_c　：圧縮機の断熱効率
η_m　：圧縮機の機械効率

（2）凝縮器の伝熱作用

凝縮器では，冷媒と水などとの間で熱交換が行われる。下図のような水冷凝縮器では，上部からの冷媒ガスが凝縮器に入り，中で冷却水に熱を放出して凝縮し，冷媒液となって凝縮器より出て行く。

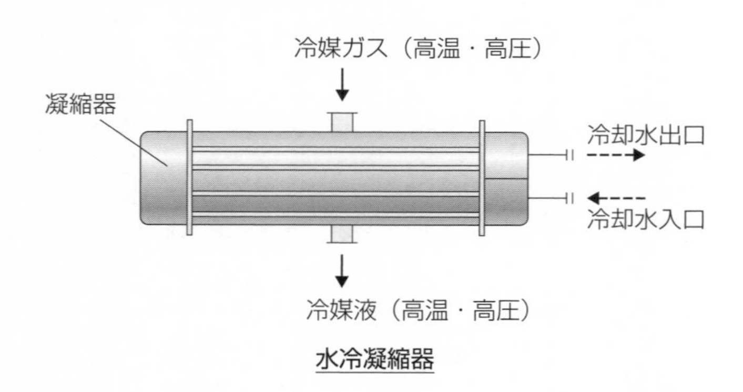

水冷凝縮器

（3）各種凝縮器

実際の凝縮器では，冷却媒体として空気や水などが使われる。そして利用形態により，次のような**空冷式・水冷式・蒸発式**がある。

	空冷式凝縮器	水冷式凝縮器	蒸発式凝縮器
特徴	冷媒ガスを空気（外気）で冷却する。	冷媒ガスを水（冷却水）で冷却する。	冷媒ガスを水の蒸発潜熱で冷却する。
長所	・冷却水が必要 ・構造シンプル，据付容易	熱通過率大で小型化が可能	水冷式より冷却水消費量が少ない
短所	・伝熱面積大で大型化 ・冷凍機の動力大	冷却水の水質管理が必要	・据付面積が大きくなる ・水回りの清掃困難
使用冷媒	主に フルオロカーボン	フルオロカーボン （アンモニア）	アンモニア （フルオロカーボン）
主に用いる伝熱管	プレートフィン付伝熱管	・シェルアンドチューブ式 ・二重管式	裸管
熱通過率（kW/(m²·K)）	0.02～0.04	0.7～1.16	0.35～0.41

①空冷凝縮器

空冷凝縮器は，外気（空気）で冷媒ガスを冷却して液化させる装置である。冷却水が不要なためメンテナンス性が良く，小型中型のフルオロカーボン冷凍装置で広く利用されている。

空冷凝縮器では，外気温度が高くなると凝縮温度（凝縮圧力）が高くなり，圧縮機動力が大きくなる。また，外気（空気）側の熱伝達率が小さいため，これを補うのに外気（空気）側にフィンを付け，伝熱面積を拡大して伝熱量を確保している。

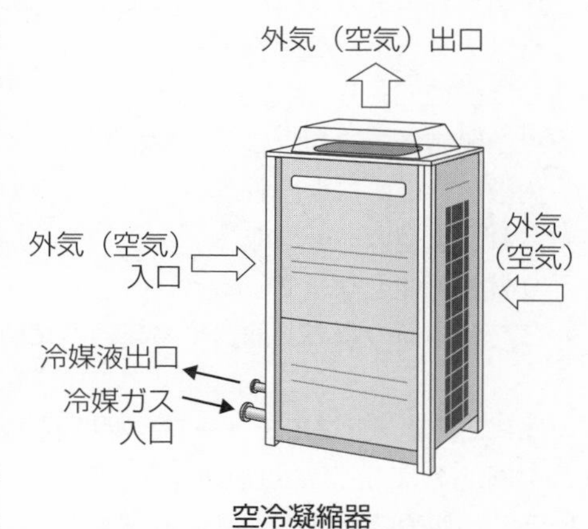

空冷凝縮器

＜空冷凝縮器の特徴＞

・**空冷凝縮器**では，空気側熱伝達率が小さく冷却管全長が長く，冷媒圧力降下が大きい。対応として全長を分割し冷却管を並列にする。

- **空冷凝縮器**では，空気側の熱伝達率が小さいため，空気側に伝熱面積拡大のためのフィンを設けることがある。
- **空冷凝縮器**は大気の顕熱を利用しているので，夏は凝縮温度が高く圧縮機の軸動力が大きくなりやすい。

②水冷凝縮器

水冷凝縮器は，冷却水で冷媒ガスを冷却して液化させる装置である。一般的には，冷却塔（クーリングタワー）と組み合わせて使用する。また，空冷式よりも熱通過率が高いため，装置の小型化が可能である。

水冷凝縮器において，不凝縮ガスが存在すると伝熱作用が阻害される。このため運転中に不凝縮ガスが混入すると，不凝縮ガスの分圧相当以上に凝縮圧力が高くなるので，注意を要する。

内部構造として，シェルアンドチューブや二重管(ダブルチューブ)，ブレージングプレート凝縮器などがある。

a．シェルアンドチューブ凝縮器

胴体の中で，管板で仕切られた多数の冷却管（チューブ）を配置した構造である。

一般的に，冷却管は両端を管板に拡管圧着され，水室カバーは取り外し可能となっている。管内面の水あか除去や冷却管の交換修理が可能である。

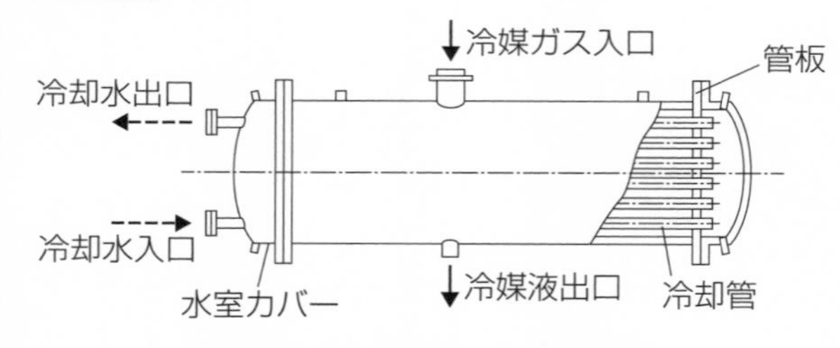

シェルアンドチューブ凝縮器

b．二重管（ダブルチューブ）凝縮器

同心の二重管から成り立っている。冷媒ガスは二つの管のスキマを流れ，冷却水は，内側の管内を流れる。

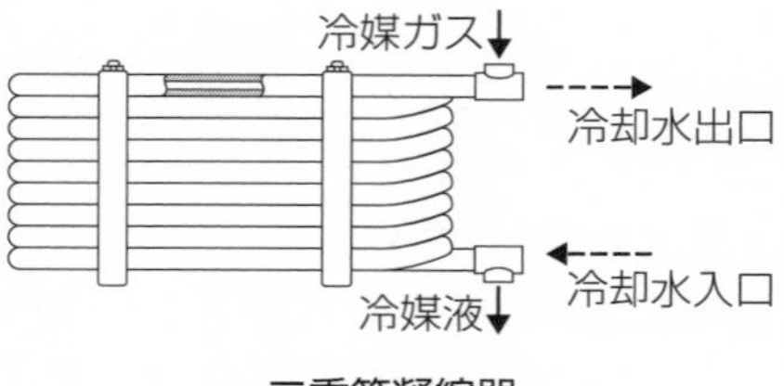

二重管凝縮器

c. ブレージングプレート凝縮器

板状のステンレス伝熱プレートを多数積層した構造である。高性能で小型であるため，冷媒充てん量が少なくてすむメリットがある。

ただし，冷却水側のスケール付着や詰りに注意する必要がある。

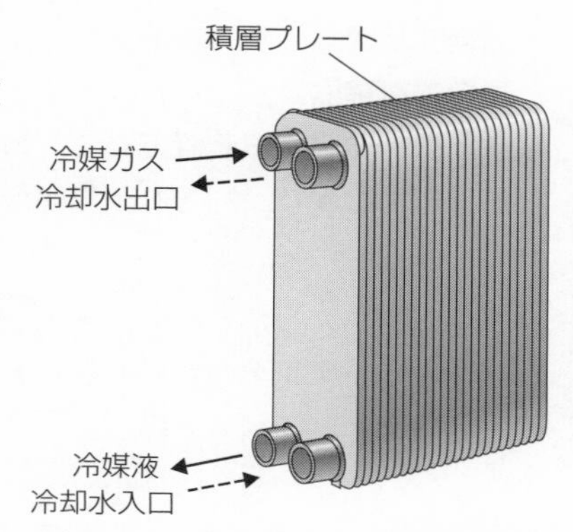

ブレージングプレート凝縮器

＜水冷凝縮器の特徴＞

- **水冷凝縮器**では，冷却水の顕熱を利用して冷媒蒸気を凝縮する。
- **水冷凝縮器**では，冷却水側伝熱面が水あかによって汚れることに配慮して，熱通過率に冷却水側の汚れ係数が定められている。
- **水冷凝縮器**では，冷却水側の熱伝達率が冷媒側よりも高いので，冷媒側にローフィンチューブ加工で伝熱面積を拡大している。

③冷却塔

冷却塔は，水冷凝縮器において，冷媒ガスから熱を奪った冷却水を冷却する装置である。

水冷凝縮器から出てきた温度の高い冷却水を**冷却塔**に導き，その一部を蒸発させて，蒸発潜熱で冷却水自身をも冷却するものである。

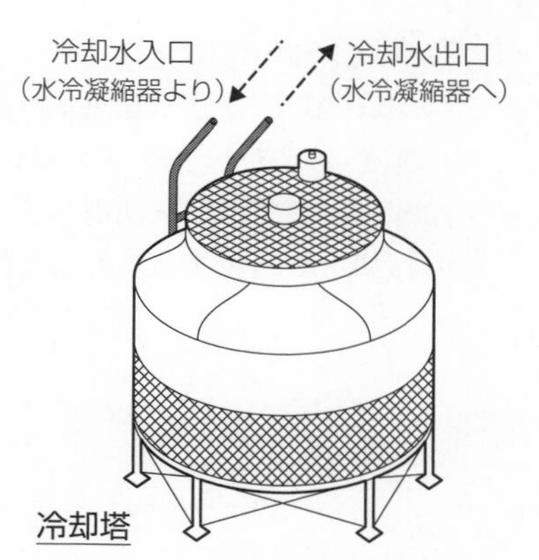

冷却塔

＜冷却塔の特徴＞

- 流下する水の表面からの蒸発量は，ファンによって吸い込まれる空気の湿球温度が低いほど多くなり，**冷却塔**の性能が向上する。

④蒸発式凝縮器

蒸発式凝縮器は，冷却管コイル上に冷却水を散布し，冷却管コイルの下部より送風機で送風する装置である。冷媒ガスは，冷却管に上部から入り，散布された冷却水により冷却され，冷媒液となって冷却管コイル下部から出ていく。

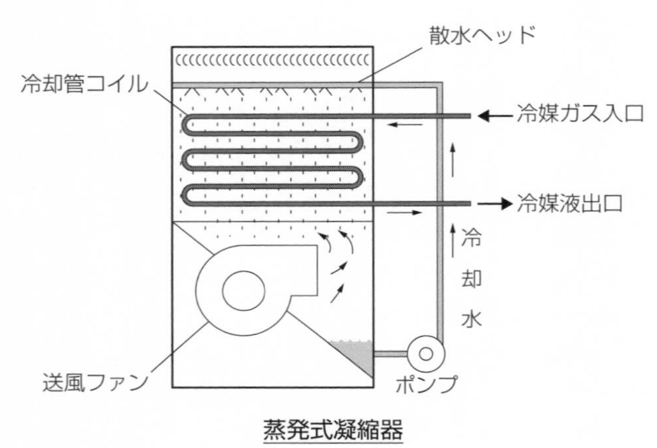

蒸発式凝縮器

<蒸発式凝縮器の特徴>

- 冷却管内を流れる冷媒蒸気は，冷却管外面散布される冷却水に熱を与えて一部を蒸発させ，主にその蒸発潜熱によって凝縮する。
- 冷却水の蒸発潜熱を利用して冷媒蒸気を凝縮しているため，冷却塔と同等の冷却水を消費する。そして空冷式より凝縮温度が低くなる。

蒸発器

（1）蒸発負荷について

蒸発器を流れる冷媒が受ける熱量（冷凍能力）は，次式で表される。

$\Phi_o = K \cdot A \cdot \Delta t_m$

Φ_o：蒸発負荷［冷却能力］（kW）

K：熱通過率（kW/（m^2・K））

A：伝熱面積（m^2）

Δt_m：冷却される水または空気と冷媒との平均温度差（K）

$$K = \frac{1}{\frac{1}{\alpha_1} \quad \frac{\delta}{\lambda} + \frac{1}{\alpha_2}}$$

α_1，α_2：各流体熱伝達率（kW/（m^2・K））

δ：平板壁の厚さ（mm）

λ：平板壁の熱伝導率（kW/（m・K））

<一般的蒸発器の特徴>

- 蒸発器における冷媒蒸発温度と被冷却媒体（水・ブライン・空気など）との温度差が大きくなる程，冷凍能力が減少し成績係数は小さくなる。
- フィンコイル蒸発器は，冷却にあまり寄与しない過熱部の伝熱管長を短くするため，蒸発器出口側を冷却する対向流方式が望ましい。

（2）蒸発器の伝熱作用

蒸発器に供給された冷媒液は，膨張弁で減圧されて発生した冷媒ガスとともに，伝熱管内を流れながら被冷却媒体（水・ブライン・空気など）から熱を奪って蒸発する。

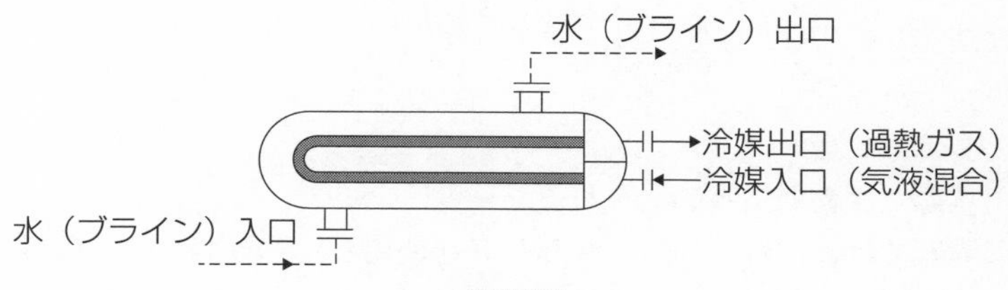

蒸発器

熱交換器

（3）各種蒸発器

蒸発器は，蒸発器への冷媒の供給方法により，次の3種類（**乾式，満液式，冷媒液強制循環式**）がある。

［蒸発器の種類］

	乾式蒸発器	満液式蒸発器	冷媒液強制循環式
特徴	入口では湿り蒸気，出口では過熱蒸気となる。	蒸発器胴体の冷媒中に，水またはブラインの伝熱管が絶えず浸っている。	低圧受液器から蒸発量の3～5倍の冷媒液を，液ポンプで強制的に冷却器に戻す。
長所	出口を過熱蒸気とするため，冷媒量は少なくてすむ	蒸発器内は核沸騰熱伝達のため，熱伝達性能が高く圧力降下も少ない	蒸気の過熱がなく，冷却管内はほぼ冷媒液で浸っているため，熱伝達性能が高い
短所	・過熱蒸気にするための伝熱面積が必要 ・冷却管内で圧力降下有り	冷媒液に伝熱管が浸っている構造のため，必要冷媒量が多くなる	構造が複雑で小型装置に不向きであり，また必要冷媒量が多くなる
主に用いる伝熱管	・プレートフィン付伝熱管 ・シェルアンドチューブ式	・シェルアンドチューブ式 ・二重管式	・プレートフィン付伝熱管
熱通過率（kW/(m²·K)）	小さい～大きい（空気<ブライン<水）	大きい	大きい

a．乾式蒸発器

乾式蒸発器では，冷媒液が膨張弁などの絞り膨張機構で低圧・低温になり，蒸発器（冷却器）の中で熱を奪って蒸発をする。そして少し過熱された状態で圧縮機に吸い込まれる。

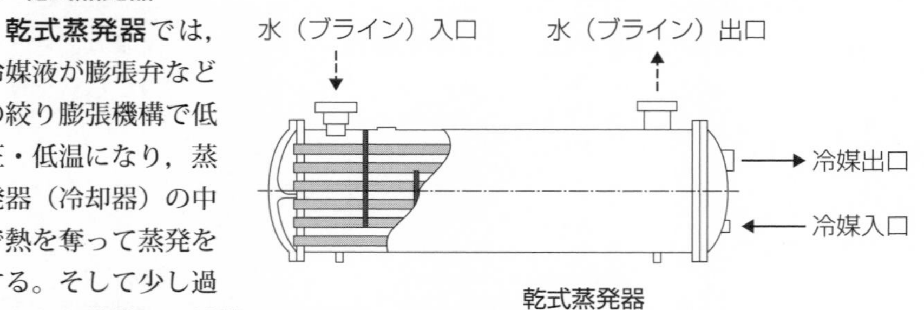

乾式蒸発器

乾式蒸発器では，一般に温度自動膨張弁を使用し，蒸発器出口の温度と圧力を検知して，過熱度が一定（3～5 K）になるようにコントロールする。

＜乾式蒸発器の特徴＞

・システム全体の冷媒量が満液式より少なく，油戻し装置を必要としない。
・蒸発器出口側に冷媒蒸気を過熱状態にする伝熱面積が必要であるが，この伝熱面積は，ほとんど蒸発器の熱交換に寄与しない。

b. 満液式蒸発器

満液式蒸発器の代表的なものに，シェルアンドチューブ蒸発器がある。シェルアンドチューブ蒸発器では，冷媒が冷却管内を流れ，水またはブラインが胴体（シェル）と冷却管間を通る構造となっている。

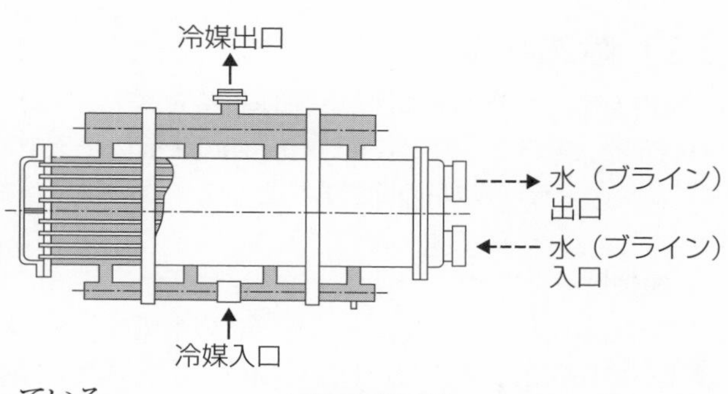

満液式蒸発器

＜満液式蒸発器の特徴＞

・**蒸発器**内の冷媒が核沸騰熱伝達で蒸発するため，乾式蒸発器に比べて伝熱性能が良く，圧力降下も少ない。
・**蒸発器**出口ではほぼ乾き飽和蒸気であり，フロートなどでの液面レベルの検知により膨張弁開度を調整して，液面一定による冷媒流量を制御する。

c. 冷媒液強制循環式蒸発器

冷媒液強制循環式蒸発器は，蒸発器内で蒸発する冷媒量の3～5倍の冷媒液を液ポンプで強制的に冷却管内に戻す。

冷却管出口の冷媒乾き度は0.2～0.3程度であり，冷媒液で濡れているために，伝熱性能は優れている。

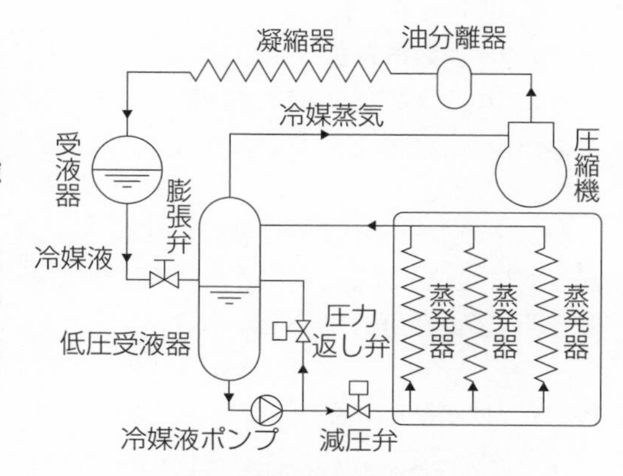

冷媒液強制循環式蒸発器

<冷媒液強制循環式蒸発器の特徴>

- 冷凍機油が冷却管内に留まりにくいため，冷凍機油による熱伝達の阻害もほとんど無い。
- 冷凍負荷の変動があっても，低圧受液器が蒸発器内の冷媒の状態変動の緩衝器の役割をするため，冷凍装置全体への運転状態の影響は少ない。

（3）除霜方法

庫内温度を 0 ℃以下に保つ冷蔵庫用蒸発器や，冬場でのピートポンプ暖房時の蒸発器（室外機）などでは，冷却器の表面に空気中の水分が凝縮・氷結して霜となる。それらの霜の除去方法として，次のようなものがある。

a. 電気ヒータ方式

冷却器の冷却管の一部にチューブ状の電気ヒータを組み込み，通電することによって霜を溶かす。ただし，除霜時に庫内温度上昇を防止するために，送風機は停止する。また，電気ヒータは高温と低温が繰り返され，高湿度でもあることより，接続部などでの絶縁に注意を要する。

b. 散水方式

冷却器への冷媒の流れを止めて,冷媒液を蒸発させてから送風機を停止する。そして冷却器上部から,10～15℃の温水を散布する。(冷却器内に多量の液冷媒が残っていると，急激な圧力上昇が生じるので注意を要する)

c. ブライン散布方式

運転中に，冷却器表面に不凍液（エチレングリコール水溶液やプロピレングリコール水溶液など）を散布する。これにより冷却器表面で着霜するのを防止する。

空気中の水分は不凍液に吸収される。しかし，不凍液の凍結点は低いので氷結せずに回収される。回収された不凍液は薄くなっているので，加熱し濃度を調整して循環利用する必要がある。

d. オフサイクル方式

冷蔵庫などで，冷媒の流れを停止して庫内空気を熱源とした霜を溶かす方式である。送風機は運転しながら多くの空気を供給し，除霜能力の確保を図る。

e. ホットガスデフロスト方式

圧縮機から吐き出される高温の冷媒ガスを冷却器に送り込み，その顕熱と凝縮潜熱とによって霜を溶かす除霜方法である。

この方法は，冷媒回路を切り換える必要があるので操作が複雑になる。しかしながら，タイマ設定などを活用して自動除霜運転が可能となる。ヒートポンプ暖房装置では，冷房運転に切り換えることにより除霜を行う。

第3節 熱交換器

（1）熱交換器の作用

冷凍装置の熱交換器における伝熱効果は下記通りとなる。

<凝縮器において>

凝縮温度と冷却媒体（空気または水）との温度差が大きくなるほど，凝縮温度（凝縮圧力）が上昇して，圧縮機仕事量が増大する。それにより体積効率が低下して冷媒循環量が減少し，冷凍能力が低下する。

⇩

従って，冷凍能力の減少・圧縮機動力の増加により，冷凍装置の成績係数は小さくなる。

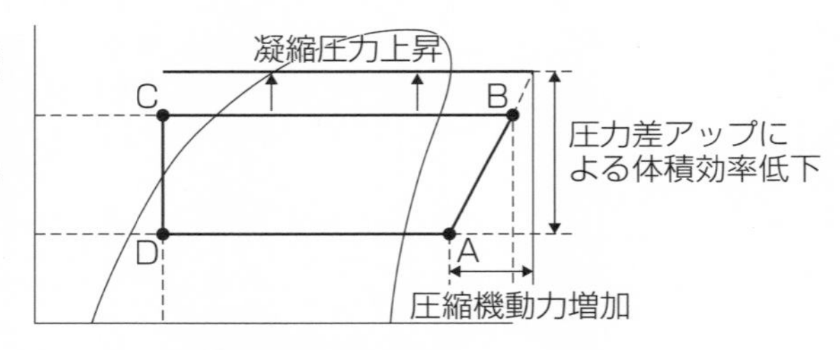

凝縮圧力上昇したとき

<蒸発器において>

蒸発温度と被冷却媒体（空気または水）との温度差が大きくなるほど，蒸発温度（蒸発圧力）が低下して，圧縮機吸込みガスの比体積が大きくなって冷媒循環量が減少する。

また冷凍効果（蒸発器出入口間のエンタルピー差）も小さくなる。

⇩

従って，冷凍能力の減少により，冷凍装置の成績係数は小さくなる。

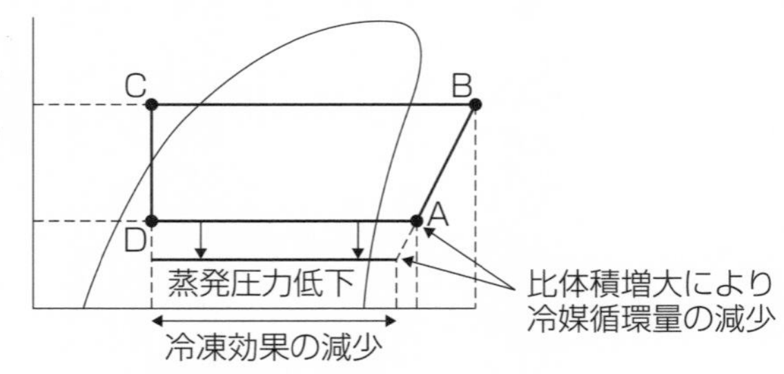

蒸発圧力低下したとき

（2）設定温度差

一般に，水冷凝縮器では冷媒と冷却水との**平均温度差**が5～6K程度に，空冷凝縮器では入口空気温度と凝縮温度との**平均温度差**が12～20K程度になるよう，伝熱面積を選ぶ。

また乾式蒸発器では，温度自動膨張弁により，出口冷媒の**過熱度**が3～5Kになるように冷媒流量を調節している。

（3）汚れ係数の影響

水冷凝縮器の使用中において，管内の浮遊物などが管壁に付着すると，伝熱が阻害され，熱交換器の性能が徐々に低下する。この伝熱阻害の程度を表したものを汚れ係数と呼ぶ。

汚れ係数には下記傾向がある。

①汚れ係数が大きいと熱通過率が低下して，伝熱性能が悪くなる。

②汚れ係数が小さいと熱通過率が増大して，伝熱性能が良くなる。

（4）不凝縮ガスの影響

不凝縮ガスとは，いくら冷却しても凝縮しないガスのことをいい，冷凍装置では主に空気のことを指す。冷媒充てん時の空気抜き（エアパージ）が不十分な場合や，大気圧以下で運転する場合の低圧部に漏れが有る場合などに，配管中に空気が侵入する。

普通は凝縮器に溜まるため，伝熱が阻害され凝縮圧力が空気の分圧以上に上昇して，圧縮機の動力が大きくなり成績係数が小さくなる。

（5）並行流と対向流

温度膨張弁を使用する蒸発器では，空気を蒸発器の冷媒出口側から吹き込む対向流方式の方が，並行流方式よりも冷媒の過熱部の管長を短くできる。（冷媒と空気の対向流方式が望ましい）

（6）冷凍機油の影響

①アンモニア冷凍装置

アンモニアと冷凍機油はあまり溶け合わない。またアンモニア液に比べて油の粘度は大きく，油の熱伝導率は小さいため，伝熱面に付着滞留すると油膜は伝熱の大きな障害となる。

従って,冷凍機油が熱交換器の伝熱面に付着滞留して伝熱を妨げないように，アンモニア冷凍装置では，圧縮機の吐出し管路に油分離器を設けている。

アンモニア液は冷凍機油よりも軽く，漏れたアンモニアガスは空気よりも軽い。

②ふっ素系冷媒

ふっ素系冷媒液へ冷凍機油が溶解して粘度が高くなると，伝熱壁面付近の遅い流れの層（境界層）の厚さが厚くなり，熱交換器での伝熱性能が悪くなる。

演習問題〈伝熱理論〉〈熱交換器〉

問題１＜第１種＞

冷蔵庫用パネルで，外気からの侵入熱量 Φ がパネル10m²当り80W に設計されている。設問１．～設問３．に計算式も示して答えよ。

（設計条件）

・外気温度　$t_a = 28$℃

・庫内温度　$t_r = -20$℃

・熱伝達率

　パネル外表面（外気側）$\alpha_a = 10$kW/(m²・K)

　パネル内表面（庫内側）$\alpha_r = 5$ kW/(m²・K)

・皮材の厚さ　（外皮材）$\delta_1 = 0.5$mm

　　　　　　　（内皮材）$\delta_3 = 0.5$mm

・熱伝導率（外皮材）　$\lambda_1 = 50$W/(m・K)

　　　　（パネル芯材）$\lambda_2 = 0.030$W/(m・K)

　　　　（内皮材）　$\lambda_3 = 50$W/(m・K)

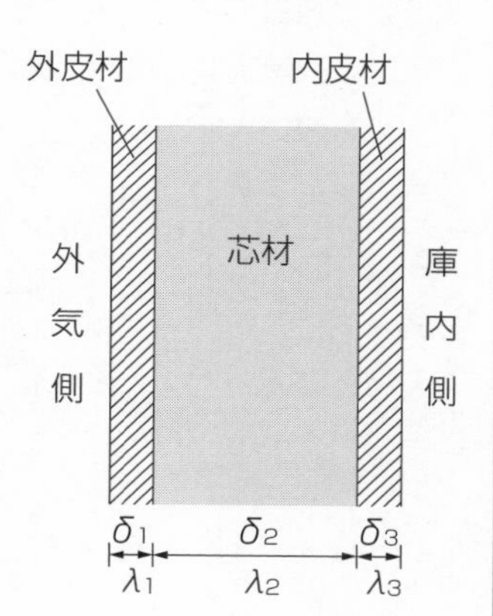

設問１．パネルの外表面温度 t_{w1}（℃）を求めよ。

設問２．芯材の厚さ δ_2（mm）を求めよ。

設問３．「パネル外表面の熱伝達率 $\alpha_a = 20$W/(m²・K)」「パネル芯材の厚さ $\delta_2 = 150$mm」であるときの，パネル10m²当りの外気からの侵入熱量 Φ（W）を求めよ。

解答・解説

設問１．パネル外表面温度 t_{w1}を求める。

　まず，パネル外表面温度は，下記式により求められる。

$$\Phi = \alpha_a \cdot A(t_a - t_{w1})$$

Φ：侵入熱量（80W），

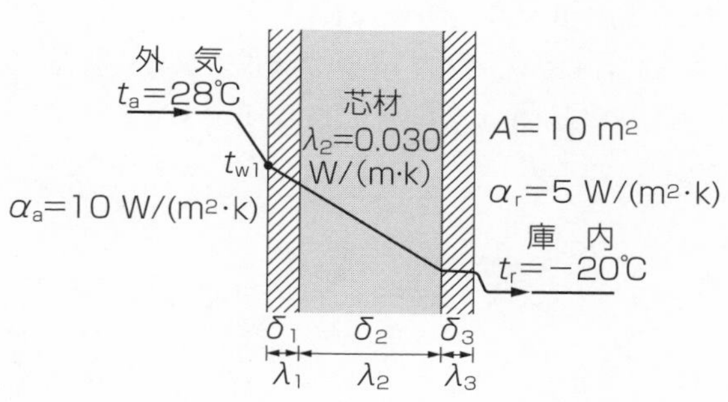

熱交換器

α_a：熱伝達率［パネル外表面］（10kW/(m^2・K)）

t_a：外気温度（28℃）

A：パネル面積（10m^2）

これを t_{w1} の式に変形して求める。

$$t_{w1}=t_a-\frac{\Phi}{\alpha_a\cdot A}=28-\frac{80}{10\times10}=27.2$$

答：パネル外表面温度　27.2℃

設問２．芯材の厚さ δ_2 を求める。

まず，熱通過率Kは次式より求められる。

$$\Phi=K\cdot A(t_a-t_r)$$

$$K=\frac{\Phi}{A(t_a-t_r)}=\frac{80}{10\times(28-(-20))}\fallingdotseq 0.167\mathrm{W/(m^2\cdot K)}$$

従って，芯材の厚さ δ_2 は次式により，求められる。

$$K=\frac{1}{\frac{1}{\alpha_a}+\frac{\delta_1}{\lambda_1}+\frac{\delta_2}{\lambda_2}+\frac{\delta_3}{\lambda_3}+\frac{1}{\alpha_r}}$$

$$\delta_2=\lambda_2\left[\frac{1}{K}-\frac{1}{\alpha_a}-\frac{\delta_1}{\lambda_1}-\frac{\delta_3}{\lambda_3}-\frac{1}{\alpha_r}\right]$$

$$=0.030\times\left[\frac{1}{0.167}-\frac{1}{10}-\frac{0.0005}{50}-\frac{0.0005}{50}-\frac{1}{5}\right]$$

$$\fallingdotseq 0.171\mathrm{m}\quad=171\mathrm{mm}$$

答：芯材の厚さ　171mm

設問３．外気からの侵入熱量 Φ を求める。

「パネル外表面の熱伝達率 α_a＝20W/(m^2・K)」「パネル芯材の厚さ δ_2＝150 mm」とすると，熱通過率Kは下記式により求められる。

$$K=\frac{1}{\frac{1}{\alpha_a}+\frac{\delta_1}{\lambda_1}+\frac{\delta_2}{\lambda_2}+\frac{\delta_3}{\lambda_3}+\frac{1}{\alpha_r}}=\frac{1}{\frac{1}{20}+\frac{0.0005}{50}+\frac{0.150}{0.030}+\frac{0.0005}{50}+\frac{1}{5}}$$

$$\fallingdotseq 0.190\quad\mathrm{W/(m^2\cdot K)}$$

以上より，侵入熱量 Φ は次式で求められる。

$$\Phi=K\cdot A(t_a-t_r)=0.190\times10\times(28-(-20))\fallingdotseq 91.2$$

答：外気からの侵入熱量　91.2W

問題2＜第1種＞

アンモニアを冷媒とする冷凍装置において，冷却管としての横型水冷凝縮器がある。冷却管の内表面には水あか汚れがあり，また外表面には油膜が付着している。凝縮器の運転条件が下記であるとき，設問1.と設問2.に答えよ。

（運転条件その他）

- 冷媒側の熱伝達率
  $\alpha_r = 8.0$ kW/(m^2・K)
- 冷媒の凝縮温度　$t_k = 35$℃
- 冷媒側伝熱面積　$A = 20$m^2
- 有効内外伝熱面積比
  $m = 2.0$
- 油膜厚さ　$\delta_o = 0.1$mm
- 油膜の熱伝導率
  $\lambda_0 = 0.00015$kW/(m・K)
- 冷却管の厚み　$\delta_s = 4$ mm
- 冷却管の熱伝導率
  $\lambda_s = 0.050$kW/(m・K)
- 汚れ係数　$f = 0.20$m^2・K/kW
- 冷却水側の熱伝達率
  $\alpha_w = 10.0$kW/(m^2・K)
- 冷却水温度
  （入口側）　$t_{w1} = 25$℃
  （出口側）　$t_{w2} = 30$℃

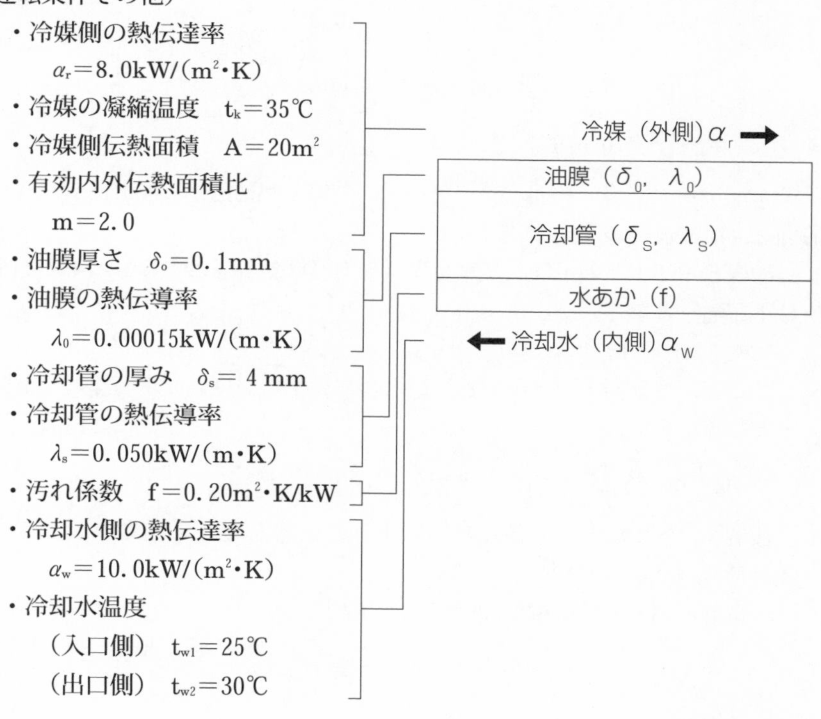

設問1．冷却管の外表面基準の熱通過率 K（kW/(m^2・K)）

設問2．凝縮負荷 Φ_k（kW）を求めよ。

熱交換器

解答・解説

設問1．熱通過率Kを求める。

冷却管の外表面基準の熱通過率Kは，次のようにして，求められる。

$$K=\frac{1}{\frac{1}{\alpha_r}+\frac{\delta_o}{\lambda_o}+\frac{\delta_s}{\lambda_s}+m\left[\frac{1}{\alpha_w}+f\right]}$$

$$=\frac{1}{\frac{1}{8.0}+\frac{0.0001}{0.00015}+\frac{0.004}{0.05}+2.0\left[\frac{1}{10.0}+0.20\right]}$$

$$=\frac{1}{0.125+0.667+0.080+0.20+0.40}$$

$$=\frac{1}{1.472}\fallingdotseq 0.679$$

答：熱通過率　0.679kW/(m²・K)

設問2．凝縮負荷 Φ_k を求める。

冷媒と冷却水との平均温度差を算術平均温度差 Δt_m とすると，凝縮負荷 Φ_k は下記通りとなる。

$$\Phi_k=K\cdot A\cdot \Delta t_m$$

ここで，凝縮器入口と凝縮器出口との算術平均温度差を求めると，下記通りとなる。

$$\Delta t_m=t_k-\frac{t_{w1}+t_{w2}}{2}=35-\frac{25+30}{2}=7.5℃$$

設問1．で求めたKの値及び題意よりの伝熱面積Aの値を代入して，凝縮負荷 Φ_k が求められる。

$$\Phi_k=K\cdot A\cdot \Delta t_m=0.679\times 20\times 7.5\fallingdotseq 102$$

答：凝縮負荷　102kW

問題3 <第1種>

水冷シェルアンドチューブ凝縮器（ローフィンチューブ使用）があり，運転条件は下記通りである。以下の設問1．～設問3．に答えよ。計算式を示して応えよ。

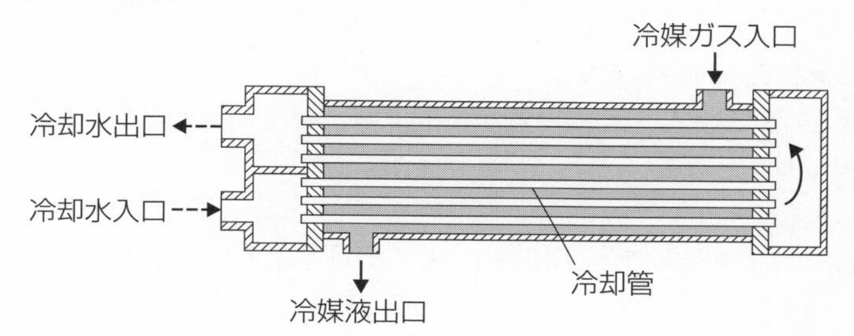

（運転条件その他）

- 凝縮温度　$t_k = 33$℃
- 冷却水温度（入口側）　$t_{w1} = 25$℃
- 　　　　　（出口側）　$t_{w2} = 30$℃
- 熱伝達率　（冷媒側）　$\alpha_r = 2.4\text{kW}/(\text{m}^2\cdot\text{K})$
- 　　　　　（冷却水側）$\alpha_w = 8.9\text{kW}/(\text{m}^2\cdot\text{K})$
- 有効内外伝熱面積比　$m = 3.2$
- 冷媒側伝熱面積　$A = 20\text{m}^2$
- 冷却水側汚れ係数　$f = 0.088\text{m}^2\cdot\text{K/kW}$
- 冷却水の比熱　$c_w = 4.2\text{kJ}/(\text{kg}\cdot\text{K})$

（計算条件）

①冷却水と冷媒との温度差は算術平均温度差を用いる。

②冷却管材の熱伝導抵抗は無視できるものとする。

設問1．冷却管の外表面積基準の熱通過率K（kW/(m²・K)）を求めよ。

設問2．凝縮負荷 Φ_k(kW）を求めよ。

設問3．冷却水量 q_{mw}(kg/s）を求めよ。

解答・解説

設問1．熱通過率Kを求める。

冷却管のフィン側（冷媒側）の面積を基準とした熱通過率Kは，次のように求められる。

$$K=\frac{1}{\frac{1}{\alpha_r}+m\left[\frac{1}{\alpha_w}+f\right]}=\frac{1}{\frac{1}{2.4}+3.2\times\left[\frac{1}{8.9}+0.088\right]}\fallingdotseq 0.95$$

答：熱通過率　0.95kW/(m²・K)

設問２．凝縮負荷 Φ_k を求める。

冷媒と冷却水との平均温度差を算術平均温度差 Δt_m とすると，凝縮負荷 Φ_k は下記の通りとなる。

$$\Phi_k=K\cdot A\cdot \Delta t_m$$

ここで，凝縮器入口と凝縮器出口との算術平均温度差を求めると，下記の通りとなる。

$$\Delta t_m=t_k-\frac{t_{w1}+t_{w2}}{2}=33-\frac{25+30}{2}=5.5℃$$

設問１．で求めたＫの値及び題意よりの伝熱面積Ａの値を代入して，凝縮負荷 Φ_k が求められる。

$$\Phi_k=K\cdot A\cdot \Delta t_m=0.95\times 20\times 5.5\fallingdotseq 105$$

答：凝縮負荷　105kW

設問３．冷却水量 q_{mw} を求める。

設問２．の凝縮負荷は冷却水により冷却するので，下記式が成り立つ。

$$\Phi_k=q_{mw}\cdot c_w\cdot (t_{w2}-t_{w1})$$

従って，冷却水量は下記により求められる。

$$q_{mw}=\frac{\Phi_k}{c_w(t_{w2}-t_{w1})}=\frac{105}{4.2\times(30-25)}=5.0$$

答：冷却水量　5.0kg/s

問題4＜第1種＞

冷蔵庫のフィンコイル蒸発器（冷媒：R404A）が着霜の無い状態で運転されている。設問1．～設問4．に答えよ。計算式も示して答えよ。

（運転条件）

・有効内外伝熱面積比　$m=12$

・冷媒流量　$q_{mr}=0.090$kg/s

・冷媒蒸発温度　$t_0=-20$℃

・冷凍能力　$\Phi_o=4.2$kW

・冷媒蒸発温度における冷媒の比エンタルピー

（飽和液）　$h_B=175$kJ/kg

（乾き飽和蒸気）　$h_D=360$kJ/kg

・平均熱伝達率（空気側）　$\alpha_a=0.045$kW/(m²・K)

（冷媒側）　$\alpha_r=3.5$kW/(m²・K)

・空気温度　（入口側）　$t_{a1}=-10$℃

（出口側）　$t_{a2}=-15$℃

（計算条件）

①蒸発器出口における冷媒の状態は，乾き飽和蒸気とする。

②冷媒と空気との間の温度差は算術平均温度差を用いる。

③フィンコイル材の熱伝導抵抗は無視できるものとする。

設問1．蒸発器入口における冷媒の乾き度 x 求めよ。

設問2．着霜の無い状態における蒸発器の外表面積基準の平均熱通過率 K (kW/(m²・K)) を求めよ。

設問3．着霜の無い状態での蒸発器の空気側伝熱面積 A (m²) を求めよ。

設問4．着霜した場合の蒸発器の外表面積基準の平均熱通過率 K′ (kW/(m²・K)) を求めよ。ただし，霜の熱伝導率 λ は0.14W/(m・K) とし，霜の厚さ δ は1.5mm とする。

解答・解説

設問1．乾き度 x を求める。

蒸発器入口と出口の比エンタルピーをそれぞれ h_1，h_2とすると，冷凍能力（Φ_o）は右のようになる。　$\Phi_o=q_{mr}(h_2-h_1)$

熱交換器

ここで題意より，$h_2=h_D$，$h_1=x\cdot h_D+(1-x)h_B$ であるから，下記式が成り立つ。

$$\Phi_o=q_{mr}(h_D-(xh_D+(1-x)h_B))=q_{mr}(1-x)(h_D-h_B)$$

従って，上式より乾き度 x は，下記式により求められる。

$$x=1-\frac{\Phi_o}{q_{mr}(h_D-h_B)}=1-\frac{4.2}{0.090\times(360-175)}$$

$$=1-0.252\fallingdotseq 0.75$$

答：乾き度　0.75

設問 2．平均熱通過率 K を求める。

題意より,「着霜の無い状態」「フィンコイル材の熱伝導抵抗は無視できる」である。また外表面基準とはフィン側基準のことである。K は下記で求まる。

$$K=\frac{1}{\frac{1}{\alpha_a}+\frac{m}{\alpha_r}}=\frac{1}{\frac{1}{0.045}+\frac{12}{3.5}}=\frac{1}{22.22+3.43}\fallingdotseq 0.039$$

答：平均熱通過率　0.039kW/(m²・K)

設問 3．空気側伝熱面積 A を求める。

冷媒と空気との間の算術平均温度差 Δt_m は，次の式で求められる。

$$\Delta t_m=\frac{(t_{a1}-t_o)+(t_{a2}-t_o)}{2}=\frac{(-10-(-20))+(-15-(-20))}{2}$$

$$=\frac{10+5}{2}=7.5\ ℃$$

これより，着霜の無い蒸発器の空気側伝熱面積 A は次のようになる。

$$A=\frac{\Phi_o}{K\cdot\Delta t_m}=\frac{4.2}{0.039\times7.5}\fallingdotseq 14.4$$

答：空気側伝熱面積　14.4m²

設問 4．外表面積基準の平均熱通過率 K′ を求める。

着霜時の蒸発器の外表面積基準の平均熱通過率 K′ は，霜の厚さを δ，霜の熱伝導率を λ とすると，次の式で求められる。

$$K'=\frac{1}{\frac{1}{\alpha_a}+\frac{\delta}{\lambda}+\frac{m}{\alpha_r}}=\frac{1}{\frac{1}{0.045}+\frac{1.5\times10^{-3}}{0.14\times10^{-3}}+\frac{12}{3.5}}$$

$$=\frac{1}{22.22+10.71+3.43}\fallingdotseq 0.0275$$

答：平均熱通過率　0.0275kW/(m²・K)

問題５＜第２種＞

伝熱理論に関して，次の記述イ，ロ，ハ，ニのうち，正しいものの組合せはどれか。

イ．熱通過抵抗とは，熱伝達抵抗及び熱伝導抵抗を直列に並べて合計したものである。この逆数を熱通過率と呼ぶ。この熱通過率の大きい方が伝熱性能が悪い。

ロ．１つの物体内で熱エネルギーが伝わる現象を熱伝導といい，流体と物体との間で熱エネルギーが移動する現象を熱伝達という。

ハ．固体壁面と流動している流体との間に温度差ある場合の熱移動現象は，凝縮熱伝達と沸騰熱伝達の２種類がある。

ニ．熱交換器における高温流体から低温流体への伝熱量計算は，対数平均温度差と算術平均温度差とで差がある。正確な計算を行うには対数平均温度差が良い。

（選択肢）

（1）イ，ロ　（2）イ，ニ　（3）ロ，ハ　（4）ロ，ニ　（5）ハ，ニ

解説

イ．熱通過率は熱の伝わり易さを表わしており，熱通過率の大きい方が伝熱性能が良い。従って，「悪い」との記述は誤りである。

ロ．「１つの物体内で熱エネルギーが…」以下の記述は全て正しい。

ハ．固体壁面と流動している流体との間に温度差がある場合の熱移動現象は「対流熱伝達」である。「凝縮熱伝達」「沸騰熱伝達」は誤りである。

ニ．「算術平均温度差」を用いて計算した場合は数％の誤差が生じるため，正確な値を求めたい場合は「対数平均温度差」を用いた方が良い。従って，「熱交換器における高温流体…」以下の記述は全て正しい。

解答　（4）

問題6＜第2種＞

伝熱理論に関して，次の記述イ，ロ，ハ，ニのうち，正しいものの組合せはどれか。

イ．フィン効率は，フィンの全表面がフィン根元温度に等しいと仮定したときの，フィン部の伝熱量に対する実際のフィンの伝熱量の比である。

ロ．空冷凝縮器において，熱は冷媒蒸気から空気へ伝えられる。その熱交換は，冷媒蒸気から冷却管内表面へは対流熱伝達によって，冷却管材内では熱伝導によって，冷却管外表面から空気へは凝縮熱伝達によって伝えられる。

ハ．伝熱面（フィン付）の伝熱について，平面壁の面積を基準にした熱通過率をK_p，フィン側の面積を基準にした熱通過率をK_f，有効内外面積比をmとすると，これらの量の間に$K_p = mK_f$の関係がある。

ニ．固体壁を介して，一方の流体から他方の流体へ熱が伝わる熱通過量は，「流体間の温度差」×「伝熱面積」×「両壁面の熱伝達率」で求められる。

（選択肢）

（1）イ，ロ　（2）イ，ハ　（3）ロ，ハ　（4）ロ，ニ　（5）ハ，ニ

解説

イ．「フィン効率は，……」以下の記述は，全て正しい。

ロ．冷媒蒸気から冷却管内表面へは「対流熱伝達」は誤りで「凝縮熱伝達」が正しい。また，冷却管外表面から空気へは「凝縮熱伝達」も誤りで「対流熱伝達」が正しい。

ハ．「伝熱面（フィン付）の伝熱について，…」以下の記述は，全て正しい。

ニ．一方の流体から他方の流体への伝熱量を求める式は「$\Phi = K \cdot A(t_1 - t_2)$」であり，「両壁面の熱伝達率」は誤りである。

解答　（2）

問題7＜第2種＞

伝熱理論に関して，次の記述イ，ロ，ハ，ニのうち，正しいものの組合せはどれか。

イ．熱交換器においては，伝熱面に水あかなどの汚れが付着して熱伝導抵抗が増加する。この汚れの層の熱伝導率を，その汚れの厚さで除したものを汚れ係数という。

ロ．物体から電磁波の形で放射される熱エネルギーは，その物体の絶対温度の2乗に正比例する。

ハ．熱伝達率は流体の種類とその状態によって異なるが，一般に液体は気体より大きい。

ニ．円筒壁の熱伝導による伝熱量Φは，熱の流れる方向を半径rが大きくなる方向とすると任意の半径rの円筒面の単位時間に伝わる熱量は，半径rによらず一定である。

（選択肢）

（1）イ，ロ　（2）イ，ハ　（3）ロ，ハ　（4）ロ，ニ　（5）ハ，ニ

解説

イ．汚れ係数とは，汚れの厚さを汚れの熱伝導率で除したものである。従って，「汚れの層の熱伝導率を，その汚れの厚さで除したものを汚れ係数という」との記述は誤りである。

ロ．物体から電磁波の形で放射される熱エネルギーは，物体の絶対温度の4乗に正比例する。「2乗に正比例する」との記述は誤りである。

ハ．「熱伝達率は流体の種類と………」以下の記述は，全て正しい。

ニ．「円筒壁の熱伝導による………」以下の記述は，全て正しい。

解答　（5）

問題 8 <第 2 種>

凝縮器に関して，次の記述イ，ロ，ハ，ニのうち，正しいものの組合せはどれか。

イ．蒸発式凝縮器では，冷却水の蒸発潜熱を利用して冷媒蒸気を凝縮している。冷却塔を用いた場合よりも多量の冷却水を消費するが，空気式に比べて凝縮温度を低くできる。

ロ．水冷凝縮器では，冷却水側の伝熱面が水あかによって汚れる。そのため熱通過率を求める計算式に，冷却水の汚れ係数が考慮されている。

ハ．ブレージングプレート凝縮器の伝熱プレートは，銅製の伝熱プレートを多層に積層している。それらを一体化して強度と気密性を確保している。

ニ．凝縮温度が上昇する要因として，凝縮負荷の増大・熱通過率の減少・伝熱面積の減少・冷却水温度の上昇などが挙げられる。

（選択肢）

（1）イ　（2）ニ　（3）イ，ロ　（4）ロ，ニ　（5）ハ，ニ

解説

イ．蒸発式凝縮器で消費される冷却水量は，「冷却塔を用いた場合と同じである」ので，「冷却塔を用いた場合よりも多量の冷却水を消費する」との記述は誤りである。

ロ．「水冷凝縮器では，冷却水側の………」以下の記述は，全て正しい。

ハ．ブレージングプレート凝縮器の伝熱プレートは，「ステンレス製の板状プレートを積層している」ので，「銅製の伝熱プレートを多層に積層している」の記述は誤りである。

ニ．「凝縮温度が上昇する要因として，……」以下の記述は，全て正しい。

解答　（4）

問題９＜第２種＞

蒸発器に関して，次の記述イ，ロ，ハ，ニのうち，正しいものの組合せはどれか。

イ．満液式蒸発器は，蒸発器出口ではほぼ乾き飽和蒸気である。フロートでの液面レベル検知により膨張弁開度を調整して，液面位置が一定になるように冷媒流量の制御を行う。

ロ．乾式シェルアンドチューブ蒸発器では，伝熱促進のために冷却管外表面にローフィンチューブ（熱面積の拡大）を使用することが多い。

ハ．冷媒液強制循環式蒸発器は，蒸発する冷媒液量の３～５倍の冷媒液を液ポンプで強制的に冷却管内に送り込む。冷凍負荷の変動があっても，低圧受液器が蒸発器内の冷媒の状態変動の緩衝器の役割をし，冷凍装置全体への運転状態の影響が少なくなる。

ニ．除霜における散水方式とは，送風機を運転しながら蒸発器上部から散水する方式である。このため，蒸発器内に冷媒液が多量に残存すると散水中に冷却管内の冷媒が蒸発して，急激な圧力上昇が生じる。

（選択肢）

（１）イ，ロ　（２）イ，ハ　（３）ロ，ハ　（４）ロ，ニ　（５）ハ，ニ

解説

イ．「満液式蒸発器は，蒸発器出口………」以下の記述は，全て正しい。

ロ．乾式シェルアンドチューブ蒸発器では，冷却管内面にインナフィンチューブなどの伝熱促進管が使用されており，「冷却管外表面にフィン加工をして伝熱面積を拡大したローフィンチューブを使用」の記述は，誤りである。

ハ．「冷媒液強制循環式蒸発器は，………」以下の記述は，全て正しい。

ニ．散水方式による除霜方法は，蒸発器内の冷媒液を蒸発させてから送風機の運転を停止するので，「送風機を運転しながら蒸発器上部から散水する」との記述は，誤りである。

解答　（２）

問題10<第2種>

熱交換器に関して，次の記述イ，ロ，ハ，ニのうち，正しいものの組合せはどれか。

イ．蒸発器において，冷媒蒸発温度と被冷却媒体（空気，水やブラインなど）との温度差が大きくなるほど，冷凍装置の冷凍能力が増大して成績係数が大きくなる傾向がある。

ロ．ローフィンチューブを用いた水冷凝縮器では，水あかなどの付着により汚れ係数が増大すると，熱通過率は小さくなり，冷媒と冷却水との温度差も小さくなる。

ハ．蒸発温度が低いほど，凝縮温度が高いほど，冷凍サイクルの成績係数は小さくなる。冷凍装置の成績係数を大きくするためには，蒸発温度と被冷却媒体との温度差を小さく，また凝縮温度と凝縮器の冷却媒体（空気や水）との温度差を小さくする熱交換器を選択する必要がある。

ニ．運転中の冷凍装置において，蒸発温度が低くなると，圧縮機吸込み蒸気の比体積が大きくなり，蒸発器出入口間の比エンタルピー差と圧縮機の体積効率はともに小さくなる。

（選択肢）

（1）イ，ロ　（2）イ，ハ　（3）ロ，ハ　（4）ロ，ニ　（5）ハ，ニ

解説

イ．蒸発器において，冷媒蒸発温度と被冷却媒体との温度差が大きくなるほど，冷凍能力は小さくなり成績係数も小さくなるので，「冷凍能力が増大して成績係数が大きくなる」との記述は誤りである。

ロ．ローフィンチューブを用いた水冷凝縮器では，水あかなどが付着して汚れ係数が増大すると，凝縮温度（圧力）が上昇して冷媒と冷却水の温度差が大きくなるので，「冷媒と冷却水との温度差も小さくなる」との記述は，誤りである。

ハ．「蒸発温度が低いほど，………」以下の記述は，全て正しい。

ニ．「運転中の冷凍装置において，………」以下の記述は，全て正しい。

解答　（5）

第 5 章

制御機器

自動制御機器とは，装置内の温度や圧力を自動的に調節したり，冷凍装置を効率的に運転するための自動調節を行う機器です。冷凍装置の熱負荷は，外気温度の変化などにより時間経過とともに大きく変化するため，このような機器が必要となります。

第1節 自動膨張弁

自動膨張弁は，凝縮器から出た高温・高圧の冷媒液を蒸発しやすい状態に減圧し，蒸発器内部の最適流量を確保する。また，冷却負荷の増減によって変化する圧縮機の容量に合わせて冷媒ガスの過熱度を一定範囲内に保持し，異常過熱と液戻りを防止する機能を持っている。自動膨張弁として一般的に，次のものが使用されている。

（1）温度自動膨張弁

温度自動膨張弁は，蒸発器出口の過熱度を制御するために，蒸発器出口冷媒の温度を膨張弁の感温筒で検出して，膨張弁を制御する。感温筒の取付け場所としては，冷却コイル出口ヘッダが適切である。

<構造の種類>

①駆動方式

a．ダイヤフラム式

ステンレス鋼製のダイヤフラム（薄膜）を使って，その両面に作用する圧力差によるたわみを利用して，膨張弁が開閉する構造である。受圧面積を大きく取れるために小形化でき，最も広く使われている。

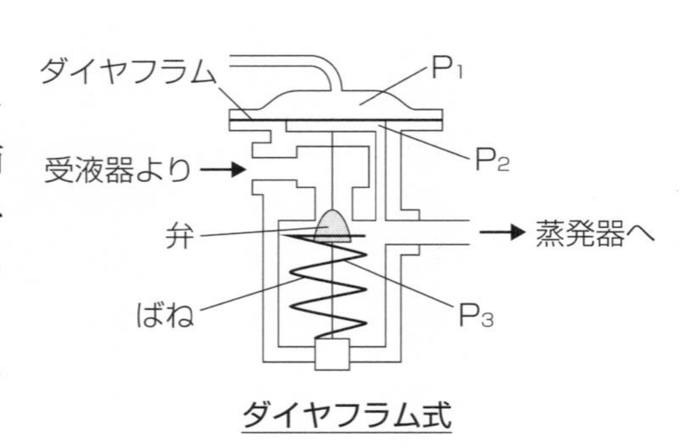

ダイヤフラム式

<作動原理>

ダイヤフラム式温度自動膨張弁の開閉は，右のような圧力差で行われている。蒸発器の熱負荷が増大して過熱度が大きく（感温筒圧力大に）なると，弁の開度が増大し冷媒流量が増える。冷媒流量が増えると過熱度は元に戻り，その位置で弁の開度が停止する。

［弁のバランス式］

圧力差（弁の開度）

$=P_1-(P_2+P_3)$

P_1：感温筒圧力

P_2：蒸発圧力

P_3：ばねの力

b. ベローズ式

りん青銅またはステンレス鋼製のベローズ（蛇腹）を用いて，圧力差に比例した膨張弁の開度幅をとる構造である。受圧面積が限られるためにダイヤフラム式よりも大きくなる。

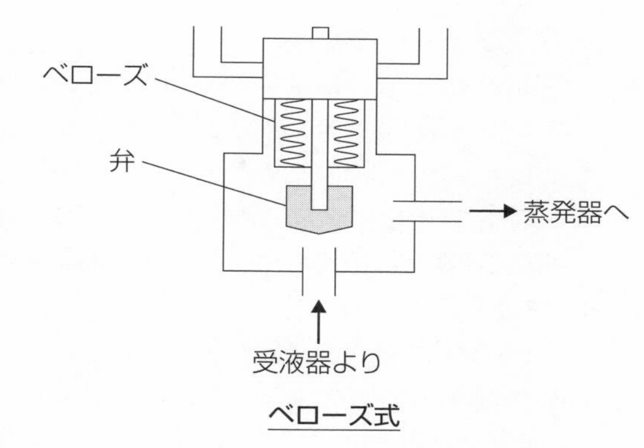

ベローズ式

②膨張弁内の均圧方式

ダイヤフラム式膨張弁において，ダイヤフラム下面に作用する蒸発圧力を蒸発器入口側から導く方式を**内部均圧形**という。また蒸発器出口側から導く方式を**外部均圧形**という。

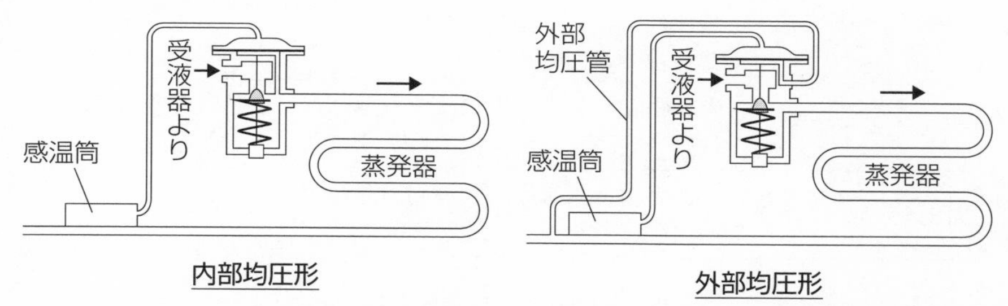

内部均圧形　　外部均圧形

※内部均圧形は，蒸発器内の冷媒流による圧力低下分だけ，過熱度が設定値よりずれることになる。

③感温筒のチャージ方式

蒸発器出口の冷媒温度は，蒸発器出口管壁を通じて感温筒に伝えられる。その温度に対応した感温筒内チャージ冷媒の飽和圧力に変換して，膨張弁の開度を変える。感温筒のチャージ方式には次のものがある。

a. 液チャージ方式

感温筒内には，封入冷媒の蒸気と液が共存し，常に飽和圧力が保たれている。チャージ冷媒は，一般的に冷凍装置の使用冷媒と同じである。広い蒸発温度の範囲で使用できるという特徴があるが，温度が高くなりすぎると高圧力により，ダイヤフラムを破損する恐れがある。

b. ガスチャージ方式

感温筒内に封入冷媒量を少なめに制限している。感温筒内がある温度以上になると，冷媒液は全て蒸発して過熱蒸気となるため，ある温度以上では圧力が上がらない。そのため，ヒートポンプタイプなどで感温筒温度が高温になっても，ダイヤフラムが破壊されないという効果がある。チャージ冷媒は，一般的に冷凍装置の使用冷媒と同じである。

c. クロスチャージ方式

チャージ冷媒は冷凍装置の使用冷媒と異なっており，冷媒特性の温度圧力曲線の傾斜が緩やかである。したがって，蒸発温度が高温では過熱度が大きく，低温では過熱度が小さくなるので，低温用膨張弁として適している。

[チャージ方式の種類と特徴]

チャージ方式	特徴	長所	短所
液チャージ方式	常に蒸気と液が共存	広い蒸発温度範囲で使用可能	・封入量が多い ・ダイヤフラム破損の恐れ
ガスチャージ方式	少なめに封入（過熱蒸気）	ダイヤフラムが破壊されにくい	過熱域での制御困難な場合有り
クロスチャージ方式	冷凍装置と異なる冷媒を封入	低温用冷凍装置に適している	——

（2）定圧自動膨張弁

定圧自動膨張弁は，蒸発圧力（蒸発温度）が設定値よりも低くなると開いて圧力を上げ，設定値よりも高くなると閉じて圧力を下げる。蒸発圧力が一定になるように冷媒流量を調節する膨張弁である。

蒸発器出口の過熱度制御には使用できない。また負荷変動の大きな冷凍装置には使用できず，負荷変動の少ない小形冷凍装置で用いられる。

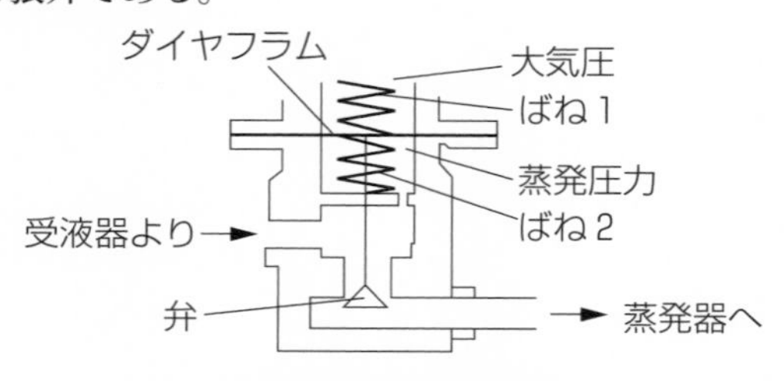

定圧自動膨張弁の構造

（3）電子膨張弁

電子膨張弁は，サーミスタなどの温度センサからの電気信号を調節器で過熱度に演算処理して，設定値との偏差に応じて膨張弁を開閉する。電子膨張弁と温度センサは配置の自由度が高く，調節器によって幅広い制御特性に利用できる。

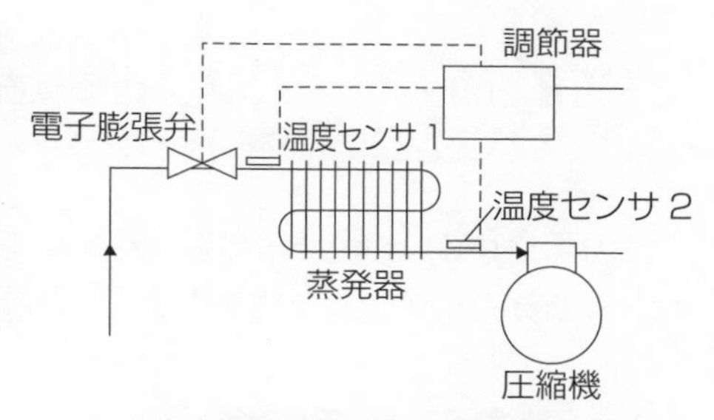

電子膨張弁による過熱度制御

第2節 圧力調整弁

圧力調整弁は，冷凍装置の低圧部や高圧部の圧力を適正な範囲に制御する調整弁である。蒸発圧力調整弁，吸入圧力調整弁や凝縮圧力調整弁がある。

（１）蒸発圧力調整弁（EPR：Evaporating Pressure Regulator）

蒸発圧力調整弁は，蒸発圧力が一定値以下にならないように制御する弁であり，蒸発器出口に取り付ける。この調整弁を用いて，蒸発器の凍結を防止したり被冷却物の温度を一定に保持したりすることができる。

また蒸発圧力調整弁は，１台の圧縮機において蒸発温度の異なる複数の蒸発器を運転することができる。このときは，蒸発圧力の高い蒸発器の出口側に設けて，設定圧力以下にならないように制御する。

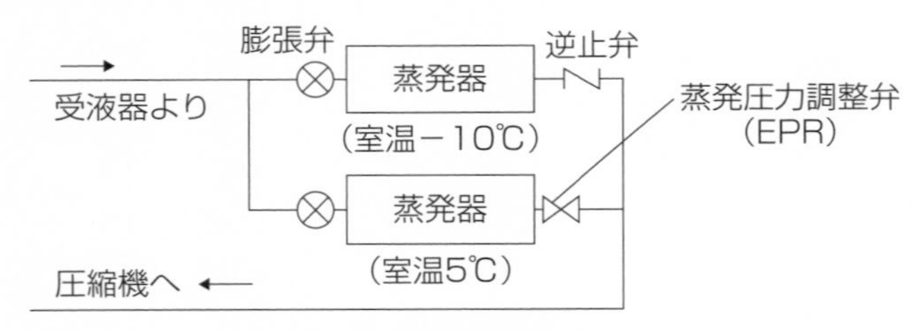

蒸発圧力調整弁の使用例

（２）吸入圧力調整弁（SPR：Suction Pressure Regulator）

吸入圧力調整弁は，圧縮機吸込み圧力が一定値以上にならないように制御する弁である。圧縮機吸込み管に取り付け，圧縮機長時間停止後の始動時やホットガスデフロスト後などに，圧縮機の吸込み圧力上昇時に作動する。吸込み圧力上昇による圧縮機用電動機の過負荷によ過熱・焼損を防止する。

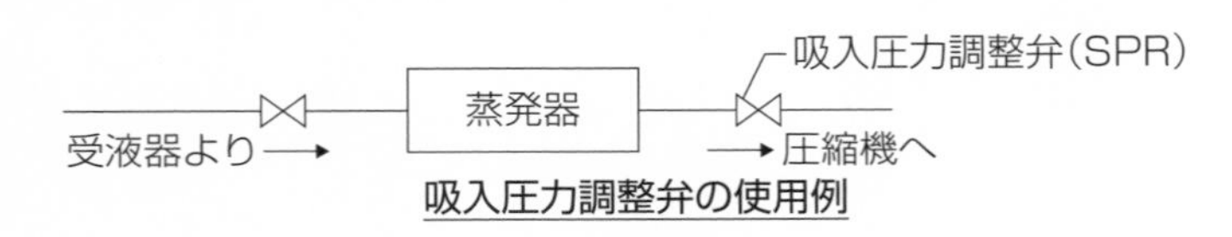

吸入圧力調整弁の使用例

（３）凝縮圧力調整弁（CPR：Condensing Pressure Regulator）

凝縮圧力調整弁は，凝縮圧力を一定値以下にならないようにする弁であり，凝縮器出口に取り付ける。この調整弁を用いて，冬季運転における凝縮圧力の異常な低下を防止することができる。

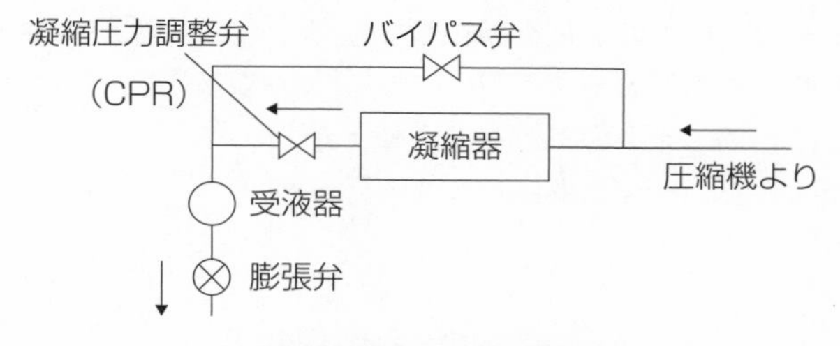

凝縮圧力調整弁の使用例

※凝縮圧力調整弁による圧力制御は，凝縮器に冷媒液を滞留させて，有効伝熱面積を減少させる方法である。したがって冷媒量に余裕をもたせる必要があり，受液器を設置する。

第3節 圧力スイッチ

圧力スイッチは，圧力の変化を検知して電気回路の接点を開閉するものである。

これにより，各部の圧力の上がり過ぎや下がり過ぎを防止するという保護機能を有する。

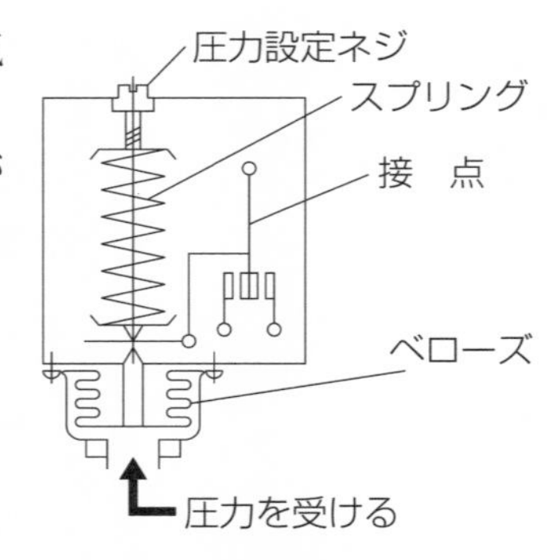

圧力スイッチの構造

（1）低圧圧力スイッチ

低圧圧力スイッチは，冷凍負荷が減少して蒸発圧力が低下したときに，**圧縮機を停止させて低圧圧力の異常低下を防止する。**低圧圧力スイッチは圧縮機の吸込み配管に接続する。

冷凍装置の自動運転を主目的とする場合には「自動復帰式」を，機器の保護を主目的とする」場合には「手動復帰式」を用いる。自動復帰式の圧力スイッチを使用する場合，作動圧力の「入り」「切り」の差を小さくし過ぎると，圧縮機が短い間隔で運転と停止を繰返し，電動機焼損の原因となることがある。

（2）高圧圧力スイッチ

高圧圧力スイッチは，設定圧力以上の高圧圧力を検知したときに，**圧縮機を停止させて高圧圧力の異常上昇を防止する。**検知圧力が設定値より高くなると，スイッチの接点が開く構造となっている。高圧圧力スイッチは圧縮機吐出し配管に接続する。

高圧圧力スイッチは，安全装置として用いることが多く，異常高圧になったときに作動する。したがって作動時には冷凍装置に何らかの不具合が生じているので，原則として手動復帰式が望ましい。

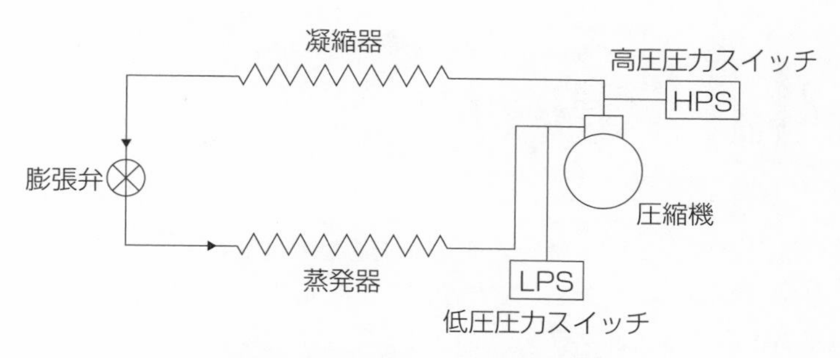

高圧・低圧圧力スイッチの配置図

(3) 高低圧圧力スイッチ

高低圧圧力スイッチは，低圧スイッチと高圧スイッチを合わせたスイッチであり，両機能をコンパクトに1つのスイッチに収めている。

(4) 油圧保護圧力スイッチ

油圧保護圧力スイッチは，油圧が設定値より低くなるとスイッチの接点が開いて圧縮機を停止させる。潤滑油ポンプを内蔵または外部装着している大形圧縮機の油圧保護として使用される。

制御機器

第4節 電磁弁

電磁弁は，電磁コイル（ソレノイド）に通電を行って，その電磁力（及び差圧力）でプランジャを引き上げて弁を開く。そして，その通電を止める（及び差圧力が小さくなる）とプランジャの自重で弁が閉じる。

（1）直動式電磁弁

電磁コイルに通電すると，プランジャを吸引して弁が開く。またコイルの電源を切ると，プランジャの自重で弁は閉じる。この電磁弁は，弁体がプランジャに直結しているために直動式と呼ぶ。口径の小さなものに使用される。

流れる経路の数によって二方弁・三方弁～五方弁まである（右図は二方弁）。

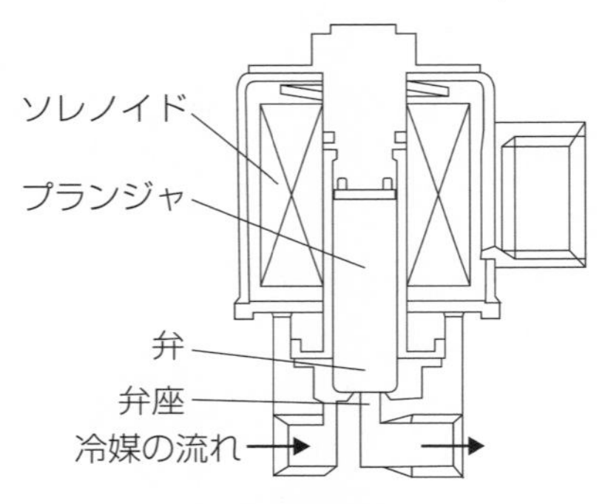

直動式電磁弁

（2）パイロット式電磁弁

この電磁弁は，プランジャと弁は分離されており，プランジャは直動式と同様に作動し，弁（ピストン）は前後の圧力差によって開く。通常，この圧力差は7～30kPaが必要であり，この圧力差が得られない配管では直動式を使用する。

パイロット式電磁弁は圧力差で動くため,直動式より動作速度が遅くなる。

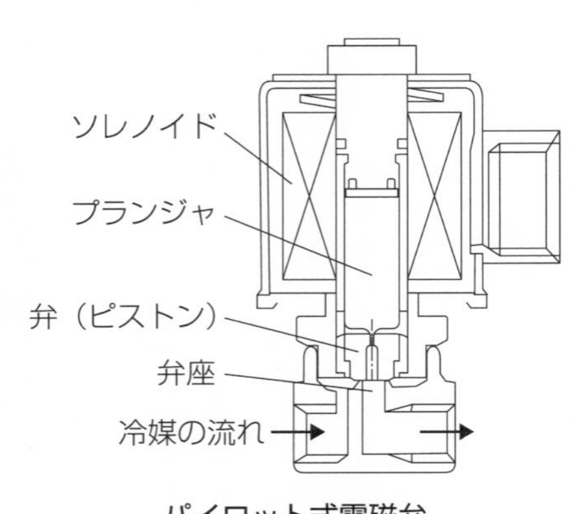

パイロット式電磁弁

第5節 四方切換弁

四方切換弁は，冷凍サイクルの冷媒の流れを切り換える（蒸発器と凝縮器の役割を逆にする）弁である。パイロット弁とスライド弁で構成されており，冷暖房兼用ヒートポンプ形やホットガスデフロスト装置などで使用される。

切換時には，高圧側から低圧側への冷媒の漏れが短時間生じるので，高低圧力差が十分に無いと完全な切換ができない。

<冷房時の冷媒流れ>

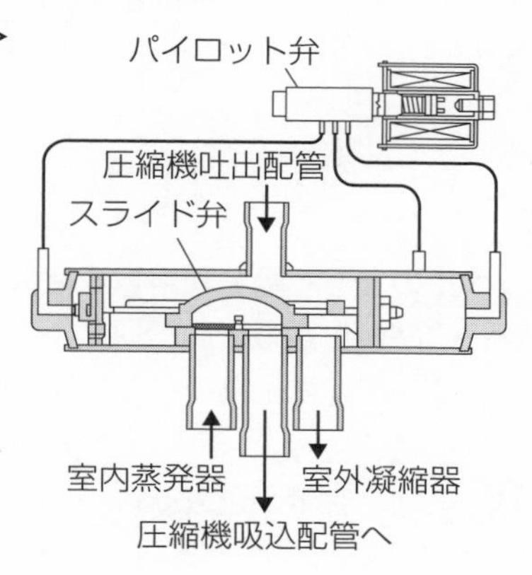

<暖房時の冷媒流れ>

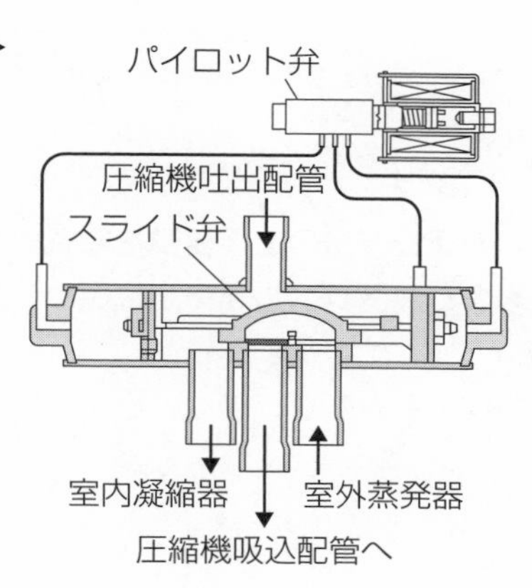

第6節 その他制御機器

(1) キャピラリーチューブ

キャピラリーチューブとは，銅製の細い管（内径Φ0.6〜2.5mm）のことであり，冷媒を通過させることにより圧力が低下して，冷媒を蒸発しやすくするものである。一般に家庭用冷蔵庫やルームエアコンなどの小形装置に多く用いられる。

キャピラリーチューブ

(2) フロート弁

フロート弁は，液面レベルの上下変動を利用して給水をコントロールすることにより，液面レベルを一定に保つものである。フロート弁は，電気配線が不要で工事や保守管理も容易である。

フロート弁の選定においては，容量が過大でも過小でも液面レベルが維持できないので，選定には注意を要する。

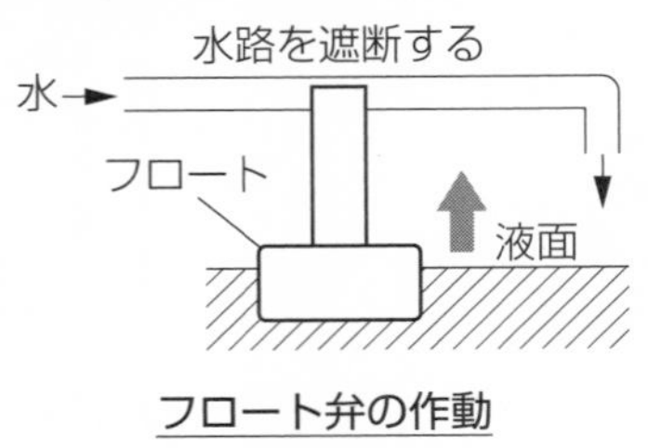

フロート弁の作動

(3) フロートスイッチ

フロートスイッチは，液面レベルの上下変動を電気信号に置き換えて，電磁弁などを開閉して，給水して液面レベルを一定に保つ。その他の制御（警報発信など）にも利用する。

フロートスイッチは操作部を有しないので，必ず電磁弁・警報器・リレーなどに接続して使用する。

(4) 冷却水調整弁

冷却水調整弁は，水冷凝縮器の冷却水出口側に取り付け，水冷凝縮器の凝縮圧力または凝縮温度を検知して，**凝縮圧力を一定に保持できるように冷却水量を調節**するものである。

- **圧力式冷却水調整弁**：凝縮圧力検知のために反応速度が速い。
- **温度式冷却水調整弁**：感温筒による凝縮温度検知のため急激な圧力変化には追随できない。

(5) 断水リレー

断水リレーは，水冷凝縮器や水冷却器で断水または循環水量が大きく低下したとき，**電気回路を遮断して圧縮機を停止させたり，警報を出したりする保護装置**である。

- **圧力式断水リレー**
  流水時と断水時とで，冷却水出入り口間の圧力差を検知して，一定圧力差以下で圧縮器を停止させる。
- **流量式断水リレー**
  圧力差の極小な流路では，圧力式断水リレーは使用できないため，フロースイッチと言われる流量式断水リレーを使用する。

(6) サーモスタット

サーモスタットとは，対象物を所定の温度に保つために，**温度変化を検知して電気接点をON／OFF**するものである。電気接点を開閉する方式として，バイメタル式・蒸気圧式・電子式などがある。

演習問題〈制御機器〉

問題１＜第２種＞

自動制御機器に関して，次の記述イ，ロ，ハ，ニのうち，正しいものの組合せはどれか。

イ．圧縮機の吸込み圧力が一定圧力以上に高くなると，圧縮機用電動機が過負荷になる。これを防止するために，圧縮機吸込み管に吸入圧力調整弁を取り付けると良い。

ロ．ヒートポンプ式冷凍装置では，温度自動膨張弁に，感温筒温度が過度に上昇してもダイヤフラムを破壊することが無いように，感温筒はガスチャージ方式を採用する。

ハ．定圧自動膨張弁では，弁入口側の冷媒液圧力の影響をほとんど受けないで絞り膨張して，調整ネジで設定した一定の蒸発器内圧力に制御する。そのため，複数の蒸発器を備えた冷凍装置でも適切に使える。

ニ．四方切換弁は，冷暖房兼用ヒートポンプで使用される。切換え時に高圧側と低圧側に圧力差があると切換えができないため，中間期などの長期間運転停止後に切換えを行う。

(選択肢)

（１）イ，ロ　（２）イ，ハ　（３）ロ，ハ　（４）ロ，ニ　（５）ハ，ニ

解説

イ．「圧縮機の吸込み圧力が……」以下の記述は，全て正しい。

ロ．ガスチャージ方式は，感温筒内のチャージ媒体は液チャージ方式と同じであるが，チャージ媒体量が少量である点が異なる。従ってガスチャージ方式では，高温になってもダイヤフラムが破壊されないため，ヒートポンプ式に有効である。従って，ロ．の記述は正しい。

ハ．定圧自動膨張弁では，負荷変動の少ない比較的小形の冷凍装置に用いられる。複数の蒸発器を備えた冷凍装置では，適切に制御できない。従って，ハ．の記述は誤りである。

ニ．四方切換弁は，切換え時に高圧側から低圧側に短時間の冷媒漏れが起こるので，圧力差が十分にないと完全な切換えができない。従って，「圧力差があると切換えができない」の記述は誤りである。

解答　（１）

問題２＜第２種＞

自動制御機器に関して，次の記述イ，ロ，ハ，ニのうち，正しいものの組合せはどれか。

イ．凝縮圧力調整弁は，空冷凝縮器の冬季運転における凝縮圧力の異常な低下を防止し，冷凍装置を正常運転にする。

ロ．電子膨張弁は，サーミスタなどの温度センサからの過熱度の電気信号を調節器で演算処理して，電気的に駆動して弁の開閉操作を行う。電子膨張弁は，温度自動膨張弁と比較して制御範囲は狭いが，安定した過熱度制御ができる。

ハ．水冷凝縮器に取り付ける冷却水調整弁は，冷却水出口に取り付ける。凝縮圧力（又は凝縮温度）を検知して作動する。そして凝縮圧力が適正な状態を保つように，冷却水量を調整する。

ニ．蒸発圧力調整弁は，蒸発圧力が一圧力値以下にならないように圧縮機吸込み管に取り付ける。水又はブライン冷却器の凍結を防止することができる。

（選択肢）

（１）イ，ロ　（２）イ，ハ　（３）ロ，ハ　（４）イ，ハ，ニ

解説

イ．冬季運転において，凝縮圧力が異常低下すると凝縮圧力と蒸発圧力の差が小さくなる。すると膨張弁を通過する冷媒循環量が低下して，冷凍能力が小さくなる。これを防止するために凝縮圧力調整弁を取り付ける。従って，イ．の記述は正しい。

ロ．電子膨張弁は，温度自動膨張弁と比較して制御範囲は広いので，「制御範囲は狭い」との記述は誤りである。その他の記述内容は正しい。

ハ．「水冷凝縮器に取り付ける……」の記述は正しい。

ニ．「蒸発圧力調整弁は，……」の記述は正しい。

　なお蒸発圧力調整弁は，１台の圧縮機において蒸発温度の異なる複数の蒸発器を運転することができる。このときは，蒸発圧力の高い蒸発器の出口側に設けて，設定圧力以下にならないように制御する。

解答　（４）

第 6 章
冷媒と冷凍機油

第1節 冷媒の種類

冷媒を大きく分けると，**ふっ素系冷媒**（CFC，HCFC，HFC）と**非ふっ素系冷媒**（アンモニア，HC など）に分類される。

- ・ふっ素系冷媒　：R22，R32，R123，R134a，R404A，R407C，など
- ・非ふっ素系冷媒：プロパン，アンモニア，二酸化炭素，など

（1）オゾン層破壊への影響

ふっ素系冷媒はふっ素・炭素・塩素・水素などの化合物で構成されるが，安定性に優れ毒性が弱く燃焼性もあまり無いために，冷凍・空調装置に幅広く使われてきた。しかしながら，**「塩素を含むふっ素系冷媒」**が大気中に放出されると，**成層圏でオゾン層を破壊**することが指摘され，モントリオール議定書（1989年に発効）によって製造・消費・貿易が規制されるようになった。各気体のオゾン層破壊への影響度を表したものをオゾン層破壊係数 ODP と呼ぶ。

・ふっ素系冷媒 ─┬─ 塩素を含む冷媒（R22，R123，など）
　　　　　　　　│　　└→オゾン層破壊のため規制対象
　　　　　　　　└─ 塩素を含まない冷媒（R32，R134a，R404A，など）

・ODP（オゾン層破壊係数）
　大気中に放出された物質がオゾン層を破壊する影響度…R11を1とする
　（塩素を含むふっ素系冷媒が成層圏でオゾン層を破壊する）

（2）地球温暖化への影響

一方で近年，塩素を含まないふっ素系冷媒（R32など）であっても，地球温暖化を促進する物質として注目されている。これは，**大気中に放出された二酸化炭素やふっ素系冷媒によって赤外線が吸収され，大気温度を上昇させる原因になっている**との指摘である。大気圏における各気体の影響度を表したものを地球温暖化係数 GWP と呼ぶ。

・**ふっ素系冷媒や二酸化炭素**は，大気放出により地球温度を上昇させる。

・**GWP（地球温暖化係数）**

二酸化炭素を 1 とした温暖化係数。塩素を含まないふっ素系冷媒でも100

～10,000倍の温室効果がある。

冷媒には，R134a などの**単一成分冷媒**と，複数の単一成分冷媒を混合した**混合冷媒**とがある。混合冷媒はさらに**非共沸混合冷媒**と**共沸混合冷媒**がある。

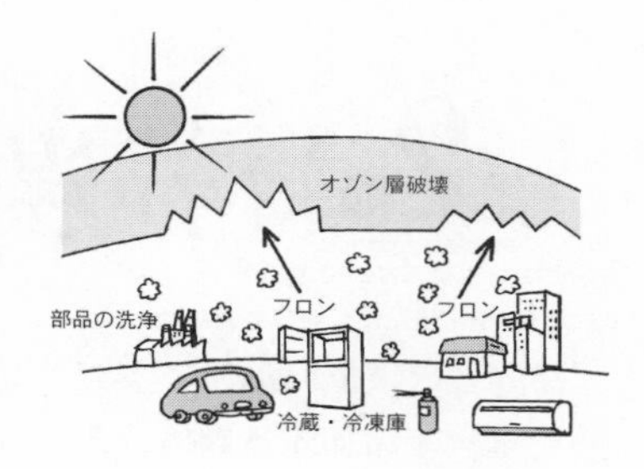

①非共沸混合冷媒

非共沸混合冷媒とは，R404A，R407C，R410A などの冷媒番号400番台の冷媒である。沸点の大きく異なる複数の単一成分冷媒を混合したものである。一相域（気体のみ，または液体のみ）では，成分比はどの状態でも同じであるが，相変化（気体⇔液体）時には気体と液体とで成分比が異なる（一定圧力のもとで凝縮または蒸発するとき，冷媒蒸気と冷媒液とで成分比が異なる）。また，圧力一定での凝縮（または蒸発）でも温度変化が生じる。

②共沸混合冷媒

共沸混合冷媒とは，R507A などの冷媒番号500番台の冷媒である。沸点の近い複数の単一成分冷媒をある一定の比率で混合すると，一定の沸点をもち，気体でも液体でも成分比が同じで温度勾配の無い特性となる。（沸点温度と露点温度が同じである）

冷媒の一般的性質

冷媒とは，低い温度で蒸発しながら，物体（水や空気・ブラインなど）から熱を奪って冷却する媒体，または物体に熱を加える媒体をいう。冷媒には，一般的に次のような性質が要求される。

（1）冷媒に要求される性質

一般的に要求される性質としては，次のようなことが挙げられる。

1．毒性・燃焼性が低く，安全性に優れること
2．地球環境や周囲の環境を破壊しないこと
3．化学的に安定であること
4．適度な沸点であること

さらに，冷凍サイクルの特性として要求される性質は次の項目が挙げられる。

5．単位体積当たりの冷凍能力が大きいこと
6．成績係数が高いこと
7．圧縮器吐出し温度が許容温度範囲内であること
8．伝熱特性に優れること
9．圧力損失が小さいこと

（2）冷媒の熱力学的性質

各種冷媒の代表的な熱力学的性質を下表に示す。

[冷媒の代表特性]

	ふっ素系冷媒								非ふっ素系冷媒		
	単一成分				混合冷媒				プロパン	アンモニア	二酸化炭素
					非共沸混合			共沸混合			
冷媒名	R22	R32	R123	R134a	R404A	R407C	R410A	R507A	R290	R717	R744
分子式または混合成分	$CHClF_2$	CH_2F_2	$CHCl_2CF_3$	CH_2FCF_3	R125/R134a/R143a (44/4/52)	R32/R125/R134a (23/25/52)	R32/R125 (50/50)	R125/R143a (50/50)	C_3H_8	NH_3	CO_2
沸点（℃）	−40. 81	−51. 65	27. 69	−26. 07	−46. 13	−43. 57	−51. 46	−46. 65	−42. 13	−33. 33	−78. 46
露点（℃）					−45. 40	−36. 59	−51. 37				
臨界温度（℃）	96. 15	78. 11	183. 67	100. 94	71. 63	86. 54	71. 41	70. 22	96. 67	132. 25	30. 98

飽和圧力(MPa)※	10℃	0.681	1.107	0.051	0.415	0.819	0.708	1.084	0.843	0.637	0.615	4.502
	45℃	1.73	2.795	0.182	1.160	2.047	1.859	2.719	2.098	1.534	1.783	9.99
環境指数	ODP	0.055	0	0.02	0	0	0	0	0	0	0.02	0
	GWP	1700	550	120	1300	3784	1325	1975	2199	3	0	1
安全性	毒性	弱	弱	強	弱	弱	弱	弱	弱	弱	強	弱
	燃焼性	不燃	微燃	不燃	不燃	不燃	不燃	不燃	不燃	強燃	微燃	不燃
比熱比		1.32	1.53	1.10	1.19	1.29	1.27	1.42	1.29	1.24	1.42	3.00

※10℃／45℃＝蒸発温度／凝縮温度

①分子式

ふっ素化合物は，ふっ素（F）・炭素（C）・水素（H）・塩素（Cl）などの原子で構成される。塩素（Cl）原子を持つふっ素系冷媒が大気中に放出されると，成層圏でオゾン層を破壊する。

②冷媒の沸点

沸点とは，飽和圧力が大気圧に等しいときの飽和液線上で，蒸発する温度である。R123が最も高く，アンモニアが最も低い。アンモニアは，大気圧では液体にならず－78.46℃で昇華（※）して固体（ドライアイス）となる。[※昇華：固体が直接気体になること]

③冷媒の露点

露点とは，大気圧において飽和蒸気線上で液化が始まる温度である。通常は沸点と露点の温度は等しくなるが，非共沸混合冷媒では異なる。

④臨界温度

臨界温度とは，この温度以上では気体と液体の区別が無くなって，相変化が生じない温度のことである。したがって臨界温度以上（超臨界域）では，潜熱は無く顕熱のみとなる。

⑤飽和圧力

上表では，10℃／45℃での飽和圧力を記載している。二酸化炭素では各圧力が非常に高く，R123などでは低い圧力を示している。

⑥ODP

R11を１としたオゾン層破壊係数であり，Ozone Depleting Potentialの略記号である。

⑦GWP

二酸化炭素（CO_2）を１とした地球温暖化係数であり，Global Warming Potentialの略記号である。

⑧**毒性**

ふっ素系冷媒は毒性は弱いが，大量放出されると酸素欠乏による窒息や麻酔事故の生じることがある。またアンモニアは毒性があり，わずかなガス吸引で死亡に至ることがある。

⑨**燃焼性**

ふっ素系冷媒は一般的に燃焼や爆発の危険性は少ない。しかしながら，アンモニアは微燃性があり取扱いに注意を要する。またプロパンは，強燃焼性があり漏れると引火の危険がある。

（3）ふっ素系冷媒とアンモニア系冷媒

ふっ素系冷媒とアンモニア系冷媒の各特性を比較すると下表の通りとなる。

[ふっ素系冷媒とアンモニア系冷媒]

	ふっ素系冷媒	アンモニア系冷媒
比　重	液体での比重は1以上あり，冷凍機油より重い。気体での比重は空気より重く，漏えいすると滞留するため換気を要する。	液体での比重は0.6であり，冷凍機油より軽い。気体での比重は空気より軽く，漏えいすると天井に滞留する。
水分混入の影響	水にはほとんど溶けない。遊離水分は膨張弁を詰まらせることがある。 また，水分混入で加水分解して酸性物質をつくり，金属を腐食したり冷凍機油を劣化させる。	水に容易に溶けるため，水分の微量混入は問題無い。
冷凍機油との相溶性	冷凍機油と良く溶け合う（相溶性がある）	冷凍機油（鉱油）とあまり溶け合わない。（良く溶ける合成油もある）
金属材料への影響	2％を超えるマグネシウムを含むアルミニウム合金を侵すので使用できないため，銅管や鋼管を使用する。	アンモニアは銅および銅合金を腐食する。銅および銅合金は使用できないため鋼管を使用する。

圧縮機の吐出し温度	アンモニア系冷媒に比べて吐出し温度がかなり低い。(比熱比が小さい)	ふっ素系冷媒に比べて吐出し温度がかなり高い。(比熱比が大きい)

(4) 漏れ検知方法

ふっ素系冷媒・二酸化炭素・炭化水素系冷媒は，無臭であるために，大量の漏洩に気付くことが遅れて，酸欠事故や爆発火災などの事故につながることがある。

①ふっ素系冷媒の場合

無臭であるために漏れ検知器具による漏れ検知が行われている。

・**ハライドトーチ式ガス検知器**：炎色ガス反応を利用した検知器

・**電気式検知器**：電気的に濃度を測定する高度な検知器

②アンモニアの場合

独特な臭気があるために，漏れの大小に関わらず容易に検知できる。

・**白煙現象による検知器**：硫黄を燃焼させると亜硫酸ガスが発生。この亜硫酸ガスがアンモニアと反応して硫化アンモニウムの白煙が生じる。

・**電気式検知器**：電気的に濃度を測定する高度な検知器

冷凍機油

冷凍装置の圧縮機に使用される潤滑油を冷凍機油という。冷凍機油は，圧縮機の軸・軸受やシリンダ・ピストン間などの摺動部分の潤滑作用，摩擦で発生する熱を取り除く冷却作用がある。またピストンリングなどでのシール作用などもある。

（1）冷凍機油に要求される性質

冷凍装置内を循環する冷凍機油として，次の特性が要求される。

1．適度な粘性があり，充分な低温流動性があること
2．凝固点が低く，引火点が高いこと
3．冷媒と化学反応を起こさないこと
4．熱安定性に優れていること
5．電気絶縁性に優れていること
6．酸化されにくいこと

冷凍装置内では冷凍機油の温度は大きく変化し，その中で，冷凍機油中に溶け込む冷媒の量も大きく変化する。冷媒が溶け込んだ冷凍機油の特性は，冷凍機油単体の特性とは異なる。したがって，冷凍装置内のあらゆる条件で，圧縮機の使用条件に合った冷凍機油が必要である。

（2）冷凍機油の種類

冷凍機油は冷媒とともに冷凍装置内を循環し，冷凍機油内に一部の冷媒が溶け込む。そして冷凍機油と冷媒の組み合わせによっては，低温下では冷凍機油と冷媒が分離することがある。分離すると，圧縮機の潤滑不良の原因となる。

したがって，冷凍機油と冷媒の相互溶解性（相溶性）はとても大事である。

[冷凍機油の分類表]

	分　類	適合冷媒	用　途
鉱油	ナフテン系	CFC HCFC アンモニア プロパン	家庭用エアコン 業務用エアコン 産業用冷凍機
	パラフィン系		
合成油	ポリアルキレングリコール (PAG)	HFC，HCFC	カーエアコン
		アンモニア	産業用冷凍機
		二酸化炭素	給湯機
	ポリオールエステル (POE)	HFC	家庭用エアコン 業務用エアコン 家庭用冷蔵庫
	ポリビニルエーテル (PVE)	HFC	家庭用エアコン 業務用エアコン 低温冷凍機
	アルキルベンゼン (AB)	HCFC	超低温冷凍機

鉱油は，**CFC冷媒**（塩素を含むふっ素系冷媒）のR12や**HCFC冷媒**（CFC冷媒に水素が加わった冷媒）のR22，アンモニア，プロパンなどに使用されている。塩素原子を含まない**HFC冷媒**（水素を含むが塩素は含まないふっ素系冷媒）のR134aやR410Aは，鉱油やアルキルベンゼン系とは相互溶解性が良好ではありません。そのため，HFC冷媒用として，相互溶解性のあるPAG油・POE油・PVE油，などの合成油が開発され使用されている。

さらに，**二相分離**（冷凍機油と冷媒液の分離）が問題になるHCFC系冷媒のR22などでは，ナフテン系やパラフィン系の鉱油が使われる。HFC系冷媒は鉱油には溶解しないので，相溶性のあるPAG油・POE油・PVE油などの合成油が使用される。

(3) 冷媒と冷凍機油の溶解性

一般に冷凍機油を選定する場合は，冷媒と相溶性のある油を選ぶ。溶解性は，冷媒の種類や圧力・温度などによって変化をする。HFC系冷媒と鉱油の組み合わせではほとんどの領域で分離するが，HFC系冷媒とPVE油の組合わせでは，広い領域で溶解する。

[冷媒と冷凍機油の相溶性]

		R32	R125	R134a
鉱油	ナフテン系	分離	分離	分離
合成油	PAG 油	−40℃以下で分離	溶解	溶解
	POE 油	溶解	溶解	溶解

冷媒の冷凍機油への溶解度は，圧力および温度によって変わる。圧力が高いほど，また温度が低いほど大きくなる。下の図は，縦軸に圧力 P，横軸に冷媒の冷凍機油に対する質量分率を表している。温度 t_1・t_2における冷媒の飽和蒸気圧をそれぞれ P_{S1}・P_{S2}とする。冷媒の冷凍機油への溶解度は横軸の w_R(a，b，c）で表される。

冷媒と冷凍機油の状態図

右図に示すように，圧力および温度の変化により，冷媒の冷凍機油への溶解度（冷媒の質量比率 w_R）が大きく変化することが分かる。

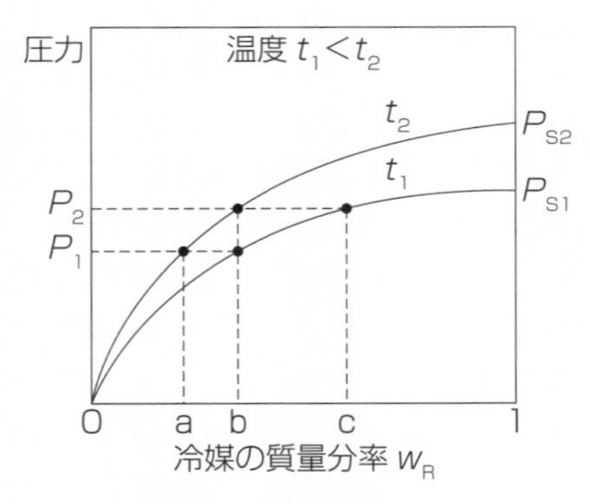

冷媒と冷凍機油の平衡

（4）冷媒と冷凍機油の比重

ふっ素系冷媒と鉱油ではほとんどの領域で分離する。ふっ素系冷媒液の比重は冷凍機油の比重よりも大きいので，冷媒液が底に留まる。一方，アンモニア冷媒と鉱油が分離した場合は，アンモニア液は軽いので鉱油の上に浮いて層をつくる。

[冷媒液・冷凍機油の比重]

	液の比重	
	0℃	30℃
R22	1.28	1.17
R134a	1.30	1.19
R407C	1.24	1.12
R410A	1.17	1.03
アンモニア	0.64	0.60
冷凍機油	0.92～0.96	

第4節 ブライン

ブラインとは，凍結点が 0 ℃以下の液体で，顕熱を利用して物を冷却する。

(1) ブラインに要求される性質

ブラインに要求される性質としては，次のようなことが挙げられる。

1．凍結温度が低く，沸点が高いこと
2．比熱，熱伝導率が大きいこと
3．粘性係数が小さいこと
4．熱安定性が良いこと
5．金属・樹脂・塗料と反応しないこと
6．毒性・可燃性が無いこと

(2) ブラインの種類と用途

ブラインは大別すると，無機ブラインと有機ブラインとに分かれる。

[無機ブラインと有機ブライン]

種　類	ブライン名	凍結温度(℃)	用　途
無機ブライン	塩化カルシウム	−55℃	冷凍，冷蔵，一般工業
	塩化ナトリウム　（食塩水）	−21℃	食品工業
有機ブライン	エチレングリコール	−30℃	冷凍，冷蔵，一般工業
	プロピレングリコール	−20℃	食品工業

塩化カルシウムは，安価で入手性も良いことから冷凍・冷蔵用および一般工業用として広く使用される。塩化ナトリウムは，食品に直接噴霧しての凍結用として使用される。これらの**無機ブライン**は，金属に対する腐食性が高いので腐食抑制剤を添加して使用される。

有機ブラインは，無機ブラインより金属腐食性が低い。さらに腐食抑制剤を加えると腐食性がほとんど無くなる。エチレングリコール系は熱通過率が良い。またプロピレングリコール系は，人体にほとんど無害であることから，食品の冷却用（使用温度－30℃まで）としてよく使用される。

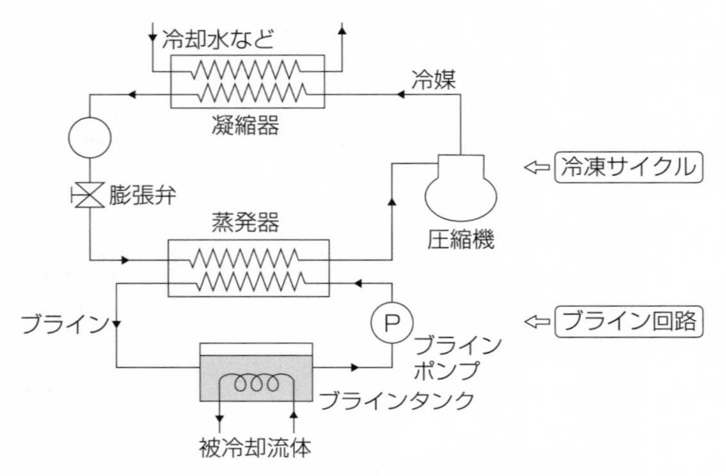

冷凍サイクルでのブラインの使われ方

演習問題〈冷媒と冷凍機油〉

問題１＜第１種＞

冷媒に関する次の記述において，文中の①～⑭に最も適切な語句を，末尾の語句群より選んで答えよ。ただし，同じ語句を複数回使用しないものとする。

イ．臨界温度とは，この温度以上では気体と液体の区別がなくなり（ ① ）が生じない温度である。臨界温度以上では（ ② ）のみとなり，（ ③ ）が利用できなくなる。冷凍装置では，凝縮過程を臨界温度より低い条件のもとで，冷媒の（ ③ ）を利用して大気に放熱する。これは，（ ④ ）で行われる。

ロ．ブラインは，相変化をしないで（ ⑤ ）の状態で使用される。ブラインが空気と接触し，空気中の（ ⑥ ）がブラインに溶け込むと金属の腐食が進む。ブラインとして，塩化カルシウムが安価で入手性も良く，幅広く利用されている。実用温度の下限は（ ⑦ ）までである。

ハ．冷媒において，単一成分冷媒を複数ミックスした冷媒を（ ⑧ ）という。（ ⑧ ）の中で，複数成分の混合で一定の沸点を持ち，あたかも一成分であるかのような相変化を示すものを（ ⑨ ）という。これに対して，全組成範囲に渡って，露点と沸点が分離した単なる混合物としての性質しか有しない冷媒を（ ⑩ ）という。

ニ．（ ⑪ ）を含むふっ素系冷媒が大気中に放出されると成層圏で（ ⑫ ）を破壊する。また，大気中に放出された（ ⑬ ）や（ ⑭ ）によって，赤外線が吸収され，大気温度を上昇させる地球規模の問題が生じている。

【語句群】

１．気体　２．液体　３．共沸混合冷媒　４．非共沸混合冷媒　５．混合冷媒
６．酸素　７．水素　８．二酸化炭素　９．蒸発点　10．潜熱　11．顕熱
12．小さく　13．大きく　14．等圧変化　15．等温変化
16．比エンタルピー　17．塩素　18．ふっ素系冷媒　19．オゾン層
20．相変化　21．－10℃　22．－40℃

解答

イ．①20．相変化　②11．顕熱　③10．潜熱　④15．等温変化

ロ．⑤２．液体　⑥６．酸素　⑦22．－40℃

ハ．⑧５．混合冷媒　⑨３．共沸混合冷媒　⑩４．非共沸混合冷媒

ニ．⑪17．塩素　⑫19．オゾン層　⑬８．二酸化炭素　⑭18．ふっ素系冷媒

問題２＜第１種＞

冷媒とブラインに関する次の記述において，文中の①～⑰に最も適切な語句を，末尾の語句群より選んで答えよ。ただし，同じ語句を複数回使用しないものとする。

イ．比熱比の大きい冷媒は圧縮機の吐出し温度が（ ① ）なる。一方，沸点は冷媒の特性を示す数値であり，低沸点の冷媒の比熱比は（ ② ）なる。そして，冷媒の比熱比と沸点の関係は，概略（ ③ ）である。

ロ．HFC 系冷媒は塩素を（ ④ ）。また HCFC 系冷媒は塩素を（ ⑤ ）。HFC 系冷媒は HCFC 系冷媒よりも，冷媒自体の熱安定性は（ ⑥ ）。そしてふっ素系冷媒は，火炎や高温にさらされると（ ⑦ ）や（ ⑧ ）を起こして分解し，（ ⑨ ）を生成する。

ハ．ブラインは（ ⑩ ）や（ ⑪ ）などの水溶液の無機ブラインと，（ ⑫ ）や（ ⑬ ）などの有機ブラインがある。ブラインに要求される性質としては，（ ⑭ ）や（ ⑮ ）が大きいことが挙げられる。

ニ．冷凍機油は冷媒と共に冷凍サイクルを循環するので，（ ⑯ ）が重要となる。冷凍機油は，冷媒との組合せで特に低温下で（ ⑰ ）することが問題となる。（ ⑯ ）のある冷凍機油を選択することが大切である。

【語句群】

1．塩化水素　2．塩化カルシウム　3．塩化ナトリウム
4．エチレングリコール　5．プロピレングリコール　6．ブタン
7．小さく　8．大きく　9．化学変化　10．熱分解　11．加水分解
12．有毒ガス　13．正比例　14．反比例　15．低く　16．高く
17．二層分離　18．高い　19．低下　20．含む　21．含まない　22．比熱
23．熱伝導率　24．熱伝達率　25．相互溶解性

解答

イ．①16．高く　②8．大きく　③14．反比例

ロ．④21．含まない　⑤20．含む　⑥18．高い　⑦10．熱分解
⑧9．化学変化　⑨12．有毒ガス

冷媒と冷凍機油

ハ．⑩ 2．塩化カルシウム　⑪ 3．塩化ナトリウム
⑫ 4．エチレングリコール　⑬ 5．プロピレングリコール
⑭22．比熱　⑮23．熱伝導率
ニ．⑯25．相互溶解性　⑰17．二層分離

問題３＜第２種＞

冷媒やブラインに関する次の記述イ，ロ，ハ，ニのうち，正しいものの組合せはどれか。

イ．沸点の低い冷媒は，冷凍サイクルの一定温度で比較すると凝縮圧力・蒸発圧力が共に高くなる。圧縮機ピストン押しのけ量が同じであれば冷凍能力は大きくなるが，理論COPは低くなる傾向がある。

ロ．アンモニア液の比重は冷凍機油の比重よりも重い。一方，ふっ素系冷媒液の比重は冷凍機油の比重よりも軽い。

ハ．塩化カルシウムブラインは，塩化カルシウムを水に溶かしたものであり，空気中で金属に対して腐食性が強い。また，空気中の水分を取り込んで濃度が低下することがある。

ニ．二酸化炭素は，日本ではヒートポンプ式給湯機などに利用されている。この理由は毒性が無く安全であり，地球温暖化係数（GWP）も「０」であるからである。

（１）イ，ロ　（２）イ，ハ　（３）ロ，ハ　（４）ロ，ニ　（５）ハ，ニ

解説

イ．「沸点の低い冷媒は，……」以下の記述は，全て正しい。

ロ．アンモニア液の比重は0.6程度（30℃），ふっ素系冷媒の比重1.2～1.3程度である。一方，冷凍機油の比重は0.92～0.96である。従って，「アンモニア液の比重は冷凍機油の比重よりも重い。一方，ふっ素系冷媒液の比重は冷凍機油の比重よりも軽い」との記述は，誤りである。

ハ．「塩化カルシウムブラインは，……」以下の記述は，全て正しい。

ニ．二酸化炭素は，地球温暖化係数（GWP）はゼロではなく１であり，安全性についても毒性が有る。従って，「毒性が無く安全であり，地球温暖化係数（GWP）も「０」である」との記述は，誤りである。

解答　（２）

問題4＜第2種＞

冷媒に関する次の記述イ，ロ，ハ，ニのうち，正しいものの組合せはどれか。

イ．非共沸混合冷媒(R410Aなど）は，液相状態から蒸発を始める温度（沸点）と蒸発終了時の温度（露点）とに差が生じる。沸点温度は露点温度よりも高い。

ロ．アンモニア冷媒液は水分と良く溶け合う。多量の水分がアンモニア冷媒液に溶け込むと，蒸発器に水分が滞留して蒸気圧が下がり，圧縮機吸込み蒸気の比体積は大きくなり，装置の冷凍能力が低下する。

ハ．比熱比の値が大きい冷媒は，圧縮機の吐出し温度が高くなる。冷媒蒸気を断熱圧縮する場合，断熱過程で比熱比の値が小さい冷媒蒸気より温度が上昇するため，圧縮機の吐出しガス温度が高くなる。

ニ．冷媒記号において，400番台は共沸混合冷媒・500番台は非共沸混合冷媒・600番台は有機化合物・700番台は無機化合物を示している。

（1）イ，ロ　（2）イ，ハ　（3）ロ，ハ　（4）ロ，ニ　（5）ハ，ニ

解説

イ．非共沸混合冷媒において，沸点は露点よりも低いので，「沸点は露点よりも高い」との記述は，誤りである。

ロ．「アンモニア冷媒液は水分と良く……」以下の記述は，全て正しい。

ハ．「比熱比の値が大きい冷媒は，……」以下の記述は，全て正しい。

ニ．冷媒記号の400番台は非共沸混合冷媒・500番台は共沸混合冷媒であるので，「400番台は共沸混合冷媒・500番台は非共沸混合冷媒」との記述は，誤りである。

解答　（3）

第 7 章
材料と圧力容器

第1節 材料力学の基礎

(1) 応力とひずみ

1．応力

材料の両端に力が加わると，外力に抵抗して内部に**応力**が発生する。

$$\text{応力}\quad \sigma = \frac{\text{加えた力の大きさ}}{\text{材料の断面積}} = \frac{F}{A} \qquad (N/mm^2)$$

外力の方向が引張りのときは「**引張応力**」，圧縮方向のときは「**圧縮応力**」，せん断方向のときは「**せん断応力**」が発生する。圧力容器にかかる応力は一般的に引張応力である。

2．ひずみ

材料が引っ張られると材料は伸びる。元の材料の長さに対する伸びの増加量の割合を「**ひずみ**」という。

$$\text{ひずみ}\quad \varepsilon = \frac{\text{伸びた長さ}}{\text{元の材料の長さ}} = \frac{\Delta\ell}{\ell}$$

3．応力－ひずみ線図

鋼材などにおける**引張応力とひずみの関係**は下図の通りである。

応力とひずみの関係は，比例限度までは正比例する。その後は伸びが大きくなるが，荷重を取り除くと元の長さに戻る限界を弾性限度という。さらに荷重を加えると，上降伏点まで応力－ひずみは伸びるが，元の長さには戻らなくなる。

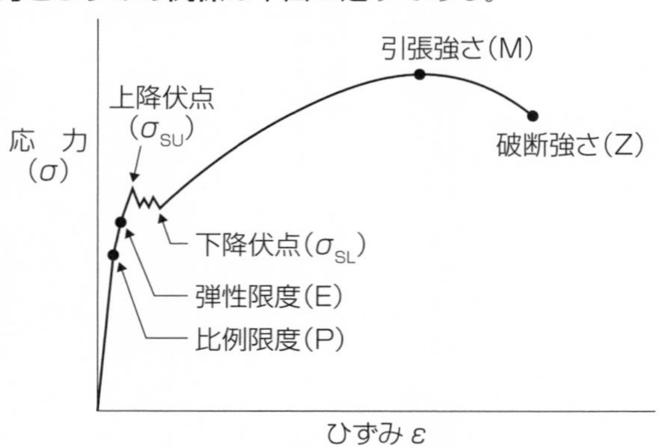

応力－ひずみ線図

①比例限度（P 点）

応力とひずみの関係は，直線的で正比例する限界である。

②弾性限度（E 点）

荷重を取り除くと元の長さに戻る限界である。

③上降伏点（σ_{SU}）

弾性限度以降は，応力の増加以上にひずみが増加する。応力増加の一次上限が上降伏点である。

④下降伏点（σ_{SL}）

上降伏点以降は，一旦応力が低下し，その後ひずみだけが増加する。このときの平均応力を下降伏点という。

※降伏現象

応力のわずかな増加または増加なしに，ひずみが急激に増加する現象を降伏現象という。このとき，荷重を取り除いても元の長さに戻らず一定のひずみ（永久ひずみ）が残るようになる。

⑤引張り強さ（M 点）

下降伏点以降は，また応力とひずみは増加し M 点（この点の応力を引張強さという）で最大応力となる。

⑥破断強さ（Z 点）

M 点付近では試験編の断面積は小さくなり，ひずみが増大して Z 点（この点の応力を破断強さという）で破断する。

（２）許容引張応力（σ_a）

圧力容器の耐圧強度の計算においては，余裕を持った設計が必要である。そこで，その材料にかかる応力が比例限度（応力－ひずみ線図の P 点）以下の適切な圧力としている。

一般的には，**引張強さの１／４の応力を許容引張応力**としている。なお日本産業規格（JIS）では，材料の引張強さの最小値が記載されている。通常はその値から許容引張応力値を求める。

$$許容引張応力\quad(\sigma_a)=\frac{最小引張強さ}{4}$$

圧力容器の材料

（１）使用材料

一般的に用いられる圧力容器として，次のような材料がある。

①FC：ねずみ鋳鉄

②SB：ボイラ及び圧力容器用炭素鋼及びモリブデン鋼鋼板

③SGP：配管用炭素鋼鋼管

④SM：溶接構造用圧延鋼材

⑤SS：一般構造用圧延鋼材

⑥STPG：圧力配管用炭素鋼鋼管

（２）材料記号

各材料の材質は，JIS 規格により細かく規定されている。材料記号の意味合いは次の通りである。

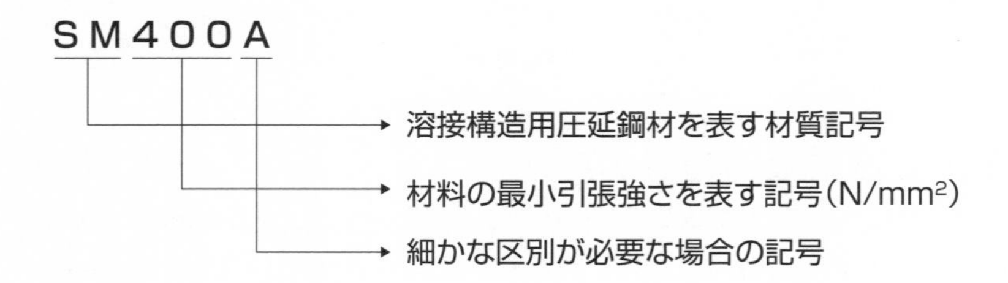

（３）材料の特徴

・鋼材は，一般に温度が下がるにつれて引張強さ・降伏点・硬さが増大する。

・鋼材は，一般に温度が下がるにつれて伸び・絞り率・衝撃値が低下する。

・鋼材は，ある温度以下で伸びが小さくなり，「低温脆性」で破壊することがある。

設計圧力と許容圧力

（1）圧力区分

本章で記載の各種圧力は，すべてゲージ圧力である（高圧ガス保安法に基づく）。また圧力区分は高圧部と低圧部に分けられ，高圧部は圧縮機の作用による凝縮圧力を受ける部分であり，低圧部は高圧部以外の部分である。

（2）設計圧力

設計圧力とは，圧力容器などの設計において，各部の必要厚さの計算や耐圧強度を決定するときに用いる圧力である。その値は，冷凍保安規則関係例示基準に冷媒の種類別に示されている。

[冷凍保安規則関係例示基準]　　　　　　　　　　　　　単位 MPa

冷媒の種類	高圧部設計圧力						低圧部設計圧力
	基準凝縮温度						
	43℃	50℃	55℃	60℃	65℃	70℃	
R22	1.60	1.90	2.20	2.50	2.80	—	1.30
R32	2.57	3.04	3.42	3.84	4.29	4.78	2.26
R134a	1.00	1.22	1.40	1.59	1.79	2.02	0.87
R404A	1.86	2.21	2.48	2.78	3.11	—	1.64
R407C	1.78	2.11	2.38	2.67	2.98	3.32	1.56
R410A	2.50	2.96	3.33	3.73	4.17	—	2.21
R507A	1.91	2.26	2.54	2.85	3.18	—	1.68
アンモニア	1.60	2.00	2.30	2.60	—	—	1.26
二酸化炭素	8.30	—	—	—	—	—	5.50

※上表の基準凝縮温度の区分は，次の条件が目安となっている。

＜基準凝縮温度＞　＜使用凝縮器＞

・43℃　……　水冷式凝縮器，蒸発式凝縮器

・50℃　……　節水形の水冷式凝縮器
・55℃　……　空冷式凝縮器
・60℃　……　空冷式凝縮器，ヒートポンプ
・65℃　……　車両用，クレーンキャブクーラ

①高圧部の設計圧力

通常の運転または停止状態で起こり得る，高圧部の最高圧力を高圧部の設計圧力とする。

②低圧部の設計圧力

通常の運転または停止状態で起こり得る，低圧部の最高圧力を低圧部の設計圧力とする。

（3）許容圧力

許容圧力とは，その設備が実際に許容できる最高圧力のことである。この圧力は，耐圧試験圧力や気密試験圧力の基準となっている。

ただし，

①腐れ代を除いた厚さで許容圧力を計算する。

②設計圧力を基に求められた厚さであれば，設計圧力が許容圧力となる。

第4節 圧力容器の強さ

冷凍装置で使用される円筒胴圧力容器（受液器や凝縮器など）は，内面に高圧ガスを受け，円筒胴体や鏡板に引張応力が生じる。

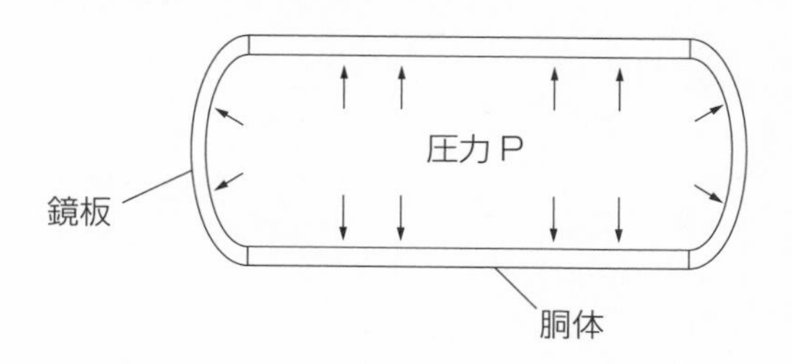

（1）円筒胴にかかる応力

圧力容器では，円筒胴の接線方向と円筒方向に引張応力が生じる。それぞれの引張応力は，次式で表される。

1．接線方向の引張応力

円筒胴の断面は円形であり，内圧は円筒胴の内面に均一にかかっている。この円筒胴を上下の接線方向に引き離そうとする力は PDℓ（N）であり，これを支える断面積は 2tℓ である。したがって，円筒胴の**接線方向の引張応力**は下記式で求められる。

$$\sigma_t = \frac{PD\ell}{2t\ell} = \frac{PD}{2t} \quad \text{(MPa)}$$

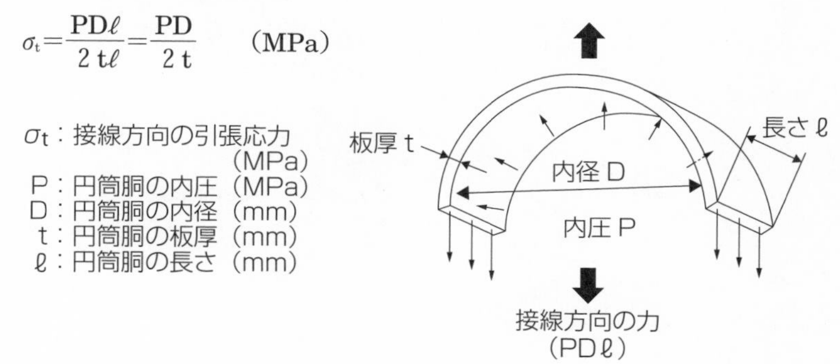

材料と圧力容器

2．長手方向の引張応力

円筒胴の長手方向については，円筒胴端部の鏡板に発生する力を考える。円筒胴の内面積は$\pi D^2/4$であるから，長手方向にかかる力は$P\times(\pi D^2/4)$となる。一方，これを支える断面積はπDtであるから，円筒胴の**長手方向の引張応力**は下記式で求められる。

$$\sigma_\ell=\frac{P\times(\pi D^2/4)}{\pi Dt}=\frac{PD}{4t}\quad\text{(MPa)}$$

σ_ℓ：長手方向の引張応力（MPa）
P：円筒胴の内圧（MPa）
D：円筒胴の内径（mm）
t：円筒胴の板厚（mm）

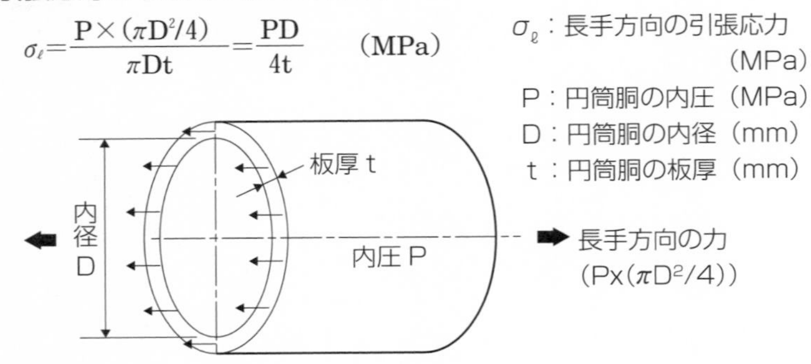

（2）円筒胴の板厚計算

円筒胴の板厚を計算する**最小厚さ**は，次式で求められる。

$$t=\frac{PD_i}{2\sigma_a\eta-1.2P}\quad\text{(mm)}$$

t：胴板の最小厚さ（mm）

また，円筒胴の製作に必要な**必要厚さ**は，腐れしろを考慮して次式で求められる。

$$t_a=\frac{PD_i}{2\sigma_a\eta-1.2P}+\alpha\quad\text{(mm)}$$

t_a：胴板の必要厚さ（mm）
P：設計圧力（MPa）
D：円筒胴の内径（mm）
σ_a：材料の許容引張応力（N/mm^2）
η：溶接継手効率
α：腐れしろ（mm）
（次ページの例示基準による）

[腐れしろの例示基準]

材料の種類		腐れしろ(mm)
鋳鉄		1
鋼	直接風雨にさらされない部分で耐食処理を施したもの	0.5
	被冷却液又は加熱熱媒に触れる部分	1
	その他の部分	1
銅，銅合金，ステンレス鋼，アルミニウム，アルミニウム合金，チタン		0.2

(3) 鏡板の板厚

圧力容器の鏡板には，種々の形状がある。形状により必要な板厚の値は異なってくる。鏡板の最小板厚は，平板が最も厚く，さら形〜半球形と形状変化に伴い薄くなる。

冷凍保安規則関係例示基準では，さら形鏡板または半球形鏡板の**最小厚さ**を求める式が掲載されている。

$$t=\frac{PRW}{2\sigma_a\eta-0.2P}\quad(mm)$$

また鏡板の製作に必要な**必要厚さ**は，次式で求められる。

$$t_a=\frac{PRW}{2\sigma_a\eta-0.2P}+\alpha$$

t　：鏡板の最小厚さ（mm）
t_a　：鏡板の必要厚さ（mm）
P　：設計圧力（MPa）
R　：さら形鏡板または半球形鏡板の内面半径（mm）
W：さら形の形状に関する係数 $W=\frac{1}{4}\left(3+\sqrt{\frac{R}{r}}\right)$
r　：さら形鏡板の隅の丸みの内面半径（mm）
σ_a　：材料の許容引張応力（N/mm^2）
η　：溶接継手効率（※次ページの例示基準による）
α　：腐れしろ（mm）

[溶接継手効率の例示基準]

継手の形式	溶接継手効率		
	放射線透過試験の割合		
	a）100%	b）20%	c）行わない
B-1：完全溶込み両側または同等の片側突合せ	1.00	0.95	0.70
B-2：裏当てを残す片側突合せ継手	0.90	0.85	0.65
B-3：裏当てを用いない片側突合せ継手	－	－	0.60
L-1：両側全厚すみ肉重ね継手	－	－	0.55
L-2：プラグ溶接をする片側全厚すみ肉重ね継手	－	－	0.50
L-3：プラグ溶接をしない片側全厚すみ肉重ね継手	－	－	0.45

（4）鏡板の応力集中

均質な材料でも，形状や断面積に急激な変化が生じれば，局部に大きな応力が発生する。

圧力容器の鏡板には種々な形状があるが，鏡板の形状によって応力集中度合いが異なる。**さら形→半だ円形→半球型の順に，応力集中度合いが小さく**なり板厚を薄くできる。

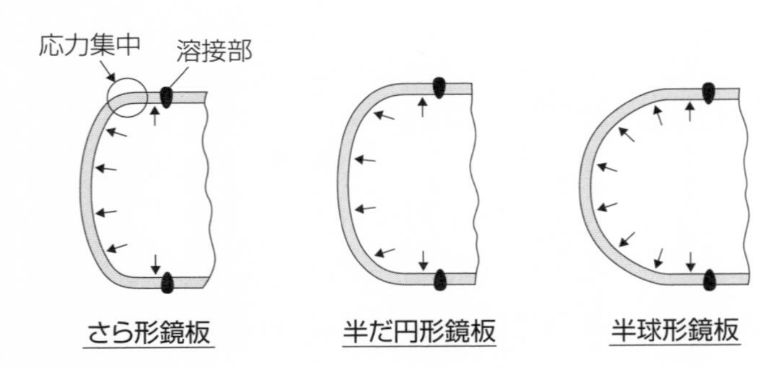

演習問題〈材料と圧力容器〉

問題1＜第1種＞

次のような円筒胴圧力容器がある。この圧力容器について，次の設問1．及び設問2．に答えよ。計算式も示して答えよ。

（円筒胴圧力容器）

- ・使用材料　　SM400B（溶接構造用圧延鋼材）
- ・許容引張応力　　$\sigma_a = 100 \mathrm{N/mm^2}$
- ・胴の内径　　$D_i = 400 \mathrm{mm}$
- ・胴板の厚さ　　$t = 10 \mathrm{mm}$
- ・胴板の腐れしろ　　$\alpha = 1 \mathrm{mm}$
- ・胴板の溶接継手の効率　　$\eta = 0.85$

設問1．R410A冷凍装置で，この圧力容器が基準凝縮温度45℃で運転されている。この装置を屋外設置で，高圧受液器として使用可能かどうかを判断せよ。ただし，基準凝縮温度45℃における高圧部設計圧力は2.63$\mathrm{MP_a}$とする。

設問2．最小の必要耐圧試験圧力でこの受液器の耐圧試験を液圧で実施するとき，胴板に誘起される最大引張応力σ_t（$\mathrm{N/mm^2}$）を求めよ。

解答・解説

設問1．本圧力容器が厚さt＝1.0mmで使用可能かどうかを考える。

円筒胴板の必要厚さt_aは次式で求められる。

$$t_a = \frac{PD_i}{2\sigma_a\eta - 1.2P} + \alpha \quad (\mathrm{mm})$$

ここでP（設計圧力）は2.63MPaであり，その他の値も代入してt_aが求められる。

$$t_a = \frac{2.63 \times 400}{2 \times 100 \times 0.85 - 1.2 \times 2.63} + 1 \fallingdotseq 7.3 \mathrm{mm}$$

以上より，必要とされる円筒胴板の厚さ7.3mmであるから，実際の厚さt＝10mmは使用可能である。

答：使用可能である

設問２．胴板の最大引張応力を求める。

円筒胴板に誘起される最大引張応力 σ_t は，次式で求められる。

$$\sigma_t = \frac{PD_i}{2t} \quad (N/mm^2)$$

ここで，液圧で実施する耐圧試験の最小試験圧力 P_t は，「許容圧力の1.5倍以上」（P.243参照）と定められているので，　$P_t = 1.5P = 1.5 \times 2.63 = 3.95$ MPa　となる。したがって，最大引張応力は下記通りとなる。

$$\sigma_t = \frac{P_tD_i}{2t} = \frac{3.95 \times 400}{2 \times 10} = 79 \quad (N/mm^2)$$

答：最大引張応力79N/mm²

問題２＜第１種＞

次のような高圧受液器（R404A）の製作を検討している。この高圧受液器について，次の設問１．～設問３．に答えよ。

計算式も示して答えよ。また，設問２．では理由を示して答えよ。

（高圧受液器）

・使用材料　SM400B（溶接構造用圧延鋼材）
・許容引張応力　$\sigma_a=100\mathrm{N/mm^2}$
・胴の外径　$D_o=416\mathrm{mm}$
・胴の内径　$D_i=400\mathrm{mm}$
・円筒胴の腐れしろ　$\alpha=1\mathrm{mm}$
・胴板の溶接継手の効率　$\eta=0.85$

※各基準凝縮温度における設計圧力Ｐは，下表の圧力を使用する。

基準凝縮温度（℃）	43	50	55	60	65
設計圧力（$\mathrm{MP_a}$）	1.86	2.21	2.48	2.78	3.11

設問１．この受液器の最高使用圧力 P_a（MPa）を求めよ。（小数点以下２桁まで）

設問２．使用可能な最高の基準凝縮温度及び高圧部設計圧力を求めよ。

設問３．基準凝縮温度43℃の設計圧力が作用したときに，円筒胴体に誘起される接線方向の引張応力 σ_t（$\mathrm{N/mm^2}$）を求めよ。

解答・解説

設問１．円筒胴板の必要厚さ t_a は，下記式で求められる。

$$t_a=\frac{D_0-D_i}{2}=\frac{416-400}{2}=8\quad(\mathrm{mm})$$

ここで，円筒胴の板厚を求める式 $t_a=\dfrac{PD_i}{2\sigma_a\eta-1.2P}+\alpha$ を用いて，最高使用圧力 P_a を求める式に変形すると，下記のようになる。

$$P_a=\frac{2\sigma_a\cdot\eta(t_a-\alpha)}{D_i+1.2(t_a-\alpha)}=\frac{2\times100\times0.85\times(8-1)}{400+1.2\times(8-1)}=2.9138$$

設問により小数点２桁まで要求されており，また最高使用圧力であること

より，小数点３桁以下は切り捨てる。　　　　　　<u>答：最高使用圧力　2.91MPa</u>

設問２．最高の基準凝縮温度及び高圧部設計圧力を求める。

設問１．より最高使用圧力は2.91MPa であるから，本設問の答えは与えられた表の中から選定をする。設計圧力は最高使用圧力を超えてはならないため，表より基準凝縮温度60℃，高圧部設計圧力2.78MPa となる。

<u>答：基準凝縮温度　60℃，高圧部設計圧力　2.78MPa</u>

設問３．接線方向の引張応力 σ_t を求める。

円筒胴板に誘起される接線方向の引張応力 σ_t は，下記式で求められる。（基準凝縮温度43℃での設計圧力は，表より1.86MPa である。）

$$\sigma_t=\frac{PD_i}{2t_a}=\frac{1.86\times 400}{2\times 8}=46.5$$

<u>答：引張応力　46.5MPa</u>

問題3 <第2種>

圧力容器の設計及び材料に関する次の記述イ，ロ，ハ，ニのうち，正しいものの組合せはどれか。

イ．圧力容器の強度計算で使用する設計圧力及び許容圧力は，絶対圧力である。

ロ．設計圧力は，圧力容器などの設計において，各部の必要厚さの計算や耐圧強度を決定するときに用いる圧力である。許容圧力は，その設備に取り付ける安全装置の作動圧力の基準となる。

ハ．SM400B（溶接構造用圧延鋼材）の400の数字は，許容引張応力が400 N/mm^{2}であることを示している。

ニ．圧力容器の板厚計算では，腐食性のない冷媒を使用するときには，圧力容器の外面側の腐食を考え，最小厚さに腐れしろを加えて板厚の計算をする。

（1）イ，ロ　（2）イ，ハ　（3）ロ，ハ　（4）ロ，ニ　（5）ハ，ニ

解説

イ．高圧ガス保安法では，耐圧試験圧力や安全弁などの作動圧力すべての圧力は，ゲージ圧力として取り扱われる。従って，「絶対圧力」との記述は誤りである。

ロ．「設計圧力は，圧力容器などの……」以下の記述は，全て正しい。

ハ．SM400B（溶接構造用圧延鋼材）の400の数字は，材料の最小引張強さが400N/mm^{2}であることを表している。従って，「許容引張応力が400N/mm^2」との記述は，誤りである。

ニ．「圧力容器の板厚計算では，……」以下の記述は，全て正しい。

解答　（4）

問題4＜第2種＞

圧力容器の強度に関する次の記述イ，ロ，ハ，ニのうち，正しいものの組合せはどれか。

イ．圧力容器のさら形鏡板では，隅の丸みの部分に大きな応力集中が生じ易い。板厚の計算ではその丸みを考慮して板厚を決定する。

ロ．超音波探傷試験を溶接部全長に対して行った場合，突合せ両側溶接やこれと同等以上とみなされる突合せ片側溶接継手の溶接継手効率は1である。

ハ．鋼材は，温度が下がるにつれて引張強さは大きくなるが，伸びや衝撃値などは低下する。また低温脆性により破壊することもある。

ニ．円筒胴圧力容器の鏡板に必要な板厚は，円筒胴と鏡板の直径が同じであっても，鏡板の形状によって大きく異なる。平板よりも半球形に近い形状の方が板厚を薄くできる。

（1）イ，ロ　（2）イ，ハ　（3）ロ，ハ　（4）イ，ハ，ニ　（5）ハ，ニ

解説

イ．応力の集中は，形状や板厚が大きく変化する部分に発生する。圧力容器のさら形鏡板では，隅の丸みの部分に応力集中が生じ易く，これを考慮して板厚を決定する必要がある。従って，イ．の記述は正しい。

ロ．JIS B8265「圧力容器の構造」では，継手の種類及び放射線透過試験の区分により，溶接継手効率が認定されている（P. 164参照）。従って「超音波探傷試験」との記述は誤りであり，「放射線透過試験」とすべきである。

ハ．「鋼材は，温度が下がるにつれて……低温脆性により破壊することもある」との記述は正しい。

ニ．鏡板は，その形状によって局部的に大きな応力が集中する。従って，ニ．の記述は正しい。

解答　（4）

第Ⅱ編　保安管理技術

第1章

圧縮機の運転と保守管理

冷凍装置が所用の運転状態を維持するためには，熱負荷に対して圧縮機・膨張弁・凝縮器・蒸発器・その他制御機器などが，バランス良く作動していなければなりません。

本章には，「圧縮機の運転と停止」「運転不具合とその原因」について，詳細を記載しています。冷凍保安責任者として，良く理解をしておく必要があります。

第1節 圧縮機の運転と停止

一般的な多気筒圧縮機・スクリュー圧縮機の運転について説明する。

（1）運転準備

まず運転準備として，圧縮機の運転開始前に次のような点検・確認を行う。

①圧縮機の油量・温度・油色を点検する。

②水冷凝縮器などの冷却水出入口弁を開く。

③冷媒系統の各弁の開閉を確認し，正しい開閉状態にする。

④系統内の電磁弁の作動を確認する。

⑤電気系統の結線・回路を点検し，絶縁抵抗を測定して絶縁低下や短絡箇所が無いことを確認する。

⑥各電動機の始動状態や回転方向を確認する。

⑦クランクケースヒータの通電を確認する。

⑧高圧圧力スイッチ・油圧保護圧力スイッチ・冷却水圧力スイッチなどの作動を確認する。

⑨蒸発器の送風機及び凝縮器の送風機を運転する。

⑩冷却水ポンプ・冷水ポンプ・ブラインポンプを運転する。

（2）運転開始

運転準備完了後に，圧縮機の運転を開始する。

[多気筒圧縮機の場合]

①吐出し側止め弁が全開であることを確認した後，圧縮機を始動する。
※弁の開き忘れに注意（圧縮機破壊につながる重大事故の危険性有り）

②吸込み弁をゆっくりと全開まで開く。
※急激に弁を開くと，液戻りや激しいオイルフォーミングの危険有り。

③圧縮機の油量と給油圧力を確認する。
※1．油量はクランクケースの油面計で確認（油量が少ないと油圧保護圧力スイッチが作動し易くなる）
※2．圧縮機の適正な給油圧力：吸込み圧力＋(0.15～0.40) MPa

[スクリュー圧縮機の場合]

①圧縮機の油温を確認する。
適性な油温：周囲温度＋15℃以上（オイルヒータによる加熱）
※油温が低いと，軸受への充分な給油が出来なくなる。

②吐出し側止め弁の全開を確認した後に油ポンプを起動し，給油圧力の確認後に圧縮機を始動する。
※圧縮機給油圧力の適正値は下記の通りである。
・強制給油方式（給油ポンプ有り）：吐出し圧力＋(0.2～0.3) MPa
・差圧給油方式（給油ポンプ無し）：吐出し圧力－(0.05～0.15) MPa

③吸込み弁をゆっくりと全開まで開く。

（3）運転中の確認

圧縮機の運転が安定した後に，下記内容の確認と調節を行う。

①圧縮機の油量と給油圧力の確認を行う。

②運転が安定した状態で各部の点検を行う。
・電動機の電圧と電流
・圧縮機の油面高さ
・凝縮器または受液器の冷媒液面高さ
・配管のサイトグラスによる冷媒状態

③膨張弁の作動状況を確認し，圧縮機吸込みガスの過熱度を調節する。

④吐出しガス圧力を確認し，水冷凝縮器の冷却水量を調節する。

⑤圧縮機の吸込みガス圧力，蒸発器の冷却状態・霜付き状態，または満液式蒸発器では冷媒の液面高さを確認する。

（4）運転停止

圧縮機の運転を停止するときは，下記手順で行う。

①受液器出口弁を閉じてしばらく運転（ポンプダウン運転）した後，圧縮機を停止する。（冷媒が受液器に回収された状態）

②圧縮機停止直後に圧縮機吸込み弁を閉じ，高圧側と低圧側を遮断する。

③油分離器からの返油弁を閉じ，圧縮機停止中に油分離器内の凝縮した冷媒液が圧縮機に戻るのを防止する。

④蒸発器の送風機・空冷凝縮器や蒸発式凝縮器の送風機を停止する。

⑤冷却水ポンプ・冷水ポンプ・ブラインポンプを停止する。

（5）圧縮機の長期間停止時の留意点

圧縮機を長期間停止する場合は，上記対応以外に下記操作を行う。

①ポンプダウンにより低圧側の冷媒を受液器に回収して，前後のバルブを閉鎖する。

※ただし，低圧側は空気侵入防止のために＋0.01MPa 程度のガス圧を残しておく。また，満液式蒸発器では冷媒量が多いので，完全な回収が出来るように尽力する。

②各部止め弁を閉じ，グランド部のある弁はそれを閉めておく。

③凝縮器の冷却水・油冷却器・圧縮機シリンダのウォータジャケット及び蒸発式凝縮器は，冬季に凍結する恐れがあるので排水しておく。

④冷媒系統全体に冷媒漏れの点検をして，漏れがあれば修理をする。

⑤電気系統の主回路及びオイルヒータの電源を OFF にする。

第2節 運転不具合とその原因

冷凍装置の運転において，熱負荷に対する圧縮機・膨張弁・凝縮器・蒸発器などのバランスが大切である。そのバランスが崩れたときの症状とその原因について，以下に述べる。

（1）過熱運転

過熱運転とは，蒸発器で冷媒が完全蒸発し，その蒸気がさらに加熱されて圧縮機に入り，圧縮機の吐出し温度が高くなった状態（過熱状態）である。

圧縮機による圧縮を断熱圧縮と仮定すると，吐出しガス温度 T_d は，次式で表される。この式より「①吸込み蒸気温度が高く」「②吐出しガス圧力が高く」「③吸込み蒸気圧力が低い」ほど，圧縮機の吐出しガス温度が高く（過熱状態）なることが分かる。

$$T_d = T_s \left[\frac{P_d}{P_s} \right]^{(k-1)/k}$$

T_d：吐出しガス温度（K）
T_s：吸込み蒸気温度（K）
P_d：吐出しガス圧力（MPa abs）
P_s：吸込み蒸気圧力（MPa abs）
※全て絶対温度，絶対圧力を示す。
k：断熱指数

①吸込み蒸気温度が高い　②吐出しガス圧力が高い　③吸込み蒸気圧力が低い　④その他

⇩

圧縮機の吐出し温度が高くなる（過熱運転）

<過熱運転の原因>

①吸込み蒸気の過熱度が過大である。

要因　・蒸発器の負荷が過大
　　　・膨張弁の絞り過ぎ（膨張弁の容量不足）

②吐出しガス圧力が上昇し過ぎている。

要因　・空冷凝縮器のフィン目詰まり
・水冷凝縮器の冷却管汚れや冷却水量減少
・蒸発式凝縮器の冷却管汚れや散水量減少
・不凝縮ガス（空気など）の混入
・冷媒の過充てん

③吸込み蒸気圧力が低下し過ぎている。

要因　・蒸発器の熱負荷の大幅な低下
・圧縮機入口の吸入フィルターの目詰まり
・膨張弁前のサイトグラスに気泡の発生や冷媒漏れによる冷媒の循環量不足

④その他の要因

圧縮機の不具合，圧縮機の過負荷，電源の異常高電圧，低電圧など

<過熱運転の影響>

a．冷凍能力の低下，成績係数の低下（体積効率・断熱効率の低下による）
b．冷凍機油の劣化，冷媒の熱分解
c．圧縮機用電動機の焼損（密閉型圧縮機の場合）

（2）湿り運転・液圧縮運転

湿り運転とは，蒸発器で冷媒が完全蒸発しきれずに，圧縮機に気液混合冷媒を吸い込んでいる状態である。

液圧縮運転とは，非圧縮性の液体（冷媒液や冷凍機油）を圧縮機のシリンダに吸い込んでいる状態である。

①蒸発器・配管に液溜り　②アンロード→フルロード　③膨張弁の開き過ぎ　④寝込み始動時　⑤デフロスト終了後

⇩

湿り運転・液圧縮運転

<湿り運転・液圧縮運転の原因>

①蒸発器に冷媒液が溜まった状態で，圧縮機を始動させた。

要因　・冷凍装置の長時間停止時に冷媒液が蒸発器に溜まる。
・圧縮機能力の急増に冷媒蒸発が間に合わない。

②圧縮機がアンロード運転からフルロード運転に切り替わった。

要因　・圧縮機能力の急増に蒸発器での冷媒蒸発が間に合わない

③膨張弁の開度が開き過ぎている。

要因　・温度自動膨張弁の感温筒の検知温度が高過ぎる，又は感温筒が外れている。

④冷凍機油に冷媒が溶け込んだ（寝込み）状態で圧縮機を始動させた。

要因　・オイルフォーミングが発生して油を圧縮機に吸い込む。

⑤低温用の冷凍装置で，蒸発器のデフロスト終了後に冷却運転した。

要因　・冷却運転に戻ったときに，蒸発器内に溜まった冷媒液を圧縮機に吸い込む。

＜湿り運転の影響＞

a. 圧縮機が湿り蒸気を吸い込むと吐出し温度は低下する。

b. 湿り運転が長時間続くとオイルフォーミングが生じ，これにより圧縮機の潤滑不良となることがある。

＜液圧縮運転の影響＞

a. 液体は非圧縮性であるためシリンダ内が極めて高い圧力となる。

b. 高い圧力により異常音が発生して圧縮機が損傷することがある。

c. 対策として，圧縮機吸込み側に液分離器を設けることがある。

（3）吸込み弁・吐出し弁の漏れ

往復圧縮機の吸込み弁と吐出し弁は，弁板の損傷や異物付着などにより弁からガス漏れを生じることがある。

＜吸込み弁からの漏れ＞

圧縮機の吐出し工程で吸込み弁に漏れがあると，シリンダ内の高圧ガスの一部が吸込み側に逆流し，圧縮機の吐出し量が減少するので体積効率が低下する。

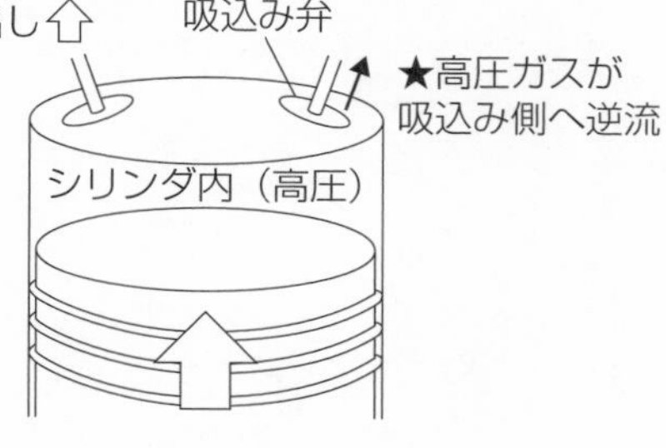

吐出し工程

・吸込み弁からの漏れ

↓

・高圧ガスが吸込側へ逆流

↓

・吐出しガス量の減少（体積効率低下）

※冷凍能力は低下するが，吐出しガス温度はあまり上昇しない。

（冷媒循環量が減少することにより，高圧圧力が低下するため）

<吐出し弁からの漏れ>

圧縮機の吸込み工程で吐出し弁に漏れがあると，吐出し側の高圧ガスの一部がシリンダ内に逆流し，圧縮機の吸込み量が減少するので体積効率が低下する。

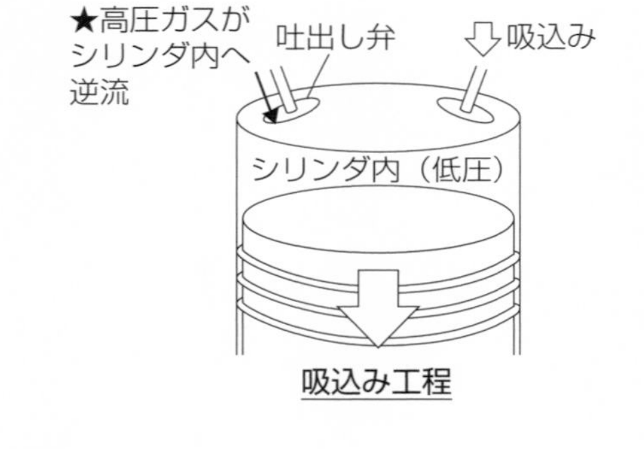

吸込み工程

・吐出し弁からの漏れ

↓

・高圧ガスがシリンダ内へ逆流

↓

・吸込み蒸気量の減少（体積効率低下）

※冷凍能力が低下し，吐出しガス温度は上昇する。

吐出しガス温度が上昇すると，体積効率の低下とともに断熱効率も低下して冷凍機油を劣化させる。

（4）ピストンリングの摩耗

往復圧縮機のピストンには，2種類のピストンリングが付いている。

<コンプレッションリングからの漏れ>

本リングの機能は，吐出しガスをシリンダ内からクランクケース内へ漏れないようにすることである。

コンプレッションリングが摩耗すると，吐出しガスがクランクケース内に漏れ，体積効率が低下して冷凍能力も低下する。

ピストンリング回り

<オイルリングからの漏れ>

オイルリングの機能は，最小限の油を確保してシリンダ壁の余分な油をかき落とすことである。

オイルリングが摩耗すると，クランクケース内の冷凍機油がシリンダ内に上がり，圧縮機から多量の油が流出する。流出した油は，凝縮器・蒸発器での熱交換を阻害したり，また圧縮機内の油不足による潤滑不良の原因となる。

（5）潤滑面の不具合

冷凍機油は，圧縮機の各摺動部（軸受・ロータ・ピストンなど）に供給されて，摺動面に油膜を形成して円滑な潤滑を行い，摩耗の防止を図る。また摩擦によって生じる熱の除去や，空間の密封・部品の防錆などの役割がある。

<往復圧縮機の給油>

往復圧縮機の給油には，次のような方式がある。

①**はねかけ給油方式**（小形圧縮機に多い）

クランク軸など回転物による油のはね返りを利用して給油する方式である。クランクケース内の油量が少ない場合に潤滑不十分となり，逆に油量が多過ぎると圧縮機からの吐出し油量が多くなる。

②油ポンプによる強制給油方式（中形・大形圧縮機）

クランク軸端に取付けたギアポンプなどを利用した強制給油方式である。クランクケース内の油量不足やオイルフォーミング（泡立ち）などによって潤滑不十分となる。

強制給油方式では，潤滑不十分とならないように給油圧力を適正に保つ必要がある。給油圧力が下がり過ぎたときには，油圧保護スイッチが作動して圧縮機を停止する。

多気筒圧縮機の最適な給油圧力

給油圧力＝油圧計指示圧力－クランクケース内圧力

※通常，最適な給油圧力は『0.15～0.40MPa』であり油圧調整弁で調整する。（メーカにより最適値は異なる）

＜スクリュー圧縮機の給油＞

スクリュー圧縮機の給油には，次のような方式がある。

①差圧給油方式

油ポンプを使用せずに，圧縮機の吐出し圧力との油溜り部との差圧を利用して給油する方式である。通常の油溜り部の圧力は，吐出し圧力より（0.05～0.15）MPa 低い圧力を適正値としている。（メーカにより最適値は異なる）

②強制給油方式

油ポンプを用いて強制的に給油する方式である。通常は，吐出し圧力より（0.2～0.3）MPa 高い圧力を適正値としている。（メーカにより最適値は異なる）

※いずれの方式でも，運転時には油分離器の油面計で，油量を確認することが大切です。

＜圧縮機への油戻し＞

冷凍装置では，圧縮機から吐き出された冷凍機油は，装置内を循環して圧縮機に戻ってくる。しかしながら，蒸発器や低圧受液器などでは油が滞留しやすいので，配管に油を戻す工夫が必要となる。

＜オイルフォーミング現象＞

冷凍装置の往復圧縮機では，クランクケース内で，冷凍機油に冷媒が溶け込んだ状態で圧力が低下すると，溶け込んだ冷媒が沸騰する。この状況を**オイル**

フォーミング（泡立ち）現象という。

この現象は，圧縮機の長期停止中(低温の油に多くの冷媒が溶け込んだ状態)に圧縮機を始動すると，クランクケース内の圧力が急激に低下して，油に溶け込んでいた冷媒が急激に蒸発して，油が沸騰したようなフォーミング(泡立ち)現象が発生する。圧縮機に低温の冷媒液が戻った場合にも，同様な現象が発生する。

オイルフォーミング防止策としては，往復圧縮機ではクランクケースヒータで始動前の油温を上げて冷媒の溶込みを少なくする，又は，冷凍装置の低圧側冷媒液を受液器に回収して，前後の弁を閉じておくと良い。

＜圧縮機の起動不良＞

交流電動機は起動時の回転トルクが小さい。そのため小形圧縮機においては，高圧側と低圧側の圧力をバランスさせた状態で圧縮機を始動させる。

＜電動機の焼損＞

駆動用電動機は始動時に大きな電流が流れる。圧縮機が始動と停止を頻繁に繰り返すと，電動機の異常温度上昇を招き，焼損に至る恐れがある。保守管理の面からは，このような運転を避ける。

密閉圧縮機の電動機は焼損すると，巻線の絶縁物や潤滑油が溶けて，圧縮機内の全面にカーボンが付着し，冷媒分解が生じることがある。したがって，電動機焼損した場合には，圧縮機交換とともに，冷凍サイクル内の洗浄を行う必要がある。

演習問題〈圧縮機の運転と保守管理〉

問題１＜第１種＞

圧縮機の構造・冷凍装置の容量制御に関して，次の記述イ．ロ．ハ．ニ．のうち，正しいものの組合せはどれか。

イ．ツインスクリュー圧縮機は，ある圧力比を設定して溝部の最適設計をするので，使用目的に応じて高温用と低温用を使い分ける。また多量の潤滑油を噴射するので，熱を除去しながら冷媒圧縮できる。従って，吐出しガス温度を断熱圧縮による吐出し温度よりも低くできる。

ロ．ロータリー圧縮機は，吸込み管が直接シリンダに接続されているので，液圧縮を避けるためにアキュームレータにより液を分離し，液圧縮を防止している。シリンダへの吸込み口の閉塞はロータ自身によって行われるが，逆流防止用として吸込み弁も必要である。

ハ．多気筒圧縮機のアンロード機構は，油圧にてカム機構を動かし吸込み弁の押し上げピンを押し上げる構造となっている。圧縮機の始動時には，潤滑油圧力が正常に上がるまではロード状態になっている。

ニ．複数台の圧縮機の冷凍装置では，圧縮機の作動圧力に差のある低圧圧力スイッチで，圧縮機を順次発停させて，段階的に容量制御を行う。

（選択肢）

（1）イ，ロ　（2）イ，ハ　（3）イ，ニ　（4）ロ，ハ　（5）ハ，ホ

解説　…本文内容は第１編 学識編の「第２章（圧縮機）」参照

イ．「ツインスクリュー圧縮機は，………」以下の記述は，全て正しい。

ロ．ロータリー圧縮機では，逆流防止機能として吐出し弁がある。「逆流防止用として吸込弁も必要である」の記述は，誤りである。

ハ．多気筒圧縮機においては，油圧圧力でアンロード機構を動作させる。圧縮機の始動時には，潤滑油の油圧が正常に上がるまでアンロード状態になっており，「ロード状態になっている」との記述は誤りである。

ニ．「複数台の圧縮機を用いた……」以下の記述は，全て正しい。

解答　（3）

問題２＜第１種＞

圧縮機の運転と保守管理に関して，次の記述イ．ロ．ハ．ニ．のうち正しいものの組合せはどれか。

イ．大形の圧縮機では，油ポンプによる強制給油循環式が採用されており，油圧が高くなり過ぎると油圧保護圧力スイッチが作動して，圧縮機を停止する。

ロ．圧縮機を長期間停止する場合には，低圧側の冷媒液を受液器に回収し，前後の弁を閉じておくとよい。ただし，冷凍装置に漏れがあった場合には装置に空気が侵入しないように，低圧側に大気圧よりも少し高いガス圧力を残しておく。

ハ．冷媒を過充てんすると，膨張弁前のサイトグラスに気泡が発生し凝縮圧力が高くなる。従って保安面からも過充てんを行ってはならない。

ニ．往復圧縮器の吸込み弁に割れや変形が生じると，ピストンの圧縮行程でシリンダ内の高圧ガスの一部が吸込み側に逆流し，圧縮機吐出しガス量が減少して体積効率が低下する。しかし，吐出しガス温度が大きく上昇することはない。

（選択肢）

（1）イ，ロ　（2）イ，ハ　（3）イ，ニ　（4）ロ，ハ　（5）ロ，ニ

解説

イ．強制給油循環式では，クランクケース内の潤滑油量が不足したときなど油圧が低下したときには，油圧保護圧力スイッチが作動して，圧縮機を停止する。従って，「油圧が高くなり過ぎると」の記述は誤りである。

ロ．装置に漏れがあると，大気圧より低くなったとき空気が侵入する恐れがある。少し高いガス圧力にしておくのがよい。従って，本記述は正しい。

ハ．サイトグラスに気泡が発生するのは，冷媒充てん量が不足したときであり，「冷媒を過充てんすると，膨張弁前のサイトグラスに気泡が発生し」の記述は，誤りである。

ニ．「往復圧縮器の吸込み弁に　……」以下の記述は，全て正しい。

解答　（5）

問題3＜第2種＞

圧縮機の運転に関して，次の記述イ．ロ．ハ．ニ．のうち正しいものの組合せはどれか。

イ．密閉型冷凍機の電動機が焼損すると，巻線の絶縁物や潤滑油が焼けて，圧縮機内にカーボンが付着したり冷媒の分解現象が生じる。この場合においても，圧縮機交換をすれば冷凍サイクル内の洗浄は必要ない。

ロ．往復圧縮機の吐出弁に漏れが生じると，体積効率が低下し，吐出しガス温度も低下する。

ハ．水冷凝縮器において，冷却水量が減少したり冷却水温度が上昇したときは，圧縮機吐出しガス温度及び吐出しガス圧力が上昇して，過熱運転になる。

ニ．圧縮機の始動時に，冷凍機油に多くの冷媒が溶け込んでいると，オイルフォーミングが生じて油上り量が増加する。これを防止するためにスクリュー圧縮機では，油溜めでヒータ加熱することにより，油温を上げて油への冷媒の溶解量を少なくする必要がある。

（選択肢）

（1）イ，ロ　（2）イ，ハ　（3）イ，ニ　（4）ロ，ハ　（5）ハ，ニ

解説

イ．密閉型冷凍機の電動機が焼損すると，絶縁物や潤滑油が劣化するとともに，冷媒分解物の生成によるスラッジ（泥状の沈積物）が生じる。これらが冷凍サイクル内に留まれば，圧縮機交換を行っても短時間に圧縮機損傷する可能性がある。従って，「圧縮機交換をすれば冷凍サイクル内の洗浄は必要ない」の記述は誤りである。

ロ．吐出弁に漏れが生じると，吐出した圧縮ガスの一部がシリンダ内へ逆流するため，体積効率は低下するが吐出しガス温度は上昇する。従って，「吐出しガス温度も低下する」の記述は誤りである。

ハ．「水冷凝縮器において，……」の記述は正しい。

ニ．「圧縮機の始動時に，……」の記述は正しい。

解答　（5）

問題4＜第2種＞

圧縮機の運転に関して，次の記述イ．ロ．ハ．ニ．のうち正しいものの組合せはどれか。

イ．圧縮機が過熱運転になると，圧縮機の体積効率・断熱効率が低下し，それにより冷凍装置の冷凍能力・成績係数がともに低下する。しかし，潤滑油の劣化や冷媒の熱分解は冷媒温度に依存するので，過熱運転との関係はない。

ロ．冷蔵庫において，品物が冷えると庫内の空気温度が下がるため，冷凍負荷は減少して蒸発圧力は低下する。圧力機の吸込み圧力低下により，冷媒循環量が減少して凝縮圧力も低下する。

ハ．スクリュー圧縮機の始動時のオイルフォーミングを防止するために，油分離器の油だめにヒータを用いて油温を上げることにより，始動時の油への冷媒溶解量を少なくしておく必要がある。

ニ．往復圧縮機の吐出し弁に漏れが生じると，吐出しガス圧力・体積効率・吐出しガス温度の全てにおいて低下する。

（選択肢）

（1）イ，ロ （2）イ，ハ （3）イ，ニ （4）ロ，ハ （5）ハ，ニ

解説

イ．圧縮機が過熱運転になると吐出しガス温度が高くなり，これにより潤滑油の劣化や冷媒の熱分解が大きくなる。従って，「過熱運転との関係はない」との記述は，誤りである。前半の文章は正しい。

ロ．「冷蔵庫において，……」以下の記述は，全て正しい。

ハ．「スクリュー圧縮機の始動時　……」以下の記述は，全て正しい。

ニ．往復圧縮機の吐出し弁に漏れが生じると，高圧の圧縮ガスの一部がシリンダ内に逆流するために圧縮機の吐出しガス量が減少する。これにより，体積効率は低下し，吐出しガス温度は上昇する。従って，「吐出しガス温度は低下する」との記述は，誤りである。

解答　（4）

第 2 章
凝縮器と蒸発器の保守管理

第1節 凝縮器の保守管理

(1) 凝縮負荷について

<凝縮負荷の計算>

凝縮器の凝縮負荷は，『第１編 学識』でも記したように下記式で表される。

$$\Phi_k = K \cdot A \cdot \Delta t_m$$
$$= K \cdot A \cdot \left[t_k - \frac{t_{w1} + t_{w2}}{2} \right] \quad \text{(kW)}$$

Φ_k：凝縮負荷（kW）
K：熱通過率（kW/(m²·K)）
A：伝熱面積（m²）
Δt_m：冷媒と水，または冷媒と空気との平均温度差（℃）
t_k：凝縮温度（℃）
t_{w1}：冷却水（または空気）入口温度（℃）
t_{w2}：冷却水（または空気）出口温度（℃）

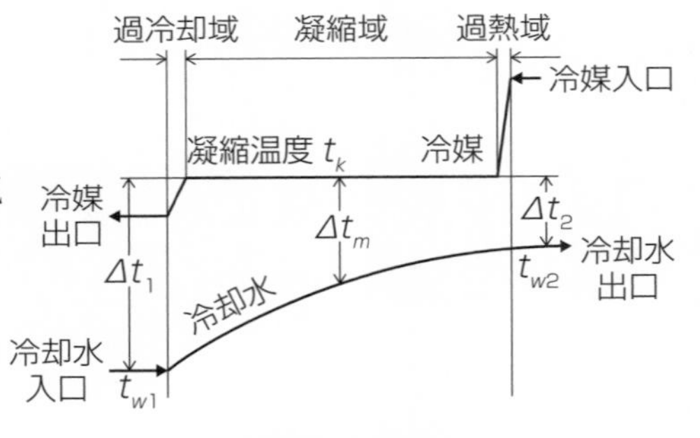

凝縮器での伝熱

上式における熱通過率は，凝縮器の形式別に概略右表の通りである。したがって熱交換に必要な伝熱面積は，水冷式では小さく，空冷式では大きくなる。

[凝縮器別の熱通過率]

	熱通過率 (kW/(m²·K))
空冷凝縮器	0.02～0.04
水冷凝縮器	0.70～1.16
蒸発凝縮器	0.35～0.41

<凝縮温度の求め方>

凝縮温度は，上式を変形して下記式で表される。

$$t_k = \frac{\Phi_k}{K \cdot A} + \frac{t_{w1} + t_{w2}}{2} \quad (℃)$$

したがって，ある凝縮負荷の冷凍装置において，凝縮温度に影響するものは，熱通過率・伝熱面積・冷却水（また送風）温度である。

（２）凝縮圧力の上昇要因

冷凍装置の運転において，凝縮圧力が異常に上昇することがある。一般的に凝縮圧力が異常上昇する要因として，次のことが挙げられる。

①冷媒の過充てん

余分な冷媒液が凝縮器に溜められ，凝縮に使われる伝熱面積が減少して，凝縮圧力（凝縮温度）が上昇する。ただし過冷却度は大きくなる。

②不凝縮ガスの混入

いくら冷却しても凝縮しないガスを不凝縮ガスという。主に空気であることが多い。不凝縮ガスが混入すると，その部分の熱通過率が小さくなり，凝縮圧力（凝縮温度）が上昇する。

③凝縮能力の減少

空冷凝縮器の「外気温度上昇」や「送風量減少」，水冷凝縮器の「冷却水温の上昇」「冷却水量の減少」により，凝縮圧力（凝縮温度）が上昇する。

（３）不凝縮ガスの影響

いくら冷却しても凝縮しないのが不凝縮ガス（主に空気）である。不凝縮ガスの存在に対して，次のような影響と要因が考えられる。

＜不凝縮ガスの影響＞

①その部分の熱通過率が小さくなり，凝縮圧力（凝縮温度）が上昇する。
②①の状態で運転を継続すると，圧縮機の吐出し温度が上昇し，さらに凝縮圧力を上昇させ，圧縮機の消費電力を増大させる。

＜不凝縮ガスの混入要因＞

①装置への冷媒充てん前のエアパージや真空引き運転が不十分なために，装置内に空気などが残存していた。
②配管接続部のシール不足の状態で，低い蒸発圧力（大気圧以下）時に空気が混入した。
③水分混入（配管内付着など）状態での運転により，冷媒や冷凍機油が加水分解して不凝縮ガスを発生した。

★圧縮機停止直後に凝縮器の出入口を閉鎖して冷却水を20～30分間通水し続けたとき，凝縮器の圧力が冷却水温に相当する冷媒の飽和圧力より高ければ，不凝縮ガスが存在している証拠である。

（4）凝縮器汚れの影響

凝縮器の熱通過率は，油膜や水あかの影響を受ける。各凝縮器の形式の特徴に合わせた対応が必要である。

<凝縮器汚れの影響>

熱通過率の値は，凝縮器の汚れや不純物の付着により低下する。水冷凝縮器の冷却管の熱通過率は次式で表される。

$$K=\frac{1}{\frac{1}{\alpha_1}+\frac{\delta_1}{\lambda_1}+m\left[\frac{1}{\alpha_2}+\frac{\delta_2}{\lambda_2}\right]}$$

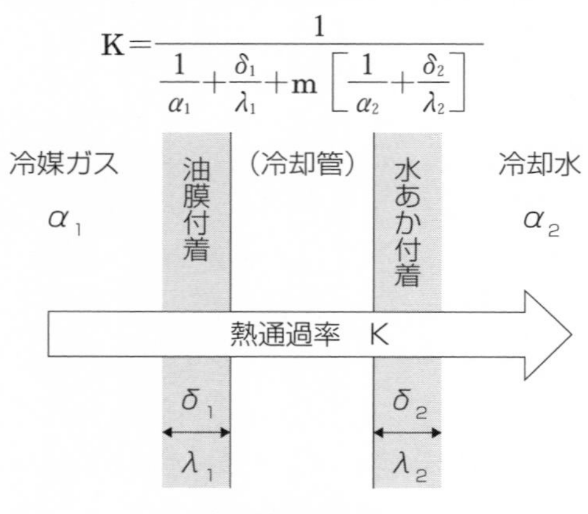

冷却管での伝熱

$\frac{\delta_1}{\lambda_1}=f_1$：油膜の汚れ係数

$\frac{\delta_2}{\lambda_2}=f_2$：水あかの汚れ係数

K：熱通過率（kW/（m^2・K））

α_1：冷媒側熱伝達率（kW/（m^2・K））

α_2：水側熱伝達率（kW/（m^2・K））

δ_1：油膜の厚さ（m）

δ_2：水あかの厚さ（m）

λ_1：油膜の熱伝導率（kW/（m・K））

λ_2：水あかの熱伝導率（kW/（m・K））

m：有効内外伝熱面積比

油膜（δ_1）や水あか（δ_2）が凝縮器に付くと，熱通過率が小さくなり凝縮圧力が高くなる。その結果，圧縮機消費電力が増大し冷凍能力は減少する。

<凝縮器汚れの対策>

水冷凝縮器では，できるだけ汚れが付着しないように水質の管理を行う（pH 値6.0～8.0が望ましい）。水あかが付着した場合は，ブラシを使って洗浄するか，薬品で洗い流す。

アンモニア冷媒は一般に鉱油をあまり溶解しないので，伝熱面に油膜を形成し易い。従って，凝縮器下部に溜まった油は，油抜き弁からオイルドラムに取り出す。また圧縮機吐出し管系に油分離器を設けて油を分離する。

（5）冷却水量減少の影響

水冷凝縮器において，凝縮負荷と冷却水量との関係は次式で表される。

$\Phi_k = q \cdot c \cdot (t_2 - t_1)$　　（kW）

Φ_k：凝縮負荷（kW）
q：冷却水量（kg/s）
c：冷却水の比熱
　4.186（kJ/(kg・K)）
t_1：冷却水の入口温度（℃）
t_2：冷却水の出口温度（℃）

上式より，適正な冷却水量は，凝縮負荷・冷却水の比熱・冷却水出入口温度差で決まる。

＜冷却水減少の影響＞

①凝縮負荷が一定の場合は，冷却水量が減少すると冷却水出口温度が上昇して凝縮圧力の上昇をもたらす。
②凝縮圧力上昇の結果，圧縮機の消費電力が増大する。

＜冷却水減少の要因＞

①冷却水入口のフィルター目詰まり
②冷却塔の水位低下
③冷却水ポンプの故障

（6）外気温度変動の影響

＜冬季の外気温度低下の影響＞

空冷凝縮器では，外気温度によって凝縮圧力が変動する。そのために夏季と冬季とでは凝縮圧力が異なり，冬季には大きく低下することとなる。凝縮圧力が低下し過ぎると，温度自動膨張弁のオリフィス前後の圧力差が不足して，冷媒流量が大きく減少して冷凍能力不足となる。

＜冬季の冷凍能力低下への対策＞

①凝縮圧力調整弁を取付けて，圧力が適正値になるように制御する。
（調整弁での絞り込みにより凝縮器内に冷媒液を滞留させる。凝縮器の有効伝熱面積減少により，凝縮圧力低下を防止する）
②送風量制御器（回転数制御など）を取付けて，凝縮圧力が適正値になるように送風機の風量を制御する。

（7）液封防止

液封とは，液配管などに液が充満した状態において，出入口の両端が止め弁や電磁弁で封鎖された状態をいう。

この液封された状態で，液温度に対して周囲温度がかなり高い場合に，周囲から熱を吸収して液が膨張しようとするが，管の熱膨張が液の熱膨張よりも小さいため，液管内は著しく高圧になる。そして弁や配管の亀裂や破壊に至る重大事故となる。特に，低圧液配管で事故が多いので注意が必要である。

＜液封事故の防止＞

①液封により著しい圧力上昇の恐れのある部分には，安全弁・破裂板または圧力逃がし装置を取り付ける。

②冷媒液強制循環式冷凍装置など，液封事故の発生しやすい装置には安全弁などの圧力逃がし装置を取り付ける。

（8）冷凍機油の影響

一般に，冷凍機油の粘度は冷媒液（アンモニア液など）に比べて相当程度大きい。また冷凍機油の熱伝導率は，冷媒液（アンモニア液など）に比べて相当程度小さい。伝熱面での油膜は伝熱の大きな障害となるので，排除が必要となる。

蒸発器の保守管理

(1) 蒸発負荷(冷凍能力)について

<蒸発負荷の計算式>

蒸発器の蒸発負荷は下記式で表され，蒸発温度と被冷却物との温度差に比例する。

$$\Phi_0 = K \cdot A \cdot \Delta t_m$$
$$= K \cdot A \cdot \left[\frac{t_1 + t_2}{2} - t_o\right]$$

Φ_0：蒸発負荷（冷凍能力）（kW）
K：熱通過率（kW/(m²·K)）
A：伝熱面積（m²）
Δt_m：冷媒と被冷却物との平均温度差（℃）
t_o：蒸発温度（℃）
t_1：被冷却物入口温度（℃）
t_2：被冷却物出口温度（℃）

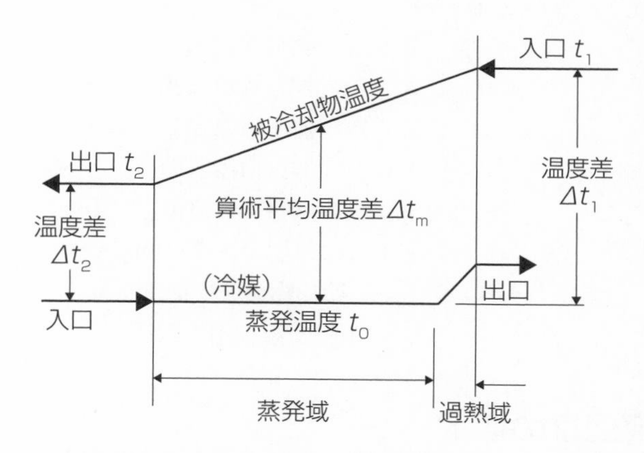

冷凍装置は，使用目的によって蒸発温度と被冷却物（空気や水・ブライン）との温度差が設定されている。一般的な設定温度差は下記通りである。

①空調用の冷房設定温度差：15～20K

②冷蔵用・冷凍用の設定温度差：5～10K

一般的な熱通過率の値は，蒸発器の形式別に概略下表の通りである。熱交換に必要な伝熱面積は，bとcでは少なく，aでは大きな面積が必要となる。

[蒸発器別の熱通過率]

<table>
<tr><th colspan="2" rowspan="2">蒸発器の形式</th><th colspan="2">流体の種類</th><th rowspan="2">熱通過率
(kW/(m²・K))</th></tr>
<tr><th>管内側</th><th>管外側</th></tr>
<tr><td>a</td><td>乾式プレートフィン蒸発器
(フィンコイル蒸発器)</td><td>冷媒</td><td>空気</td><td>0.017～0.080</td></tr>
<tr><td rowspan="2">b</td><td rowspan="2">乾式シェルアンドチューブ蒸発器</td><td rowspan="2">冷媒</td><td>水</td><td>0.70～1.40</td></tr>
<tr><td>ブライン</td><td>0.23～0.70</td></tr>
<tr><td rowspan="2">c</td><td rowspan="2">満液式シェルアンドチューブ蒸発器</td><td>水</td><td rowspan="2">冷媒</td><td>0.81～1.40</td></tr>
<tr><td>ブライン</td><td>0.17～0.52</td></tr>
</table>

＜蒸発負荷の別の計算式＞

蒸発負荷はモリエル線図を使って下記式でも表され，被冷却物の出入口での温度差に比例する。

$$\Phi_o = q_r(h_1 - h_2) = q_a c_a (t_1 - t_2)$$

Φ_o：蒸発負荷（kW）
q_r：蒸発器を流れる冷媒の質量流量（kg/s）
h_1：蒸発器出口冷媒の比エンタルピー（kJ/kg）
h_2：蒸発器入口冷媒の比エンタルピー（kJ/kg）
q_a：被冷却物の質量流量（kg/s）
c_a：被冷却物の比熱（kJ/(kg・K)）
t_1：被冷却物の入口温度（℃）
t_2：被冷却物の出口温度（℃）

（2）蒸発温度の低下

蒸発温度の低下，すなわち蒸発圧力が低下すると，様々な影響が生じる。

＜蒸発温度低下の影響＞

①圧縮機吸込み蒸気の比容積が大きくなり，圧縮機吸込みガスの質量流量が少なくなり，冷媒循環量が減少する。

蒸発温度低下 → 吸込み蒸気の比容積が大 → 冷凍能力減少

②凝縮圧力が一定の場合は，圧縮機での圧力比が大きくなるので，圧縮機の体積効率が低下し冷凍能力が減少する。

蒸発温度低下 → 高低圧力比大 → 体積効率低下 → 冷凍能力減少

③冷媒循環量の減少により，冷凍能力と圧縮機消費電力がともに減少するが，冷凍能力の減少割合が大きいので，成績係数は小さくなる。

蒸発温度低下 → 冷媒循環量減少 → 冷凍能力・消費電力減少
→ 成績係数は小さくなる

＜蒸発温度低下の要因＞

①ガス漏れなどにより冷媒充てん量が不足している。

②蒸発器への送風量が不足して膨張弁が絞られている。

③蒸発器の着霜により膨張弁が絞られている。

④蒸発器伝熱面積の不足により膨張弁が絞られている。

⑤冷媒への多量の油の溶解により蒸発温度が低下した。

（３）冷媒循環量の不足

＜冷媒循環量不足の影響＞

冷凍装置内で冷媒量の不足により，冷却不良や蒸発圧力の異常低下など様々な不具合が生じる。冷媒量が適切であるか否かは，運転中の受液器の液面高さによっても確認できる。（通常は，液面計の1/3～1/2程度があれば充分である）

＜冷媒循環量不足の要因＞

①ガス漏れまたは元の冷媒充てん量が不足している。

②膨張弁容量が小さすぎて，膨張弁で絞られ過ぎている。

③膨張弁前の冷媒液にフラッシュガスが発生して循環量不足となっている。

④水分混入により，膨張弁で氷結して冷媒循環量不足となっている。

⑤冷媒配管内のストレーナーが目詰まりしている。

（４）熱通過率の低下

＜熱通過率低下の影響＞

蒸発器の熱通過率の一般的な値については，（１）項で記載している。熱通過率が低下すると必要な冷凍能力が確保できなくなるため，できるだけこの値を維持する必要がある。水あかの付着などの様々な要因で熱通過率は低下する。

<熱通過率低下の要因>

①蒸発器への着霜や送風機風量の減少
②水冷却器への水あかの付着や水流量の減少
③冷媒側伝熱面への油による油膜の形成

（5）着霜と除霜

<着霜の影響>

蒸発器に霜が付着すると，霜の熱伝導抵抗により熱通過率が大きく低下する。また着霜により送風の空気抵抗も大きくなり，風量も減少させるなど様々な問題が発生する。

<着霜への対策（除霜）>

できるだけ霜を発生させない，または発生してもすばやく除霜できるシステムとすることが大切である。

①散水による除霜

水を冷却器に散布して霜を溶かす方法である。散布した水と溶けた水は，ドレンパンで受けて器外へ排出する。

②ホットガスによる除霜

圧縮機吐出しの高温の冷媒ガスを冷却器に送り込み，その顕熱と凝縮潜熱とによって霜を溶かす方法である。

③その他による除霜

「電気ヒータによる加熱方式」や，冷媒循環を止めて庫内の送風によってのみ溶かす「オフサイクルデフロスト方式」などがある。

（6）凍結防止

<凍結の影響>

水やブラインが凍結すると大きく膨張する。密閉された空間内で凍結が生じると体積膨張による圧力上昇によって，容器や管が破壊されてしまうことがある。

※満液式シェルアンドチューブ蒸発器では，冷却管内をブライン又は水で冷却する。運転中に蒸発圧力が低下すると，凍結点以下でそれが凍結して冷却管を破損することがある。乾式シェルアンドチューブ方式では，冷却管内は冷媒であり，管外のブラインや水が凍結しても破損することは無い。

＜凍結の防止＞

水やブラインの凍結防止策として，水やブラインの温度が下がり過ぎたときに，サーモスタットを用いて冷凍装置の運転を停止させる。また蒸発圧力調整弁を使用して，設定圧力より蒸発圧力が下がらないようにする方法もある。

（7）液戻り防止

＜液戻りの影響＞

冷媒液の戻りは，少しずつ圧縮機に戻ってくる場合と急激に戻ってくる場合とがある。また冷媒液が戻ってくると，圧縮機の吸込み部に霜が付着したり吐出し温度が低下したり，様々な現象が現れる。また圧縮機が液を吸い込むと大きな音が発生する。

＜液戻りの要因＞

①（乾式蒸発器）膨張弁が追随できない程に蒸発負荷が急減したとき
②（満液式蒸発器）液面制御装置が追随できない程に負荷が急増したとき
③運転停止中に，吸込み配管のトラップ部などに冷媒液が溜まった状態で，圧縮機を始動したとき
④膨張弁の動作不良・液面制御装置の制御不良により，冷媒液が戻ったとき

演習問題〈凝縮器と蒸発器の保守管理〉

問題１＜第１種＞

冷凍サイクル高圧部の保守管理に関して，次の記述イ．ロ．ハ．ニ．のうち，正しいものの組合せはどれか。

イ．空冷凝縮器は水冷凝縮器に比べて熱通過率は小さく，凝縮圧力が高くなる。冬季には，凝縮圧力の低下し過ぎを防止するために，蒸発圧力調整弁（EPR）による圧縮機吸込み圧力の制御が必要である。

ロ．水冷凝縮器では，冷却水量が不足したり冷却水温が上がると，凝縮圧力が上昇する。更には，冷却管への水あかの付着などによっても，凝縮圧力が上昇する。

ハ．凝縮器内の不凝縮ガスの存在は，伝熱の阻害による凝縮温度の上昇と不凝縮ガスの分圧相当分の凝縮圧力の異常上昇を生じさせる。

ニ．ヒートポンプ暖房装置の空冷凝縮器において，ホットガスデフロストを採用したとき，これはホットガスの顕熱のみを利用するものである。またデフロスト運転中は，室内機の送風ファンは停止する。

（選択肢）

（1）イ，ロ　（2）イ，ハ　（3）イ，ニ　（4）ロ，ハ　（5）ハ，ホ

解説

イ．空冷凝縮器では，凝縮圧力が低くなり過ぎるのを防止するため，凝縮圧力調整弁により凝縮圧力を調整する。従って，「蒸発圧力調整弁（EPR）による圧縮機吸込み圧力の制御が必要」との記述は誤りである。

ロ．「水冷凝縮器では，……」以下の記述は，全て正しい。

ハ．「凝縮機内の　……」以下の記述は，全て正しい。

ニ．ホットガスデフロストは，顕熱と凝縮潜熱とにより霜を溶かす。従って，「ホットガスの顕熱のみを利用するものである」との記述は誤りである。なお「室内機の送風ファンは停止する」の記述は正しい。

解答　（4）

問題2＜第1種＞

冷凍サイクル低圧部の保守管理に関して，次の記述イ．ロ．ハ．ニ．のうち，正しいものの組合せはどれか。

イ．蒸発器において蒸発温度が低下する要因としては，ガス漏れなどによる冷媒量の不足や送風量の低下・伝熱面の汚れなどがある。また，冷媒への多量の油の溶解なども考えられる。

ロ．蒸発器の蒸発温度が低くなると，冷媒圧力が低下して圧縮機吸込み蒸気の比体積が大きくなる。従って，冷媒循環量が大きくなり冷凍能力が増大する。

ハ．温度自動膨張弁の感温筒の取り付けは，感温筒を蒸発器出口管壁に密着させる必要がある。また周囲の温度の影響を受けないように，感温筒取り付け部全体を防熱するのが良い。

ニ．冷凍装置の運転中に蒸発温度が低下して，水（又はブライン）の温度が凍結点以下になると，凍結して冷却管を破壊する恐れがある。満液式シェルアンドチューブ蒸発器は乾式シェルアンドチューブ蒸発器よりも，冷媒量が少なく，水（又はブライン）が凍結しても冷却管を破壊する可能性も小さい。

（選択肢）

（1）イ，ロ　（2）イ，ハ　（3）イ，ニ　（4）ロ，ハ　（5）ロ，ニ

解説

イ．「蒸発器において蒸発温度が　……」以下の記述は全て正しい。

ロ．冷媒圧力が低下して圧縮機吸込み蒸気の比体積が大きくなると，冷媒循環量が小さくなり冷凍能力が減少する。従って，「冷媒循環量が大きくなり冷凍能力が増大する」の記述は誤りである。

ハ．「温度自動膨張弁の感温筒　……」以下の記述は全て正しい。

ニ．満液式シェルアンドチューブ蒸発器は，乾式に比べて冷媒量が多く，凍結により冷却管を破壊する可能性は大きい。「満液式シェルアンドチューブ蒸発器は……を破壊する可能性も小さい」との記述は誤りである。

解答　（2）

問題3 <第2種>

凝縮器の保守管理に関して，次の記述イ．ロ．ハ．ニ．のうち正しいものの組合せはどれか。

イ．シェルアンドチューブ凝縮器の冷凍装置では，冷媒を過充てんすると，凝縮作用に有効に使われる伝熱面積が減少して，凝縮温度が上昇する。その結果，凝縮器出口の過冷却度は小さくなる。

ロ．冬場の外気温度が低いときには，空冷凝縮器では凝縮温度が下がり冷凍効果が増加する。従って，膨張弁前後の差圧が大きく下がっても能力不足になることはない。

ハ．アンモニア冷媒は鉱油をあまり溶解しないので，伝熱面に油膜を形成するが，その油膜は薄い。一方，水あかについては，管理状態によっては大きく付着して，熱通過率を著しく低下させることがある。

ニ．冷媒中に不凝縮ガスが混入したまま冷凍装置の運転を継続すると，不凝縮ガスが凝縮器に溜り，圧縮機吐出しガス圧力と温度が上昇して，消費電力が増大して冷凍能力が低下する。

（選択肢）

（1）イ，ロ　（2）イ，ハ　（3）イ，ニ　（4）ロ，ハ　（5）ハ，ニ

解説

イ．「シェルアンドチューブ凝縮器の……凝縮温度が上昇する」までの記述は正しい。ただし，この場合に過冷却度は大きくなるので，「凝縮器出口の過冷却度は小さくなる」の記述は誤りである。

ロ．空冷凝縮器では，外気温度が低くなると凝縮圧力が大きく低下する。ある限界を超えて圧力が低下すると，膨張弁前後の圧力差が不足して，蒸発器冷媒量減少により能力不足となる。従って，「膨張弁前後の差圧が大きく下がっても能力不足になることはない」との記述は誤りである。

ハ．「アンモニア冷媒は，鉱油を　……」以下の記述は，全て正しい。

ニ．「冷媒中に不凝縮ガスが混入　……」以下の記述は，全て正しい。消費電力の増大と冷凍能力の低下により，成績係数も低下する。

解答　（5）

問題4<第2種>

蒸発器の保守管理に関して，次の記述イ．ロ．ハ．ニ．のうち正しいものの組合せはどれか。

イ．蒸発圧力が低下すると，冷媒の温度が下がって対象物を低い温度まで冷却することができるため，冷凍能力が増加する。

ロ．HFC系非共沸混合冷媒は，飽和二相域では蒸気と液とで成分比が異なる。冷凍装置に充てんするときには，蒸気で充てんすると，規格成分比と異なるので，冷媒液で充てんする必要がある。

ハ．一般的に蒸発温度と被冷却物との温度差は，冷蔵用冷却器に比べて空調用冷却器の方が大きめに設定するのが普通である。

ニ．水分が冷凍装置内に混入すると膨張弁で氷結することがある。氷結すると，冷媒循環量が減少して蒸発圧力が高くなり，圧縮機の吸込み蒸気の比体積が小さくなる。

（選択肢）

（1）イ，ロ　（2）イ，ハ　（3）イ，ニ　（4）ロ，ハ　（5）ハ，ニ

解説

イ．「蒸発圧力が低下すると，……　冷却することができる」までの記述は正しいが，蒸発圧力が低下すると圧縮機吸込み蒸気の比体積が大きくなり，冷媒循環量が減少して冷凍能力が低下する。従って，「冷凍能力が増加する」との記述は誤りである。

ロ．「HFC系非共沸混合冷媒は，……」以下の記述は，全て正しい。

ハ．「一般的に蒸発温度と被冷却物　……」以下の記述は，全て正しい。空調用では空気の除湿も行う必要があるため大きめに設定する。(通常，空調用では15～20K，冷蔵用では5～10Kである)

ニ．「水分が冷凍装置内に混入すると，……　冷媒循環量が減少して」までの記述は正しい。ただし，蒸発圧力は低下して圧縮機吸込み蒸気の比体積は大きくなるので，「蒸発圧力が高くなり，圧縮機の吸込み蒸気の比体積が小さくなる」との記述は誤りである。

解答　（4）

第 3 章
冷媒と配管

冷媒への配慮

（1）冷媒の排出抑制

ふっ素系冷媒（フルオロカーボン）は安定しており，また毒性や燃焼性も小さいために広く使用されてきた。しかしながら大気に放出されると，成層圏のオゾン層を破壊したり，また地表熱の放射を妨げて地球温暖化をもたらすなど，多くの問題が指摘され，大気排出の抑制が必要となっている。

＜オゾン層破壊への対応＞

オゾン層保護法『特定物質の規制等によるオゾン層の保護に関する法律』で規定されている。

＜地球温暖化への対応＞

地球温暖化対策推進法『地球温暖化対策の推進に関する法律』で規定されている。

（2）水分の混入

＜水分混入の影響＞

ふっ素系冷媒に水分が混入すると，塩酸やふっ化水素が発生して配管や圧縮機などの金属部分を腐食したり，冷凍機油の劣化や密閉型圧縮機の電動機絶縁劣化が生じる。また，膨張弁の氷結の発生原因となる。

＜水分混入の防止＞

水分混入の防止策として，下記のようなものがある。

①冷媒配管などへの水分混入防止
②冷凍機油への水分混入防止
③電動機などへの水分混入防止（密閉型圧縮機の場合）
④空気の侵入防止
⑤真空ポンプによる水分・空気の排除
⑥冷媒システムへのドライヤの取付け

☆アンモニア冷媒の場合は，微量の水分であれば，水とアンモニアは良く溶け合うため水分の影響は比較的少ない。

☆ふっ素系冷媒用冷凍機油においては，合成油は鉱油よりも水分を吸収し易い。

(3) 不純物の混入

<不純物混入の影響>

配管の加工や圧縮機の部品加工などにおいて，切削油や防錆油などが使用される。これらが冷凍装置内に残留すると，油が劣化してスラッジが生じる。これらのスラッジは，高粘度であるために膨張弁やキャピラリーチューブを詰まらせる。また冷凍機油の劣化を促進して，圧縮機摺動部の摩耗や電磁弁を傷付けたりする。

<不純物混入の防止>

不純物混入の防止策として，下記のようなものがある。

①配管の加工油は，できるだけ冷凍機油と同等のものを使用する。

②冷凍装置の保守・点検で使用するチャージホースを専用化する。

③常に，冷凍装置内に不純物が混入しないように注意を心掛ける。

(4) 冷凍機油との関係

<圧縮機より油流出過大の影響>

一般的に，圧縮機から冷媒とともに吐き出された冷凍機油は，冷凍装置内を循環する。しかしながら，多量に循環し過ぎると熱交換器での伝熱を阻害したり，圧縮機内での油量不足で潤滑不良が発生するなど，様々な問題が生じる。

<圧縮機からの油流出防止>

このため圧縮機からの油流出をできるだけ減らし，かつ流出した油が確実に戻ってくるような工夫が必要とされる。

①油流出が少ない圧縮機の内部構造とする。

②圧縮機出口に油分離器を取り付けて圧縮機に油を戻す。

③油が圧縮機へ戻りやすい配管の工夫をする。

（油溜り部が生じないよう，又流速を確保して油を戻りやすくする）

④流出した油が少量ずつ戻るように，アキュームレータに油戻し穴を設ける。

冷媒配管

（1）冷媒配管の基本知識

冷媒配管は，各機器をつないで冷凍サイクルの構成に重要な役割をもっている。また，その配管仕様・施工内容によっても，冷凍装置の性能に大きな影響を及ぼす。

<冷媒配管の区分>

冷媒配管は，大きくは高圧側と低圧側に大別され，次の 4 つに区分される。

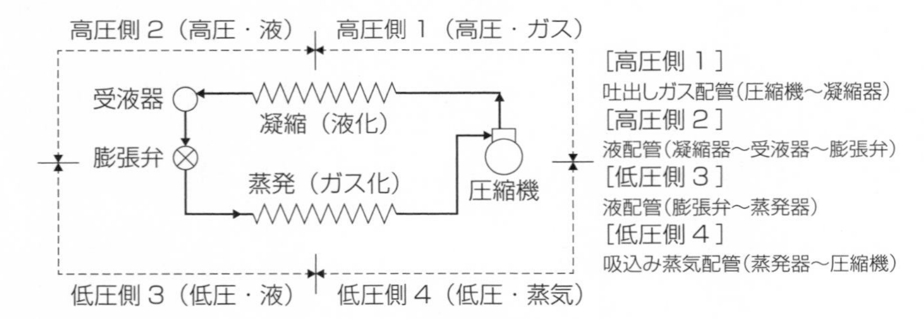

冷媒配管の区分

<冷媒配管の基本的な留意事項>

冷媒配管においての留意事項は，次の通りである。

①充分な耐圧強度と気密性能があること。

②配管材料は，用途・冷媒の種類・使用温度範囲・加工方法などに応じて選択する。

③各機器との接続長さはできるだけ短くする。

④冷媒流れ時の圧力損失をできるだけ小さくする。

・曲がり部を少なく，曲げ半径を大きく，適度な配管径

・止め弁は圧力損失が大きくなるので，出来るだけ取付けない

⑤冷凍機油が滞留せずに，戻り易い配管構造とする。

・U トラップや行き止まり管は出来るだけ避ける。

⑥周囲から温度の影響を受けない冷媒配管とする。
・配管防熱をしっかりとする。温度の高い場所を通さない。

＜配管の材料＞

冷媒配管に使用する材料は，冷媒の種類や使用圧力などに応じて選定する。
①冷媒や冷凍機油の化学的作用，及び物理的な作用によって，腐食や劣化しないこと
②冷媒の種類に応じた材料を選択する。
・**アンモニア冷媒**：鋼管（銅および銅合金を使用してはならない）
・**フルオロカーボン冷媒**：銅管または鋼管（２％以上のマグネシウムを含有したアルミニウム合金を使用してはならない）
③低圧（低温）用配管は，低温において靭性の大きい材料を使用する。
・**配管用炭素鋼鋼管（SGP）**：－25℃まで使用可能
・**圧力配管用炭素鋼鋼管（STPG）**：－50℃まで使用可能
④配管用炭素鋼鋼管（SGP）は下記には使用できない。
・**毒性を持つアンモニア冷媒**
・**設計圧力が１MPa**を超える部分
・**使用温度100℃を超える**部分
⑤銅管，銅合金管及びアルミニウム管は，継目無管が多く使用される。
・**継目無管**（銅管，銅合金管及びアルミニウム管に適用）
⑥銅管の識別記号は用途で使い分ける。
・**フレア加工用**：O材（焼なまし材），OL材（軽焼なまし材）
・**曲げ加工用**　：O材（焼なまし材），OL材（軽焼なまし材），1/2H材（半硬質材）
・**直管用**　　　：H材（硬質材）…
→硬いためフレア加工や曲げ加工への使用不可
⑦純度が99.7％未満のアルミニウム管は，管の外周が水や湿気に触れる配管（空気冷却器など）としては使用しないこと

冷媒と配管

<配管の接続方法>

①溶接継手

鋼管と鋼管などの接合面に熱を加えて，接合部を溶融させて接合する方法である。ねじ込み継手よりも強度があり，信頼性の高い配管接合が可能である。

②ろう付け継手

銅管と銅管をろう付けによって接合する方法である。銅管をろう付け継手のソケット部に差し込んで接合面を重ね合わせる。その隙間にフラックスを用いて溶けたろう材を流し込み溶着する。

※隙間＝ソケット部内径－管外径

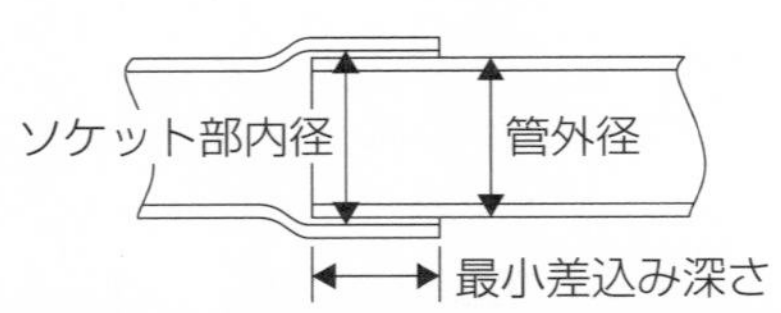

管外径 (mm)	最小差込み深さ (mm)	隙間 (mm)
5以上8未満	6	0.05～0.35
8以上12未満	7	
12以上16未満	8	0.05～0.45
16以上25未満	10	
25以上35未満	12	0.05～0.55
35以上45未満	14	

銅管の最小差込み深さ

③フランジ継手

円板状の板同士の間にパッキンをはさみ，ボルトとナットで固定する方法である。修理や点検などで，配管を取り外しの可能性のある箇所に使用する。銅管にも鋼管にも使用できる。この継手は，冷媒用管フランジとしてJIS B8602に定められている。

④フレア継手

銅管などの先端を円錐状（フレア形状）に拡げて，フレアナットを使って締付ける方法である。管径が19.05mmまでの小口径の銅管に使用される。この継手は，冷媒用フレア及びろう付け管継手としてJIS B8607に定められている。

⑤ねじ込み継手

接合部分がネジのようになっている継手であり，めねじ（ソケット継手）とおねじ（ニップル継手）を組み合わせて接続する方法である。アンモニア用の小口径の鋼管に使用される。この継手は，管用ねじ込み継手としてJIS B0203に定められている。

(2) 配管施工上の注意

A. 吸込み蒸気配管

<配管径>

①蒸気配管での圧力降下は，圧縮機の能力に大きく影響するので，できるだけ小さくする。

・飽和温度が 2 ℃相当圧力降下を超えないこと

②圧縮機から流出した冷凍機油が，確実に圧縮機に戻ってくるような管径とする。

・蒸気速度：横走り管3.5m/s 以上
　　　　　　立ち上がり管 6 m/s 以上

<施工上の注意>

①容量制御装置を持った圧縮機の配管には，アンロード運転時にも確実に冷凍機油が戻せるように，**二重立ち上がり管**が採用される。

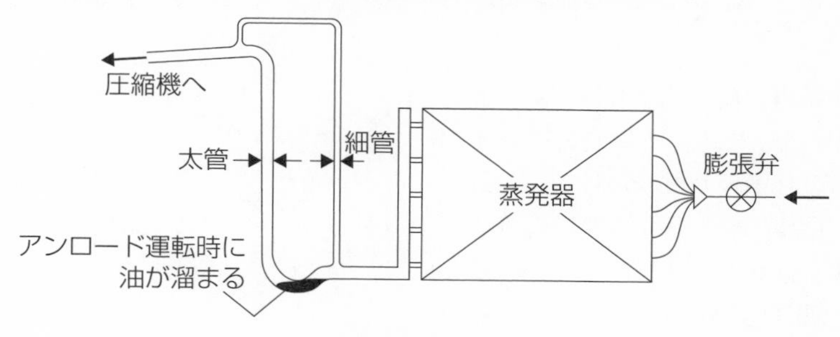

二重立ち上がり管

②横走り管での**Uトラップ**（※）を避けるために，**下り勾配の配管**とする。

※**Uトラップ**があると，アンロード運転時などに冷媒液や冷凍機油が溜まり，再起動時などに一気に圧縮機に戻る。

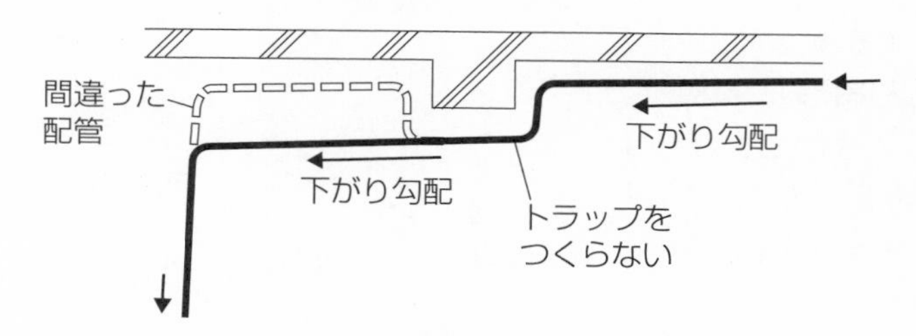

下り勾配の配管

B. 吐出しガス配管

＜配管径＞

①圧縮機から吐き出された油が，確実に冷媒に同伴される速度が確保できること。（横走り管：3.5m/s 以上，立ち上がり管：6 m/s 以上）

②吐出し管で過大な圧力降下や大きな騒音が発生しないこと。

（冷媒ガス速度：25m/s 以下，圧力降下：0.02MPa 以下）

＜施工上の注意＞

施工上の注意点は，圧縮機停止中に，冷凍機油や冷媒液が圧縮機に逆流しないようにすることである。（圧縮機に逆流すると再始動時に液ハンマ発生）

①圧縮機が凝縮器と同じ高さ，または圧縮機が凝縮器より高いときは，いったん配管を立上げ（2.5m 以下）てから下り勾配の配管とする。

②圧縮機が凝縮器より低く高低差が2.5m を超える場合は，立上げ部にトラップを設ける。

（圧縮機停止中の油や冷媒液の逆流防止）

③年間運転装置では，冬季の圧縮機停止中に凝縮器の冷媒が逆流しないように，吐出し配管上部に逆止め弁を設ける。

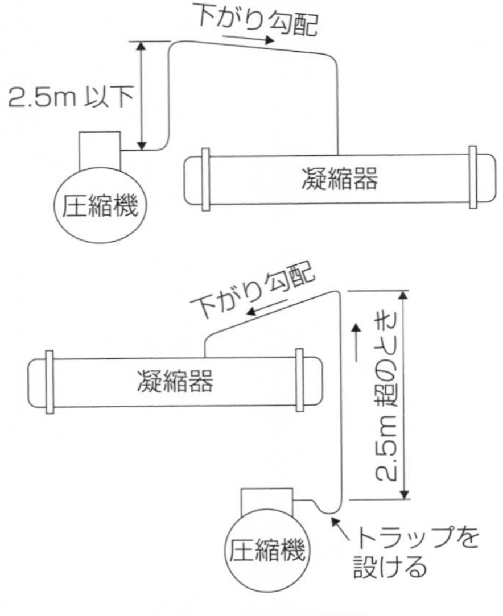

吐出しの立上り配管

④ 2 台以上の圧縮機を並列運転する場合にも，停止した圧縮機の冷凍機油に冷媒が溶け込まないよう，吐出しガス配管に逆止め弁を設ける。

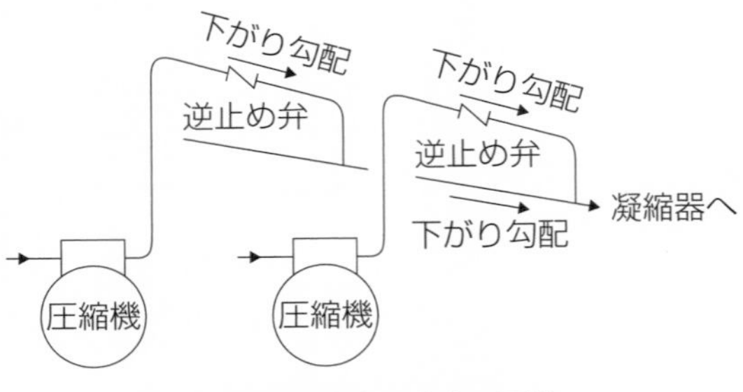

圧縮機並列時の吐出し配管

C．液配管

＜配管径＞

①液管内の冷媒の流速が1.5m/s 以下とする。また圧力損失が0.02MPa 以下となる管径とする。

②凝縮器から受液器への液落とし管は，その管における液の流速が0.5m/s以下とする。また，液落とし管自体に均圧管の役割を持たせるか，別に外部均圧管を設ける。

＜施工上の注意＞

液配管は，吸込み蒸気配管や吐出し蒸気配管のように油戻しの問題はない。しかし，冷媒液にフラッシュガス発生などに対して，次の注意が必要である。

①フラッシュガス発生防止を図る。

フラッシュガス発生の原因

a．飽和温度以上に高圧液配管が温められている。（G 点）

b．液温に相当する飽和圧力よりも液の圧力が低下している。（F 点）

フラッシュガス発生の対策

a．液配管がボイラ室などの温かい所を通す場合，配管に防熱をする。（できれば，温かい所を通さないことが望ましい）

b．液配管内で圧力降下となる施工（大きな立ち上がり部や細すぎる配管径など）を避ける。

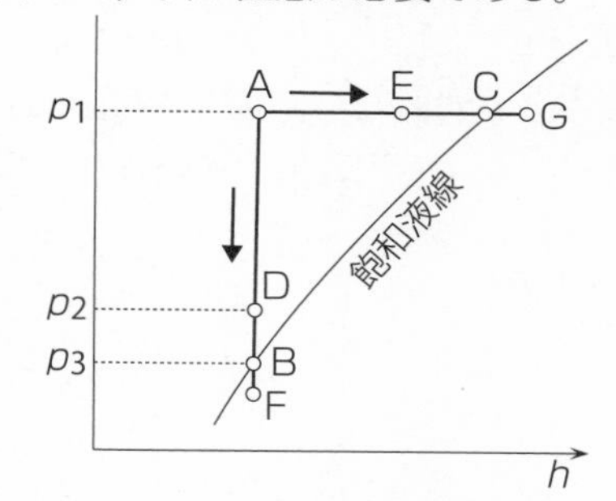

フラッシュガスの発生

②２台以上の凝縮器から，１本の主管にまとめて受液器へ冷媒液を落とす場合，凝縮器の液落とし管にトラップを設ける。（トラップで圧力差を吸収する）

※連絡配管ヘッダにトラップが無い場合には，圧力降下の大きいA 凝縮器の冷媒液がB 凝縮器に押されて凝縮器内に溜まるようになる。

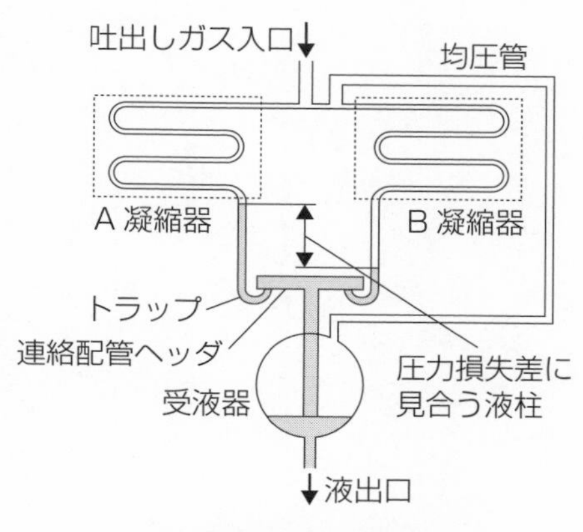

２台凝縮器での液配管

※その他の注意

1．止め弁は，圧力降下が大きく冷媒漏れの原因ともなり易いので，できるだけ設置数を減らす。設置はグランド部（シール部）を下向きにしない。
2．凝縮器よりも高い位置に蒸発器を設置する場合は，液管の圧力降下による飽和温度の低下を考慮する。それに見合う分，凝縮液を過冷却させてフラッシュガスの発生を防止する。
3．満液式や冷媒液強制循環式の蒸発器を採用した冷凍装置では，蒸発器などから圧縮機への油戻しが重要となる。従って，蒸発器や低圧受液器から油を含んだ冷媒液を絞り弁を通して少しずつ抜き取り，油分を圧縮機に返す系統を設ける。
4．運転中に周囲温度より低くなる冷媒の液管では，運転停止時に止め弁や電磁弁などによる封鎖部分を作らない。（停止後の温度膨張により，弁や管が破損する恐れがある）

演習問題〈冷媒と配管〉

問題１＜第１種＞

冷媒配管に関して，次の記述イ．ロ．ハ．ニ．のうち正しいものの組合せはどれか。

イ．配管用炭素鋼鋼管（SGP）は，－50℃までの低温で使用できる。ただし，設計圧力が１MPaを超える耐圧部分には使用できない。

ロ．２台以上の凝縮器から冷媒液を，1本の主管にまとめて受液器へ落とす場合には，各液落し管にトラップを設けて，液の流れの抵抗による圧力差をトラップで吸収する。

ハ．圧縮機の２台並列運転では，各々の圧縮機吐出し管に逆止め弁を設けることにより，停止時に冷媒が冷凍機油に溶け込まないようにできる。これにより，圧縮機と凝縮器の間の立上がり管や下り勾配などの配管施工をする必要が無くなる。

ニ．蒸発器を凝縮器よりも高い位置に配置する場合は，液管の圧力降下による飽和温度の低下分を求め，それに見合った過冷却液とすることにより，フラッシュガスの発生が防止できる。

（選択肢）

（１）イ，ロ　（２）イ，ハ　（３）ロ，ハ　（４）ロ，ニ　（５）ハ，ホ

解説

イ．配管用炭素鋼鋼管（SGP）の低温使用は－25℃までであり，「－50℃までの低温で使用できる」との記述は誤りである。その後の記述「ただし，……　使用できない」は正しい。

ロ．「２台以上の凝縮器から冷媒液を，……」以下の記述は全て正しい。

ハ．「圧縮機の２台並列運転では逆止め弁を設けることにより，停止時に冷媒が冷凍機油に溶け込まない」との記述は正しいが，「立上がり管や下り勾配などの配管施工をする必要が無くなる」との記述は，誤りである。

ニ．「蒸発器を凝縮器よりも高い　……」以下の記述は，全て正しい。

解答　（４）

問題２＜第１種＞

冷媒配管に関して，次の記述イ．ロ．ハ．ニ．のうち正しいもの組合せはどれか。

イ．容量制御装置を持った圧縮機の吸込み配管では，軽負荷時のアンロード運転でも返油されるように，最小蒸気速度が確保される配管径を決定すれば良い。全負荷時のことは考える必要は無い。

ロ．冷媒液強制循環式の蒸発器を持ったフルオロカーボン冷凍装置では，低圧受液器から油を含んだ冷媒液を絞り弁を通して少量ずつ抜き取り，液ガス熱交換器などを経由して圧縮機へ返油する。

ハ．アルミニウム管や銅管には継目無し管を使用する。またアンモニア冷媒配管では，銅及び銅合金の配管を使用してはならない。フルオロカーボン冷媒配管では，2%を超えるマグネシウムを含有したアルミニウム合金の配管を使用しても良い。

ニ．止め弁は，配管に比べて圧力降下が大きく，また冷媒漏れ箇所となることもあるので，取付数をできるだけ少なくする必要がある。取付時には，弁のグランド部は下向きにならないようにする。

（選択肢）

（１）イ，ロ　（２）イ，ハ　（３）ロ，ハ　（４）ロ，ニ　（５）ハ，ホ

解説

イ．容量制御装置を持った圧縮機の吸込み配管では，「二重立上がり管」を設ける。これにより，最小負荷時には返油のための最小蒸気速度が確保でき，かつ最大負荷時には圧力降下を適切な範囲内に収めることができる。「全負荷時のことは考える必要は無い」との記述は，誤りである。

ロ．「冷媒液強制循環式の蒸発器を……」以下の記述は，全て正しい。

ハ．フルオロカーボン冷媒配管では，２％を超えるマグネシウムを含有したアルミニウム合金の配管を使用してはならないので，「２％を超えるマグネシウムを……配管を使用しても良い」との記述は誤りである。

ニ．「止め弁は，配管に比べて　……」以下の記述は，全て正しい。

解答　（４）

問題3 <第2種>

冷媒と冷凍機油に関して，次の記述イ．ロ．ハ．ニ．のうち正しいものの組合せはどれか。

イ．フルオロカーボン冷媒は，一般に，アンモニア冷媒よりも圧縮機吐出し温度は高くなる。吐出しガス温度が高くなると，冷凍機油の劣化・酸化・分解生成物の発生などが起こり，冷媒中にスラッジが生じる。

ロ．HFC系冷媒用冷凍機油において，鉱油は合成油に比べて水分を吸収しやすい。従って冷媒充てん時には，真空ポンプにより高真空にして，冷凍機油中に溶解している水分を除去する必要がある。

ハ．アンモニア系冷媒は毒性があり危険であるが，強い刺激臭を伴うので，微量の漏れでも発見・処置できる可能性が高い。しかしながら，大量に漏れると大きな災害を引き起こすので，注意を要する。

ニ．多気筒圧縮機において，圧縮機の長時間停止状態では，クランクケース内の冷凍機油に多量の冷媒が溶解することがある。従って長時間停止後の始動時には，粘度低下やオイルフォーミングにより潤滑不良を引き起こす危険性がある。

（選択肢）

（1）イ，ロ　（2）イ，ハ　（3）イ，ニ　（4）ロ，ハ　（5）ハ，ニ

解説

イ．一般に，フルオロカーボン冷媒はアンモニア冷媒よりも吐出し温度は低くなる（比熱比が小さいため）。従って，「アンモニア冷媒よりも圧縮機吐出し温度は高くなる」との記述は，誤りである。

ロ．一般に，合成油は鉱油よりも水分を吸収しやすい。従って，「鉱油は合成油に比べて水分を吸収しやすい」との記述は，誤りである。

ハ．「アンモニア系冷媒は毒性が　……」以下の記述は，全て正しい。

ニ．「多気筒圧縮機において，……」以下の記述は，全て正しい。クランクケース内において，冷媒が冷凍機油に多量に溶解する危険性については，注意を要する。

解答　（5）

問題4＜第2種＞

冷媒配管などに関して，次の記述イ．ロ．ハ．ニ．のうち正しいものの組合せはどれか。

イ．圧縮機から吐出された油は，確実に冷媒に同伴させる必要がある。圧縮機からの横走り管では，流速が3.5m/s 以上に配管径を決定する。

ロ．外径 Φ12.7の銅管を，ろう材を使ってろう付けにより接合する。接合は，銅管のフレア部に銅管を差し込んで接合面を重ね合わせ，その隙間にろう材を流し込む。この重ね合せの長さは 3 mm である。

ハ．圧縮機吸込み側の横走り管が長いときには，途中に U トラップを設けて液戻りを防止するのがよい。

ニ．デミスタ式油分離器は，圧縮機吐出しガス中の油滴をデミスタ内の線状のメッシュで捕える方式である。これにより，蒸発器での油による伝熱作用の阻害を防止する。

（選択肢）

（1）イ，ロ （2）イ，ハ （3）イ，ニ （4）ロ，ハ （5）ハ，ニ

解説

イ．「圧縮機から吐出された油は ……」以下の記述は全て正しい。

ロ．「外径 Φ12.7の銅管 ……を流し込む」までの記述は正しい。最小差込み量（重ね合わせ量）は，右表の数値が推奨されており，「重ね合せの長さは 3 mm である」との記述は，誤りである。

管外径（mm）	最小差込み深さ（mm）	隙間（mm）
5以上8未満	6	0.05～0.35
8以上12未満	7	
12以上16未満	8	0.05～0.45
16以上25未満	10	
25以上35未満	12	0.05～0.55
35以上45未満	14	

ハ．U トラップがあると，軽負荷運転時や停止中に油や冷媒液が溜まり，再始動時に圧縮機への液戻りが発生する。従って，本文章は誤りである。

ニ．「デミスタ式油分離器は，……」以下の記述は全て正しい。

解答 （3）

第 4 章
制御機器と付属機器

膨張弁

冷凍サイクルにおける膨張弁は，高圧の冷媒液を低圧部に絞り，膨張させる機能を持っている。さらに自動膨張弁では，この膨張させる開度を熱負荷の変動に応じて，冷媒量を自動的に調整する機能がある。

（1）温度自動膨張弁

蒸発器出口の過熱度が一定（通常 3 ～ 8 ℃）になるように，膨張弁開度を調節する膨張弁である。ここで過熱度は，下記式で表わされる。

過熱度＝過熱蒸気温度＋飽和温度

膨張弁を調整するために，蒸発器出口の温度と蒸発圧力を検知する。蒸発器出口温度の検知のために，蒸発器出口配管に感温筒を取り付けて，**取付け部の冷媒圧力（P_1）**を検知している。なお蒸発圧力の検知方法には，内部均圧形と外部均圧形とがある。

<内部均圧形膨張弁>

蒸発圧力の検知として，**蒸発器入口の圧力（P_2）**を直接検知する方法である。これにより，過熱度が一定（通常 3 ～ 8 ℃）になるように下記式により膨張弁開度を調整する。

弁の開度＝P_1－（P_2＋P_3）　　　　P_3：バネの圧力

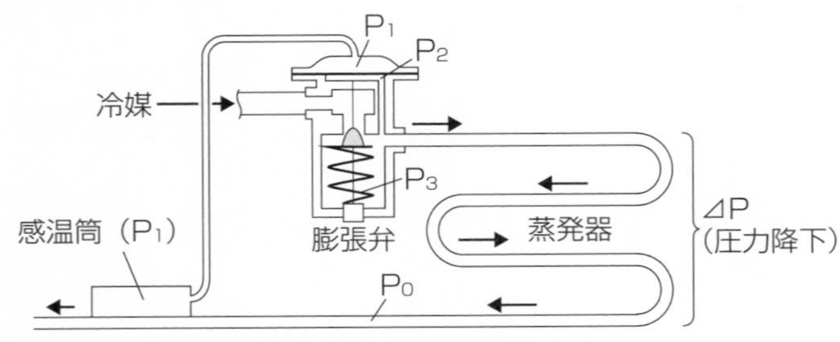

・蒸発器入口の圧力（P_2）を直接検知する。
・蒸発器での圧力降下が小さければ，適切な過熱度制御が可能

内部均圧形膨張弁

<外部均圧形膨張弁>

蒸発圧力の検知として，**蒸発器出口の圧力（P_2）**を外部均圧管を通じて検知する方法である。これにより，過熱度が一定（通常 3 ～ 8 ℃）になるように下記式により膨張弁開度を調整する。

弁の開度＝P_1－(P_2＋P_3)　　P_3：バネの圧力

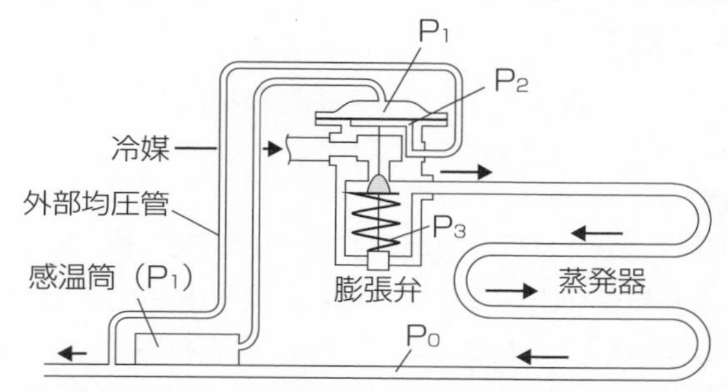

・蒸発器出口圧力（P_2）を外部均圧管を通じて検知する。
・蒸発器での圧力降下が大きい場合，必ず外部均圧形を採用する。

外部均圧形膨張弁

★温度自動膨張弁において，過大な容量を選定すると弁流量・蒸発温度・過熱度などのハンチング現象が生じる。逆に小さ過ぎると，冷媒循環量不足で，冷却不良・過熱度の増大などをもたらす。

（2）定圧自動膨張弁

蒸発圧力（蒸発温度）が一定になるように，膨張弁開度を調整する膨張弁である。蒸発圧力が設定値よりも高いと弁を閉じ，逆に低くなると弁を開く。

※蒸発器出口の過熱度は制御できないので，定圧自動膨張弁は負荷変動の少ない小形冷凍装置に用いる。

（3）電子膨張弁

電子膨張弁は，蒸発温度と蒸発器出口の温度を 2 つの温度センサで検知した電気的信号を調節器で演算処理し，あらかじめ設定した過熱度と比較して，膨張弁の開閉操作を行う。

※温度自動膨張弁に比べて，制御範囲は幅広い利点があり，構成材料を適切に選択すれば，冷媒の種類に関係なく使用できる。

調整弁

（1）圧力調整弁

圧力調整弁は，低圧側の蒸発圧力・圧縮機の吸込み圧力・高圧側の凝縮圧力などを適正な圧力範囲に保つ調整弁である。

①蒸発圧力調整弁

蒸発器出口配管に取り付けて蒸発圧力が一定圧力以下になるのを防止する。

※運転中に冷却負荷が小さくなった場合，蒸発圧力を一定に保ったまま蒸発圧力調整弁での圧力降下を大きくする。圧縮機吸込み圧力は低下する。

②吸入圧力調整弁

圧縮機の吸込み口付近に取り付けて，設定圧力以上になると弁を絞って過負荷になるのを避けるようになっている。

※大容量の吸込圧力調整弁の主弁は，蒸発圧力調整弁と共用であるが，パイロット弁は圧縮機吸込み管に接続する均圧用ポートを持つ。

③凝縮圧力調整弁

凝縮圧力が低くなり過ぎると，膨張弁前後の圧力差が小さくなり，膨張弁を流れる冷媒流量が不足することがある。そこで，凝縮圧力調整弁を用いて，凝縮圧力が設定値以下にならないように制御する。

※凝縮圧力の制御は，凝縮器への液の滞留による方法であり，その滞留分だけ多めの冷媒量が必要なため，受液器も必要となる。

（2）冷却水調整弁

冷却水調整弁は，水冷凝縮器の冷却水出口に取り付け，冷却水量を調整して凝縮圧力を適正範囲に保つ。凝縮圧力を検知する圧力式と凝縮温度を検知する温度式がある。

- **圧力式**　‥　圧力で作動するので弁の応答が速い
- **温度式**　‥　冷却水の伝熱作用のため応答の遅れが大きい

※冷却水調整弁は，制水弁または節水弁とも呼ばれる。水温の変化・凝縮負荷の変化・水あかの付着などに対して，冷却水量を調節する。

圧力スイッチ

圧力スイッチは,圧力変化を検出して電気回路の接点を開閉するものである。圧力スイッチにより，低圧圧力の異常低下や高圧圧力の異常上昇を防止する。

（1）低圧圧力スイッチ

低圧圧力スイッチは，圧縮機の吸込み配管に接続し，冷凍負荷の減少などにより蒸発圧力が低下したとき，吸込み圧力を検知して圧縮機の電源回路を遮断して圧縮機を停止させる。

※自動運転用には自動復帰形が，圧縮機の保護用としては手動復帰形を用いる。

（2）高圧圧力スイッチ

高圧圧力スイッチは，圧縮機の吐出し配管系統に取り付け，高圧圧力の異常高圧を検知して設定圧力に達すると接点が開となり，圧縮機の電源回路を遮断して圧縮機を停止させる。

※圧力制御スイッチとして使用する場合は自動復帰形を採用し，安全装置として使用する場合は手動復帰形を採用する必要がある。

（3）高低圧圧力スイッチ

高低圧圧力スイッチとは，低圧圧力スイッチと高圧圧力スイッチを１つにまとめたものである。吸込み圧力が一定圧以下に低下したときに低圧側の圧力スイッチを開にし，吐出し圧力が異常上昇したときに高圧側の圧力スイッチを開にして，圧縮機を停止させる。一般に，低圧側の圧力スイッチは自動復帰式になっている。

（4）油圧保護圧力スイッチ

油圧保護圧力スイッチは，潤滑油ポンプを内蔵または外部装着している大形圧縮機において，圧縮機の始動時に給油圧力が一定圧力に達しない場合に，圧力スイッチの接点を開にして圧縮機を停止させるものである。始動時の圧縮機の潤滑不良防止目的であるため，手動復帰式となっている。

第4節　電磁弁及び四方切換弁

電磁弁は，電磁コイル（ソレノイド）に通電してその電磁力で鉄心（プランジャ）を引き上げて弁が開き，配管内の冷媒が流れる。電磁コイルへの通電を止めるとプランジャの自重で弁が閉じ，冷媒の流れが停止する。

一方，四路切換弁は冷凍サイクルの流れを切換える（蒸発器と凝縮器の役割を逆にする）弁である。

（1）直動式電磁弁

右図のように，電磁コイルに通電するとその電磁力で，直接，鉄心（プランジャ）を引き上げて弁が開く。電磁コイルへの通電を止めるとプランジャの自重により弁が閉じる。

★電磁コイルの経済性から，口径の小さな電磁弁に限定される。

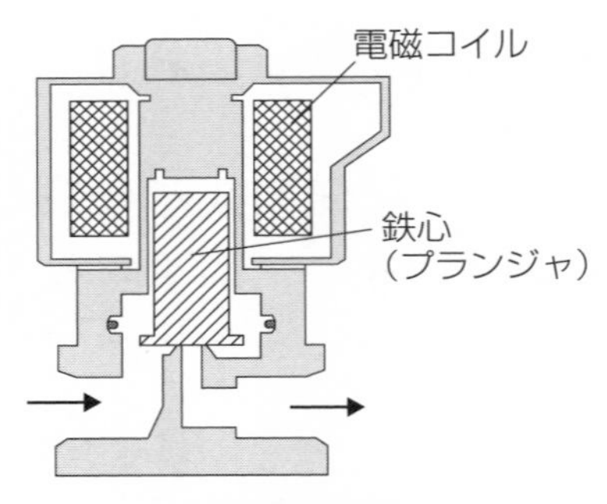

直動式電磁弁

（2）パイロット式電磁弁

鉄心（プランジャ）と弁が分離されている構造である。電磁コイルに通電すると電磁力が発生して，鉄心（プランジャ）は直動式と同様に作動するが，弁はその前後の圧力差によって開く。必要な圧力差は7～30KPaであり，それ以下では作動しない。

★大口径の電磁弁で採用される。

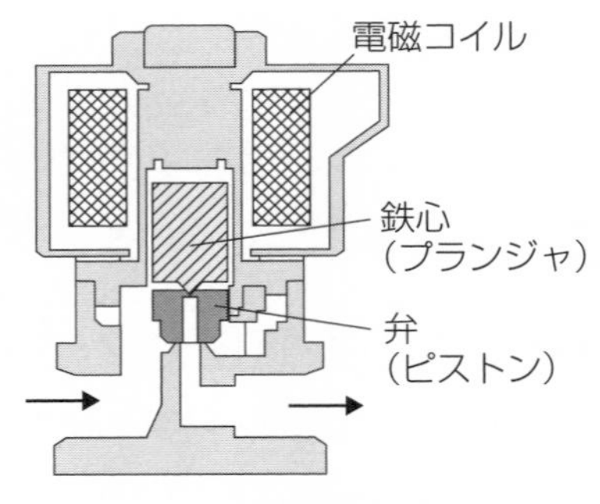

パイロット式電磁弁

（3）四方切換弁

四方切換弁は，冷暖房兼用ヒートポンプ装置などで，冷媒の流れを切り換えて蒸発器と凝縮器の役割を逆にするときに使用する冷媒制御弁である。四方切換弁はパイロット弁とスライドバルブ付きの本体とからなっている。冷房運転時のスライドバルブの位置を右上図に，暖房運転時のスライドバルブの位置を右下図に示す。

★この切換弁は，切換時に高圧側から低圧側へ冷媒の漏れが短時間に起こるので，充分な圧力差が無いとスムーズな切り換えができない。

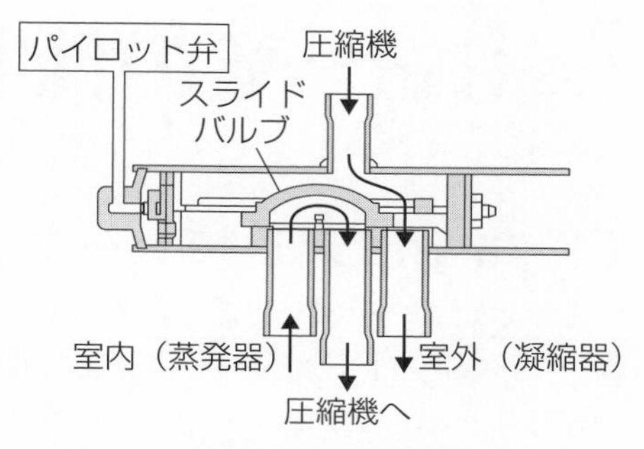

冷房時の冷媒流れ

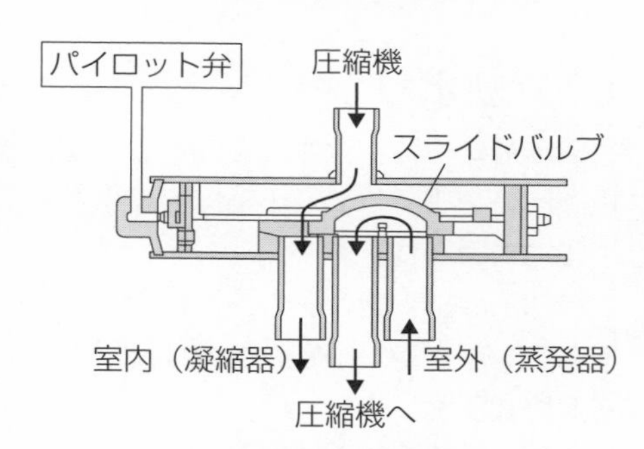

暖房時の冷媒流れ

その他制御機器

(1) キャピラリーチューブ

キャピラリーチューブとは，内径φ0.6～2.0の細い銅管で膨張弁と同様に，高圧の冷媒液を低圧部に絞り膨張させるものである。しかしながら，膨張弁とは違って一定絞りであるので，小形冷蔵庫や小形エアコンなどの小容量の冷凍装置で使用される。

(2) 断水リレー

断水リレーは，水冷凝縮器などで冷却水が不足して水圧が低下したときに，電源回路を遮断して，圧縮機を停止させたり警報を発するものである。

①圧力式断水リレー

冷却水の出入口の圧力差を検知して，一定圧力以下で作動する圧力スイッチである。圧力差が小さい場合は使用できない。

②流量式断水リレー

冷却水の流れによる圧力を検知して作動する圧力スイッチである。

フロースイッチとも呼ばれ，精度が高く圧力差が小さい場合に使用される。

(3) フロート弁

フロート弁は，液面を検知するフロート部と流量などを制御する制御部とから成り立っている。弁の開度を調節して流量をコントロールする。

①低圧フロート弁

満液式蒸発器や冷媒液強制循環式蒸発器などで，液面レベルの制御に使用される。液面レベルの上昇で弁が閉じ，下降で弁が開く。

②高圧フロート弁

ターボ圧縮機の高圧受液器や凝縮器の液面レベルの制御に使用される。液面レベルの上昇で弁が開き，下降で弁が閉じる。

★フロート弁は，液面レベルの変動に応じて送液するので，フロートスイッチよりも液面レベルの変動を小さくできる。

(4) フロートスイッチ

フロートスイッチは，液面高さの上昇・下降に対応したフロート（浮き）の動きを電気信号に変換して，電磁弁などを開閉して冷媒流量を制御するものである。

フロートスイッチはリレーや電磁弁・膨張弁などとともに使用されるが，フロートスイッチに振動が伝わらないように注意が必要である。

(5) サーモスタット

サーモスタットは，温度の変化を検知して電気信号に変換し，各部の作動をオン・オフする制御装置である。

<蒸気圧式サーモスタット>

温度により蒸気圧が変化する媒体を感温筒に封入し，その圧力をキャピラリーチューブを通じてベローズに伝え，ベローズの伸縮により電気接点を開閉する。

蒸気圧変化 → ベローズの伸縮 → 接点が開閉

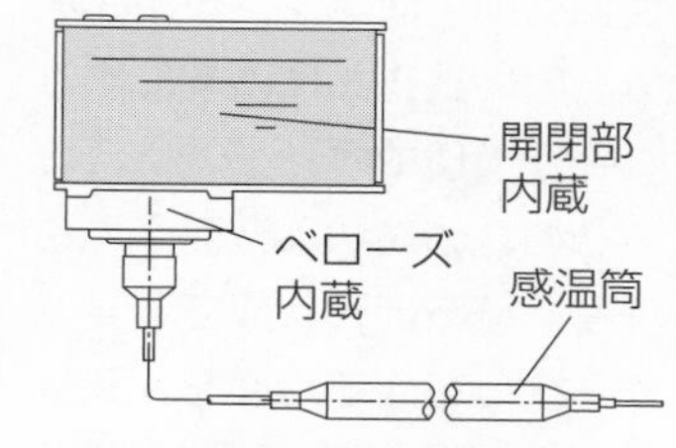

蒸気圧式サーモスタット

<バイメタル式サーモスタット>

熱膨張係数の異なる二種の金属（黄銅とニッケル合金など）が先端で接着しているものである。環境温度が変化すると，熱膨張の違いにより機械的にわん曲する。このわん曲を利用して電気接点の開閉を行う。

二種金属の熱膨張の違い → 貼合部がわん曲 → 接点が開閉

<電子式サーモスタット>

金属線または半導体の温度が変化すると，その電気抵抗が変化する性質を利用したものである。この抵抗変化を電圧変化に変換して，それを更に増幅してリレースイッチの開閉などに利用する。

電気抵抗が変化 → 電圧が変化 → 接点が開閉

一般には，白金線やサーミスタなどのセンサを用いているので，応答が速く，感度（精度）が高く，作動温度範囲も広い。

第6節 付属機器

（1）受液器（レシーバ）

冷凍装置に用いられる受液器は冷媒液を溜める所であり，大別して低圧受液器と高圧受液器とがある。

<低圧受液器>

低圧受液器は，冷媒液強制循環式冷凍装置の蒸発器冷却管に低圧の冷媒液を送り込むための液溜めである。低圧受液器では，液ポンプが冷媒蒸気を吸い込まないようにすることが大切です。

そのため適切な液面高さを保ち，気液混合状態で蒸発器から戻ってくる冷媒を，蒸気と液に分離する「気液分離器」としての役割も持っている。

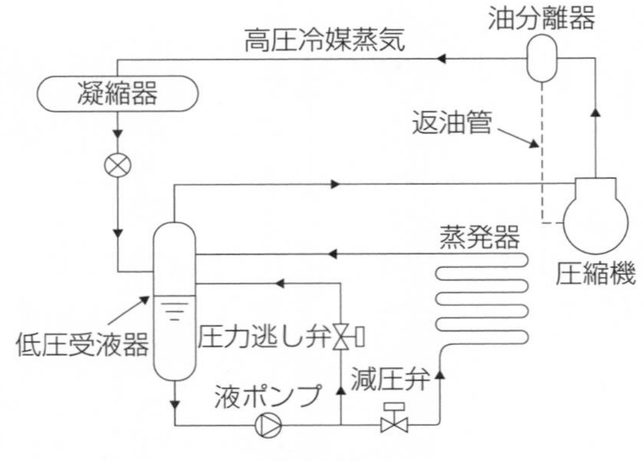

低圧受液器

★蒸発器から低圧受液器に戻ってくる冷媒は，気液混合状態である。圧縮機へ液戻りしないように，低圧受液器は気液分離器としての役割も持っている。

<高圧受液器>

高圧受液器は，凝縮器で凝縮した冷媒液を溜める容器である。運転状態の変化に対応して，凝縮器や蒸発器に存在する冷媒量も変化する。

その変化する冷媒量を高圧受液器で吸収して，装置の円滑な運転を助ける。

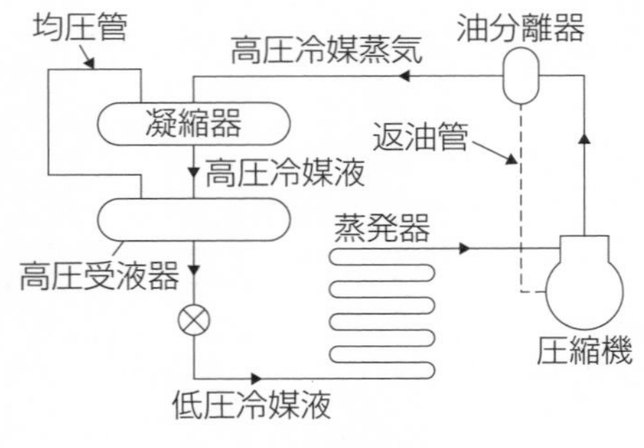

高圧受液器

<高圧受液器の容量決定方法>

①修理時，高圧受液器の容量は，冷媒充てん量の全量又は大部分の量を受液器容量の80％以内で回収できる容量とする。

②負荷変動が大きい場合の必要冷媒量の変化を吸収できること。

③ヒートポンプ装置の冷房と暖房の必要冷媒量の差を吸収できること。

（2）油分離器（オイルセパレータ）

油分離器は，圧縮機吐出しガスに含まれる冷凍機油を冷媒から分離する容器である。分離した冷凍機油は，圧縮機のクランクケースに戻される。

<油分離器が必要な場合>

①圧縮機からの吐出される冷凍機油が圧縮機に戻されないと，圧縮機内の冷凍機油が不足して潤滑不良となる。

②非相溶性の冷凍機油を使用する冷凍装置（アンモニア冷凍装置）では，冷凍機油により凝縮器や蒸発器の伝熱作用を阻害する。

③フルオロカーボン冷凍装置では，冷媒に混入した冷凍機油を蒸発器から圧縮機に戻すことが困難な満液式蒸発器では，油分離器が必要である。

④冷媒配管の全長が長い場合や，蒸発器の台数が多い場合などでは，圧縮機への冷凍機油の戻りに時間がかかり，圧縮機内に油面が低下する。

<形状と構造>

①バッフル式

たて形円筒内に，複数の多孔板（バッフル板）を斜めに設け，吐出しガスを旋回運動させて油滴を遠心力で分離する方法である。

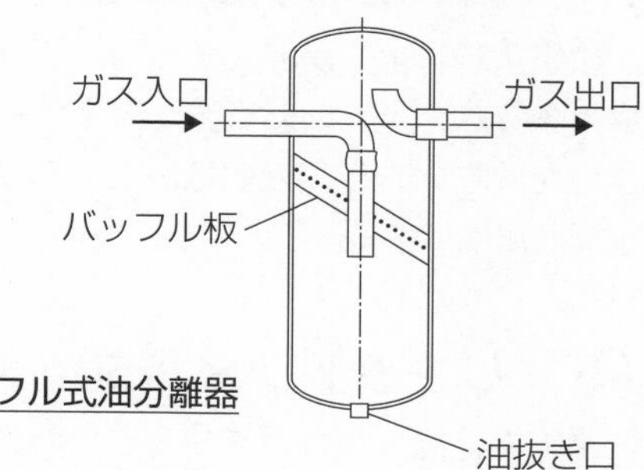

バッフル式油分離器

②遠心分離式

たて形円筒内の旋回板により吐出しガスを旋回させ，遠心力により油滴を分離するものである。

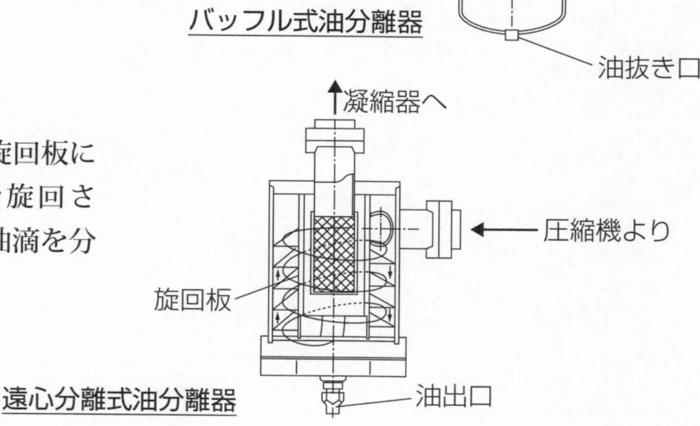

遠心分離式油分離器

③金網式

容器内に金網を円筒状に配置し，吐出しガスが金網内を通る間に油滴を分離する方法である。

④デミスタ式

容器内にデミスタ（繊維状の細かい金属線）を配置し，吐出しガスがデミスタを通る間に油滴を分離する方法である。

（3）液分離器（アキュームレータ）

液分離器は，蒸発器と圧縮機の間の吸込み蒸気配管に取り付けられる。液分離器の役割は，圧縮機に冷媒蒸気だけを送り込むために，吸込み蒸気中の冷媒液を分離することである。これにより，圧縮機での液圧縮が防止される。（分離された液（及び油）は，小さな穴より少量ずつ吸い込まれる）

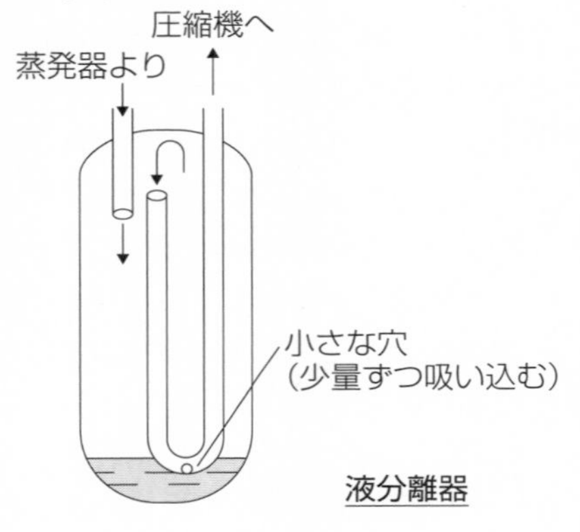

液分離器

（4）乾燥器（ドライヤ）

冷媒系統に水分が混入すると，膨張弁で氷結して通路を閉塞したり，金属を腐食するなど多くの悪影響が発生する。そこで，冷媒液配管に乾燥器を設けて水分を取り除く。乾燥器は，シリカゲルやゼオライトなどの乾燥剤を使って，水分を吸着する。

（5）リキッドフィルタ

冷媒中に混入したゴミや金属粉の異物は，膨張弁の詰まりや圧縮機軸受の損傷など，様々な不具合の原因となる。したがって，これらの異物を取り除くためにリキッドフィルタを凝縮器と膨張弁の間に設置する。

(6) 液ガス熱交換器

凝縮器を出た冷媒液を過冷却し，圧縮機に戻る冷媒蒸気を適度に過熱させるために液ガス熱交換器を設置することがある。ここでは，凝縮器の比較的温度の高い冷媒液と圧縮機入口の低温の冷媒蒸気との間で熱交換する。

液ガス熱交換器の設置目的は，冷媒液を過冷却して液管内のフラッシュガスの発生を防止するとともに，圧縮機の吸込み蒸気を加熱して適度な過熱度を持たせることにある。(液戻りに対しても一定程度の効果がある)

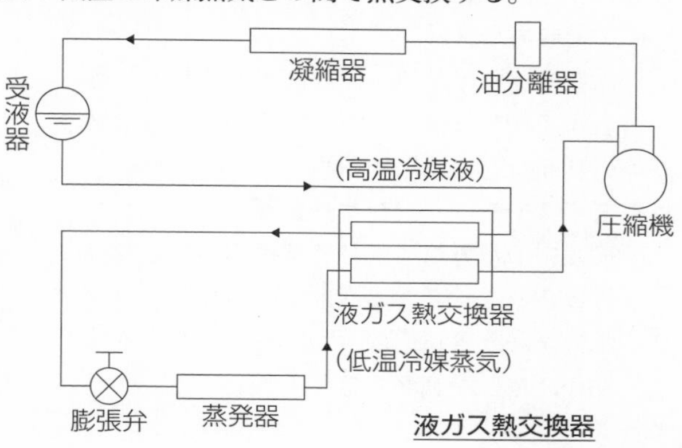

液ガス熱交換器

(7) 不凝縮ガス分離器（ガスパージャ）

不凝縮ガスが存在すると，凝縮器での熱伝達が不良となり高圧圧力が上昇する。この不凝縮ガスが存在するかどうかを確認するために，次の方法がある。

①圧縮機を停止して，凝縮器の冷媒出入口弁を閉じ，凝縮器冷却水はそのまま20～30分間通水する。

②その後，高圧圧力計の指示が冷却水温における冷媒の飽和圧力よりも高ければ，不凝縮ガス（主に空気）が存在していることになる。

不凝縮ガスの存在が判明した場合，次の処置を講ずる。

＜大形装置の場合＞

不凝縮ガス分離器（ガスパージャ）を用いて放出する。わずかに冷媒も同時に放出される。

＜その他の装置の場合＞

不凝縮ガス分離器が無い場合は，上述の確認方法の状態において，凝縮器上部の空気抜き弁を少し開いてゆっくり空気を抜いて，正常な圧力まで下げる。(弁を勢いよく開いてガスを噴出させてはならない)

（8）サイトグラス

サイトグラスは，通常，冷媒液配管のドヤイヤの下流側に取り付けられる。サイトグラスは，のぞきガラス部とその内側のモイスチャーインジケータ部とから成り立っている。

<のぞきガラス部>

冷媒の流れの状態（冷媒液・ガスなど）を目視で観察する。（冷媒充てん時の適正量の判断などに活用する）

<モイスチャーインジケータ部>

冷媒中の水分量に応じて変色する板が取り付けられている。変色板の指示色により，水分量が許容量内か否か，ドライヤ交換時期か，などが判断できる。

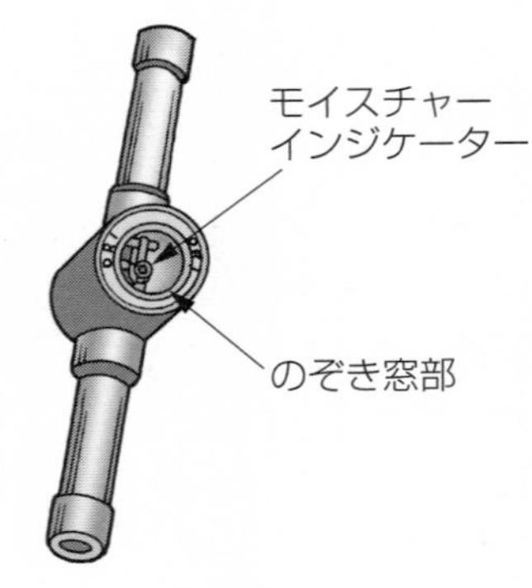

サイトグラス

（9）油回収器

フルオロカーボン冷凍装置において，満液式蒸発器や低圧受液器では，運転継続により冷媒液に溶解した油濃度が次第に高くなり，冷凍能力が低下する。

それを避けるために油回収器を設置する。油回収器では，冷媒液と油を一緒に蒸発器外部へ抜き出し，冷媒液と油を加熱・分離する機能を持ったものである。

演習問題〈制御機器と付属機器〉

問題1＜第1種＞

自動膨張弁や調整弁に関して，次の記述イ．ロ．ハ．ニ．のうち，正しいものの組合せはどれか。

イ．温度自動膨張弁本体は蒸発器入口付近に，また感温筒は蒸発器出口付近に取り付けると良い。感温筒は周囲の温度の影響を受けないように防熱材で包み，垂直吸込み管に取り付けるときは，感温筒のキャピラリー部が上側になるようにする。

ロ．内部均圧形の温度自動膨張弁では，膨張弁出口の圧力を直接検知する。従って，蒸発器での圧力降下が大きい場合は，膨張弁の開度が大きくなり蒸発器出口の過熱度が小さくなる。

ハ．蒸発圧力調整弁は，蒸発圧力が一定値以下にならないように制御する。この弁を用いて，水またはブライン冷却器の凍結を防止したり，被冷却物の温度を一定に保持したりすることができる。

ニ．凝縮圧力調整弁は，凝縮圧力が設定値以下にならないように制御する。凝縮器出口側に取り付けて，圧力が設定値以下になると弁が閉じて，凝縮器に液を滞留させて圧力を制御する。受液器を必要としない。

（選択肢）

（1）イ，ロ　（2）イ，ハ　（3）イ，ニ　（4）ロ，ハ　（5）ハ，ホ

解説

イ．「温度自動膨張弁本体は　………」以下の記述は全て正しい。

ロ．圧力降下が大きいと，膨張弁開度が小さくなり過熱度が大きくなる。従って，「膨張弁の開度が……過熱度が小さくなる」の記述は誤りである。

ハ．「蒸発圧力調整弁は，………」以下の記述は全て正しい。

ニ．「凝縮圧力調整弁は，……制御する」までの記述は正しい。しかし，液の滞留分を吸収する受液器が必要となるので「受液器を必要としない」は誤りである。

解答　（2）

問題２<第１種>

冷凍装置の制御機器に関して，次の記述イ．ロ．ハ．ニ．のうち，正しいものの組合せはどれか。

イ．低圧圧力スイッチは，冷凍装置の圧縮機吸込み配管に取り付け，蒸発圧力が低下したとき，その圧力を検知して圧縮機を停止させる。自動復帰形の低圧圧力スイッチの場合は，スイッチ「入り」「切り」の差を小さくするほど圧縮機の運転間隔が長くなり，圧力の変動幅を小さくできる。

ロ．高圧圧力スイッチは，圧力制御や安全装置として使用される。圧力制御として使用する時は，凝縮器用送風機の台数制御などに使われ，自動復帰形を使う。また安全装置として使用する時は，運転再開時は停止した原因を修復する必要があり，原則として手動復帰形を使う。

ハ．バイメタル式サーモスタットは，熱伝導率の異なる２種類の金属の先端で接着したものである。温度変化時に生じるわん曲を利用して電気接点の開閉を行う。

ニ．四方切換弁は，冷媒の流れを切り換えて２つの熱交換器の役割を逆にするものである。切換時には高圧から低圧への冷媒漏れが短時間に起こるので，高低圧力差が十分にないと完全な切換ができない。

（選択肢）

（１）イ，ロ　（２）イ，ハ　（３）イ，ニ　（４）ロ，ハ　（５）ロ，ニ

解説

イ．スイッチ「入り」「切り」の差を小さくするほど圧縮機の運転間隔は短くなるので，「小さくするほど圧縮機の運転間隔が長くなり」との記述は誤りである。

ロ．「高圧圧力スイッチは，……」以下の記述は全て正しい。

ハ．バイメタル式サーモスタットは，熱膨張係数の異なる２種類の金属の先端で接着したものであり，「熱伝導率の異なる」との記述は誤りである。

ニ．「四方切換弁は，冷媒の　……」以下の記述は全て正しい。

解答　（５）

問題 3 ＜第 1 種＞

冷凍装置の付属機器に関して，次の記述イ．ロ．ハ．ニ．のうち正しいものの組合せはどれか。

イ．満液式蒸発器を使用する大形冷凍装置では，液ポンプで冷媒を強制循環して蒸発器へ送る。また，蒸発器内で充分な気液分離スペースが無いときは，液集中器を設けて飽和蒸気を圧縮機へ導く。

ロ．高圧受液器は，蒸発器と凝縮器の冷媒量変化を吸収するために必要である。また修理時には，冷媒充てん量の全量または大部分の量を，受液器容量の60％以内とする。

ハ．満液式蒸発器では，油が冷媒液に溶解して運転継続により油濃度が高くなり，冷凍能力が低下する。そこで，冷媒液と油を一緒に蒸発器外部へ抜き出し，冷媒液と油を加熱・分離する機能を持った油回収器を用いる。

ニ．フルオロカーボン冷凍装置における液ガス熱交換器では，凝縮器からの高温冷媒液と蒸発器からの低温冷媒蒸気との熱交換により，凝縮器からの冷媒液を過冷却して，フラッシュガスの発生を防止する。また，圧縮機吸込み蒸気の加熱により，液戻りを防止する。

（選択肢）

（1）イ，ロ　（2）イ，ハ　（3）イ，ニ　（4）ロ，ハ　（5）ハ，ニ

解説

イ．満液式蒸発器では液ポンプで冷媒を蒸発器へ送ることはない。従って，「液ポンプで冷媒を強制循環する」との記述は誤りである。

ロ．高圧受液器は，修理時には冷媒充てん量の全量または大部分の量を受液器容量の80％以内とすべきであり，「受液器容量の60％以内とする」の記述は誤りである。

ハ．「満液式蒸発器では，油が　……」以下の記述は全て正しい。

ニ．「フルオロカーボン冷凍装置　……」以下の記述は全て正しい。

解答　（5）

問題 4 ＜第 2 種＞

冷凍装置の制御機器に関して，次の記述イ．ロ．ハ．ニ．のうち正しいものの組合せはどれか。

イ．直動式の電磁弁では，弁前後の圧力差がゼロでは作動しません。弁が作動するためには，30kPa 以上の差圧が必要である。

ロ．断水リレーは，水冷凝縮器などで冷却水が不足して水圧が低下したときに，圧縮機を停止したり警報を発したりするものである。

ハ．油圧保護圧力スイッチは，圧縮機の給油ポンプ圧力とクランクケース内圧力との差を検出して，差圧が一定時間，設定値以下であるとき，圧縮機を停止させる。

ニ．満液式蒸発器においては，フロート弁自体で液面を制御するよりも，フロートスイッチを使って電磁弁を開閉した方が，液面レベルの変動を小さくできる。

（選択肢）

（1）イ，ロ　（2）イ，ハ　（3）イ，ニ　（4）ロ，ハ　（5）ハ，ニ

解説

イ．直動式の電磁弁は，弁前後の差圧がゼロでも弁の開閉ができる。電磁力により弁を開き，通電を止めるプランジャの自重で弁が閉じる。従って，「弁が作動するためには，30kPa 以上の差圧が必要である」との記述は誤りである。

ロ．「断水リレーは，水冷　……」以下の記述は全て正しい。

ハ．「油圧保護圧力スイッチは，……」以下の記述は全て正しい。

ニ．満液式蒸発器では，フロート弁自体で冷媒の液面レベルを制御する方が，液面レベルの変動を小さくできる。従って，「フロートスイッチを使って電磁弁を開閉した方が，液面レベルの変動を小さくできる」との記述は誤りである。

解答　（4）

問題5＜第2種＞

冷凍装置の附属機器に関して，次の記述イ．ロ．ハ．ニ．のうち正しいものの組合せはどれか。

イ．フルオロカーボン冷凍装置の液分離器は，負荷変動時の吸込み蒸気に含まれる冷媒液を分離して，液分離器底部の冷媒液と冷凍機油を少量ずつ圧縮機に戻していく。

ロ．アンモニア冷凍装置の冷媒系統に水分が存在すると，各部分にいろいろな悪影響を及ぼす。従って，フィルタドライヤを設置してそこにアンモニア液を通して，アンモニア液中の水分を吸着する。

ハ．液ポンプで冷媒を強制循環する冷媒液強制循環式蒸発器では，低圧受液器から蒸発器で蒸発する冷媒量の3～5倍の液量を，液ポンプで強制的に蒸発器へ送る。

ニ．液ガス熱交換器では，液管内のフラッシュガス発生の防止には役立つが，負荷変動時の液戻り防止には役立たない。

（選択肢）

（1）イ，ロ　（2）イ，ハ　（3）イ，ニ　（4）ロ，ハ　（5）ハ，ニ

解説

イ．「フルオロカーボン冷凍装置の　……」以下の記述は全て正しい。

ロ．フィルタドライヤは，フルオロカーボン冷凍装置に設置して水分を吸着除去するものである。アンモニア冷凍装置においては，水分はアンモニアと結合しているため，フィルタドライヤによる除去は難しい。従って，「フィルタドライヤを設置してそこにアンモニア液を通して，アンモニア液中の水分を吸着する」との記述は誤りである。

ハ．「液ポンプで冷媒を強制循環　……」以下の記述は全て正しい。

ニ．液ガス熱交換器は，液管内のフラッシュガス発生防止にも，液戻り防止にも役立つ。従って，「負荷変動時の液戻り防止には役立たない」との記述は誤りである。

解答　（2）

第 5 章
安全装置と圧力試験

第1節 安全装置

冷凍装置では，高圧ガスを使用しているために，火災発生や装置の異常運転などで装置内の圧力が異常に高くなった場合に，その圧力をすみやかに許容値以下に戻すことができる安全装置を取り付ける必要がある。

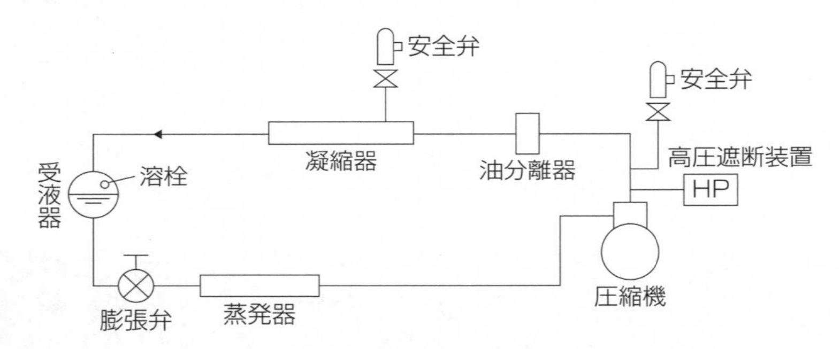

安全装置の配置

（1）高圧遮断装置

高圧遮断装置としては，高圧遮断圧力スイッチが使用されることが多く，異常な高圧圧力を検知したときに圧縮機を停止させて，異常な圧力上昇を防止する。安全弁の作動圧力よりも低い作動圧力に設定し，安全弁が作動する前に圧縮機を停止する。これにより，外部への冷媒放出を避ける。

高圧遮断装置の選定基準は，次の通りである。

①作動圧力

作動圧力は，安全弁の吹始め圧力の最低値以下で，かつ高圧部の許容圧力以下に設定する。

②手動復帰式

原則として手動復帰式を採用する。

※ただし，10冷凍トン未満のふっ素系冷媒の装置で，自動復帰でも危険の恐れが無い場合は，自動復帰式でも良い。

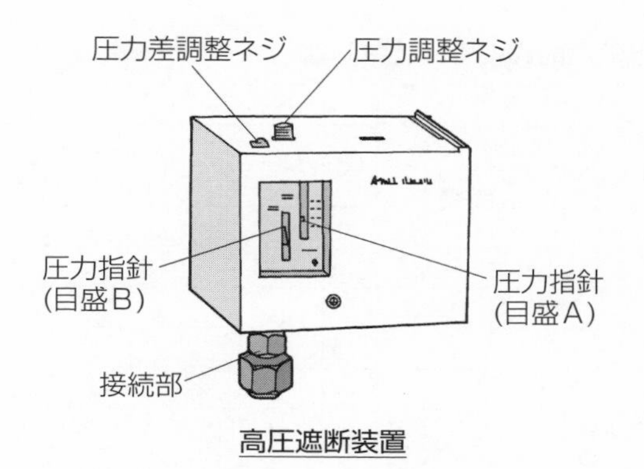

高圧遮断装置

（2）安全弁

冷凍装置内の圧力が設定値以上に上昇したとき（万一，高圧遮断装置が作動しなかった場合など）に，安全弁が作動して装置内の冷媒ガスを外部に放出して圧力上昇を避ける。

<圧縮機に取り付ける安全弁>

冷凍能力が20トン以上の圧縮機には，安全弁を取り付けることが義務付けられている。安全弁の口径は，圧縮機のピストン押しのけ量に応じて定められている。（冷凍能力が20トン未満の場合は，安全弁取付は免除される）

最小口径　$d_1 = C_1\sqrt{(V)}$

d_1：圧縮機用安全弁の最小口径（mm）

C_1：冷媒の種類による定数（※蒸発温度－30℃以下時は別式）

V：ピストン押しのけ量（m^3/h）

<容器に取り付ける安全弁（または破裂板）>

内容積500ℓ以上の圧力容器（凝縮器や受液器など）については，安全弁（または破裂板）の取り付けが義務付けされている。その安全弁（または破裂板）の口径は，次のように定められている。（内容積500ℓ未満の場合は，溶栓でもよい）

最小口径　$d_3 = C_3\sqrt{(DL)}$

d_3：圧力容器用安全弁の最小口径（mm）

C_3：冷媒の種類による定数

D：圧力容器の外径（m）

L：圧力容器の長さ（m）

[安全弁口径算出のための C_1値及び C_3価]

冷媒の種類	C_1						C_3							備考
	高圧部						低圧部	高圧部						
	43℃	50℃	55℃	60℃	65℃	70℃		43℃	50℃	55℃	60℃	65℃	70℃	
R22	1.6						11	8						冷凍保安規則関係例示基準 8.6項及び8.8項による。
R114	1.4						19	19						
R500	1.5						11	9						
R502	1.9						11	8						
アンモニア	0.9						11	8						
R32	1.68	1.55	1.46	1.38	1.31	1.24	5.72	5.51	5.30	5.20	5.15	5.20	5.41	関係団体による冷媒定数の標準値。
R134a	1.80	1.63	1.52	1.43	1.35	1.27	9.43	8.94	8.30	7.91	7.60	7.35	7.13	
R404A	1.98	1.82	1.72	1.62	1.54	―	8.02	7.78	7.54	7.49	7.58	7.97	―	
R407C	1.65	1.52	1.43	1.35	1.28	1.21	7.28	6.97	6.64	6.45	6.32	6.25	6.27	
R410A	1.85	1.70	1.60	1.51	1.43	―	6.46	6.27	6.10	6.05	6.13	6.45	―	
R507A	2.01	1.85	1.75	1.65	1.56	―	8.03	7.81	7.59	7.56	7.70	8.26	―	

※なお複数の安全弁を使用する場合は，それぞれの口径部の断面積合計が1つの安全弁の断面積と見なして，必要な口径を求める。

<安全弁の作動圧力>

冷凍保安規則関係例示基準によると，安全弁の作動圧力とは，吹始め圧力と吹出し圧力のことである。安全弁の構造を右に示す。

1．吹始め圧力

内部のガス圧力が上昇して，設定された吹始め圧力以上になると微量のガスが吹き出し始める。

2．吹出し圧力

さらに圧力が上昇して，設定された吹出し圧力以上になると，激しくガスが吹き出して所定量のガスが噴出する。

安全弁

冷凍保安規則の圧力基準は，次のようになっている。

圧縮機に取り付ける安全弁の吹出し圧力…下記圧力の低い方を選択

- 吹出し圧力≦容器の許容圧力×1.2
- 吹出し圧力≦吹始め圧力×1.15

容器（高圧部）に取り付ける安全弁の吹出し圧力

・吹出し圧力≦容器の許容圧力×1.15

容器（低圧部）に取り付ける安全弁の吹出し圧力

・吹出し圧力≦容器の許容圧力×1.1

＜保安上の措置＞

安全弁の各通路面積は，安全弁の口径面積以上でなければならない。また安全弁は，作動圧力を設定後に封印できる構造でなければならない。さらに作動圧力試験後に，そのときに確認した吹始め圧力を，容易に消えない方法で本体に表示することが求められている。

※冷凍設備では，できるだけ冷媒の漏れや放出を避けるため，1年に1回以上の安全弁作動試験を行うことが望ましい。

（3）溶栓

内容積500ℓ未満の容器に取り付けられる溶栓は，右図のようにプラグの中空部に，低い温度で溶融する金属が詰められている。

容器の中の冷媒が加熱されると圧力が上昇するが，圧力が異常高圧になる前に温度によって溶栓が溶けて，内部の冷媒を放出することにより安全が保たれる。

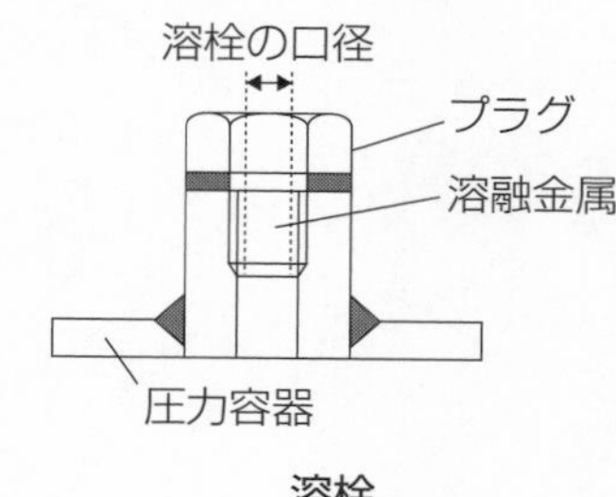

溶栓

＜溶栓の選定基準＞

溶栓の選定基準は次の通りである。

①溶栓の溶融温度は原則として75℃以下である。

※75℃における飽和圧力は，一般的な耐圧試験圧力よりも低い。

②可燃性または毒性ガスを冷媒とした冷凍装置に使用してはならない。

③溶栓の口径は，前述の「容器で取り付ける安全弁口径」で求められる値の1/2以上であること。

※溶栓は，圧縮機吐出し温度の影響を受ける箇所や，冷却水で冷却される箇所に取り付けてはならない。

（4）破裂板

破裂板は，圧力によって金属の薄板が破れ，溶栓と同様に内部の冷媒ガスが大気圧に下がるまで，噴出し続けて安全が保たれる。

<破裂板の選定基準>

破裂板の選定基準は，次の通りである。

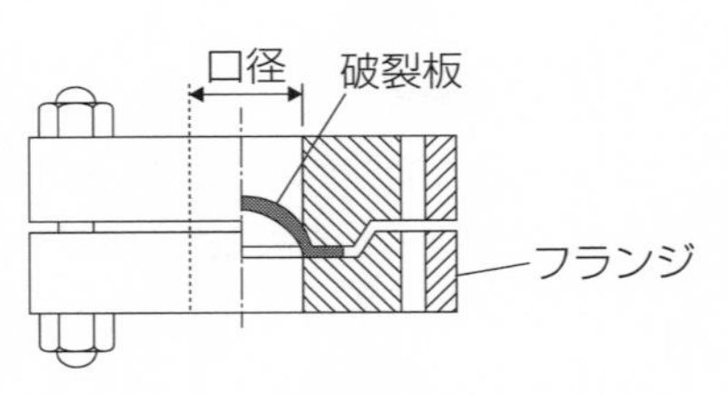

破裂板

①破裂板は，可燃性ガスまたは毒性ガスを冷媒とした冷凍装置に使用してはならない。

②破裂板の分裂圧力は，耐圧試験圧力以下（耐圧試験圧力の0.8～1.0倍）に設定する。

安全弁を取り付けている場合は，さらに下記を満足させる。

③破裂圧力は，安全弁の作動圧力以上であること。

④破裂板の必要口径は，安全弁と同一口径以上であること。

圧力試験

圧力試験とは，冷凍装置の圧縮機・圧力容器・それらを連絡する配管に対して，耐圧強度および気密性能を確認するものである。圧力試験は全てゲージ圧力であり，ゲージ圧力で表示しなければならない。

（1）耐圧試験

耐圧試験は，冷媒設備の配管以外の部分(圧縮機・冷媒液ポンプ・容器など)の耐圧強度確認試験である。

＜試験の対象＞

①冷媒設備の配管以外の部分（圧縮機・冷媒液ポンプ・容器など）

②圧力容器の場合は，内径が160mm を超える物

（自動制御機器や軸封装置は，構成部品の機能を失う恐れがあるため除外してもよい）

＜試験機器および使用流体＞

①耐圧試験は，構成機器またはその部品毎に行う全数試験である。

②圧力計の文字板の大きさ

- 液体で行う場合は75mm 以上のこと
- 気体で行う場合は100mm 以上のこと

③圧力計の最高目盛は，耐圧試験圧力の1.25倍以上，２倍以下とする。

④圧力計は２個以上使用すること。

⑤耐圧試験は一般に液圧で行う（水や油などの揮発性の無い液体)。
液体で行うことが困難な場合，気体を用いることも認められている。

＜試験圧力＞

①液体で行う場合

設計圧力または許容圧力の低い方の圧力の1.5倍以上の圧力

②気体で行う場合

設計圧力または許容圧力の低い方の圧力の1.25倍以上の圧力

<実施要領>

①液体で行う場合

被試験品に液体を満たし空気を完全に排出した後，液圧を徐々に加えて耐圧試験圧力まで上げる。その最高圧力で1分間保持した後，耐圧試験圧力の8/10まで降下させる。この状態で，被試験品の各部（特に溶接継手やその他継手）に異常が無いことを確かめる。

②気体で行う場合

作業の安全を確保するために被破壊試験を実施した上で，試験設備の周囲に適切な防護措置を設け加圧中であることを表示する。過昇圧の恐れの無いことを確認した後，耐圧試験圧力の1/2まで上げ，更に段階的に圧力を上げて耐圧試験圧力とする。その後は，設計圧力または許容圧力のいずれか低い方の圧力まで下げる。この状態で，被試験品の各部（特に溶接継手やその他継手）に異常が無いことを確かめる。

<合否の判定基準>

「被試験品の各部に，漏れや異常な変形・破壊などが無いこと」を合格基準とする。

※耐圧試験は，構成機器や部品ごとに行う全数試験であるが，部品ごとに試験したものを組立てた機器については試験を行わなくてよい。

【補足】強度試験

冷媒設備の配管以外（圧縮機や容器など）の部分の強さを確認するのに，耐圧試験の代わりに適用する強度試験（量産品に適用）がある。

強度試験は，所定の抜取りによる強度試験が認められており，個別に行う耐圧試験は省略できる。強度試験の実施にあたっては，試験サンプルは規定台数から採取し，試験圧力は設計圧力の3倍以上（液体で行う耐圧試験圧力の2倍以上）で行う必要がある。

（2）気密試験

気密試験は，冷媒設備の構成機器または冷媒設備全体について，気密性能を確かめるために行う試験である。

<試験の対象>

①耐圧強度の確認された配管以外の部分(圧縮機・冷媒液ポンプ・容器など)の組立品

②冷媒配管（施工工事）が完了した冷媒設備の全系統

<試験機器および使用流体>

①圧力計の文字板の大きさは75mm以上のこと。

②圧力計の最高目盛は，気密試験圧力の1.25倍以上2倍以下とする。気密試験は一般にガス圧で行う（漏れの確認がし易い)。

③気密試験に使用するガスは，空気・窒素・フルオロカーボン（不燃性のもの）又は二酸化炭素とする。

- ・酸素（支援性ガス）や毒性ガス・可燃性ガスを使用してはならない
- ・アンモニア冷凍装置では二酸化炭素を使用しない。
- ・フルオロカーボン冷凍装置では,水分を避けるために空気は使用しない。（窒素ガス又は二酸化炭素を使用する）

④圧縮空気を使用するときは，空気温度が140℃を超えないこと。

<試験圧力>

許容圧力または設計圧力のいずれか低い方の圧力以上

<実施要領>

①配管以外の部分の試験

試験品内のガス圧力を試験圧力に保って，水槽の中に入れて気泡の発生が無いことを確認する。または，試験品の外面に発泡液を塗布して泡の発生が無いことを確認する。

②配管も含む全系統の試験

低圧側試験圧力で全系統について試験する。漏れが無いことを確認した後に，高圧側について，高圧側試験圧力で試験を実施する。

※1．圧縮機は，すでに構成部品としての気密試験は実施済みなので，止め弁で遮断して気密試験の省略は可能である。

　2．凝縮器のエアパージ弁や冷媒充てん弁なども閉じておく。

　3．その他，試験圧力をかけることが望ましくない機器は，取り外すか適切な方法で保護をする。

<合否の判定基準>

各機器から漏れが無いこと

（3）真空試験（真空放置試験）

真空試験は，法令で規定されているものではない。しかし，フルオロカーボン冷凍装置では，微量な漏れ・微量な水分混入・微量な空気混入なども，装置全体に悪影響を及ぼすために，真空試験は重要である。

＜試験の対象＞

冷媒配管（施工工事）が完了した冷媒設備の全系統

＜試験圧力＞

目安として，－93kPa（ゲージ圧力）

＜実施の要領＞

真空ポンプを用いて真空引きをする。系統内の圧力が試験圧力に達することを確認した後，真空ポンプの系統を閉じて，その圧力で長時間保持をする。

※放置時間は装置の大きさなどで異なり，数時間から一昼夜が必要となる。なお装置内に残留水分が存在すると，真空に時間がかかり，真空ポンプを止めると直ちに圧力が上昇する。

＜合否の判定基準＞

十分な長時間，真空状態で放置しても圧力変化がほとんど無いこと。

※真空ポンプの能力が十分に大きいと，真空が進み早く 0 ℃以下の環境となる。また水分が残留しやすい場所を加熱して，水分蒸発を促進させることも効果的である。

第3節 溶接部の試験

溶接部の状態評価は，母材の材質・開先形状・溶接棒の種類・電圧・電流などの影響を受ける。溶接部は，母材の最小引張強さを満足する必要がある。

冷凍保安規則関係例示基準には，法定冷凍能力20トン以上の冷凍設備の圧力容器の突合せ溶接部に対して，機械試験と非破壊試験が規定されている。

(1) 機械試験

冷凍設備に係る容器の突合せ溶接による溶接部は，以下の機械試験に合格するものでなければならない。

<引張試験>

①継手引張試験

溶接部の引張試験において，その破断位置を把握する目的で行われる試験である。

<曲げ試験>

②表曲げ試験

溶接部の広い側が外側になるように行う曲げ試験である。母材の厚さが19 mm 未満の突合せ溶接部に限る。ただし，母材と溶接金属部の曲げ特性が著しく異なる溶接部にあっては，縦表曲げ試験によることができる。

③側曲げ試験

いずれかの側面が外側になるようにして行う試験である。母材の厚さが19 mm 未満の突合せ溶接部を除く。ただし，母材相互又は母材と溶接金属部の曲げ特性が著しく異なる溶接部にあっては，縦表曲げ試験によることができる。

④裏曲げ試験

溶接部の狭い側が外側になるようにして行う試験である。母材の厚さが19 mm 以上の突合せ両側溶接部にあっては表曲げ試験に，母材相互又は母材と溶接金属部の曲げ特性が著しく異なる溶接部にあっては縦裏曲げ試験に，よることができる。

<衝撃試験>

⑤衝撃試験

低温での脆性を調べるための試験である。設計温度０℃未満の突合せ溶接部（オーステナイト系ステンレス鋼，非鉄金属に係るもの及び厚さが4.5mm未満のものを除く）に限る。

（２）非破壊試験

素材や製品を破壊せずに，きずの有無・その存在位置・大きさ・形状・分布状態などを調べる試験である。

①超音波探傷試験（UT：Ultrasonic Testing）

超音波のパルス信号を金属材料等の表面や内部に伝播させることにより，金属の音響的な性質を利用して，その内部欠陥を調べる非破壊試験である。

②放射線透過試験（RT：Radiographic Testing）

放射線を材料に照射し材料内部に透過させ（フィルムなどに投影して），放射線の強さの変化から，内部の欠陥や構造を調べる非破壊試験である。

③磁粉探傷試験（MT：Magnetic Particle Testing）

鉄鋼材料などの強磁性体を磁場の中に置き，鉄粉をかけ，鉄粉の模様により材料の欠陥部を調べる非破壊試験である。

④浸透探傷試験（PT：Penetrant Testing）

材料表面に開口した傷（クラック）に浸透液を浸透させた後，クラック内にしみこんでいた浸透液が表面ににじみ出し，出てきた浸透指示模様により材料表面の欠陥を観察する非破壊試験である。

演習問題〈安全装置と圧力試験〉

問題１＜第１種＞

冷凍機の安全装置に関して，次の記述イ．ロ．ハ．ニ．のうち正しいものの組合せはどれか。

イ．高圧遮断装置の作動圧力は，安全弁の吹始め圧力の最低値以下で，かつ高圧部の許容圧力以下に設定する。また原則として手動復帰式とする。

ロ．高圧遮断装置・安全弁・破裂板・溶栓などの安全装置は，設定圧力や設定温度で作動する。冷凍装置内の冷媒ガスを外部に放出することにより，装置内の圧力を許容圧力以下に戻す。

ハ．火災が発生して圧力容器が異常昇温したとき，溶栓が溶融して内部の冷媒ガスを放出する。溶栓の口径は，圧力容器に取り付ける安全弁又は破裂板の口径の１/３以上でなければならない。

ニ．圧縮機吐出し部には，安全弁および高圧遮断圧力スイッチを取り付ける。ただし，法定の冷凍能力が20トン未満の場合は，安全弁を取り付けなくても良い。

（選択肢）

（１）イ，ロ　（２）イ，ハ　（３）イ，ニ　（４）ロ，ハ　（５）ハ，ホ

解説

イ．「高圧遮断装置の作動圧力は，……」以下の記述は全て正しい。

ロ．高圧遮断装置は，設定圧力になると圧縮機を停止させる。「冷媒ガスを外部に放出することにより」との記述は，高圧遮断装置については誤りである。（安全弁・破裂板・溶栓については記述は正しい）

ハ．溶栓の口径は，安全弁に求められる口径の１/２以上でなければならないことより，「安全弁又は破裂板の口径の１/３以上でなければならない」との記述は誤りである。

ニ．「圧縮機吐出し部には，……」以下の記述は全て正しい。

解答　（３）

問題２<第１種>

圧力試験・溶接部の試験に関して，次の記述イ．ロ．ハ．ニ．のうち正しいものの組合せはどれか。

イ．液体による耐圧試験に使用する圧力計は文字板の大きさが75mm以上，気体で耐圧試験を行う場合は100mm以上で，その最高目盛は耐圧試験圧力以上，2倍以下とする必要がある。

ロ．非破壊試験の略称は，超音波探傷試験UT・放射線透過試験RT・磁粉探傷試験MT・浸透探傷試験PTである。試験の適用については，母材に超音波探傷試験を行い，溶接部については部位により放射線透過試験・超音波探傷試験・磁粉探傷試験・浸透探傷試験を行う。

ハ．アンモニア冷凍設備の気密試験に使用するガスは，空気・窒素・二酸化炭素などを用いる。また圧縮空気を使用する場合は，空気圧縮機の吐出し温度が140℃以下で使用する。

ニ．耐圧試験は，構成機器や部品ごとに耐圧強度を確認する全数試験である。しかし，部品ごとに耐圧試験をしたものを組立てた機器については，試験を行わなくても良い。

（選択肢）

（1）イ，ロ　（2）イ，ハ　（3）イ，ニ　（4）ロ，ハ　（5）ロ，ニ

解説

イ．耐圧試験に使用する圧力計は，その最高目盛は耐圧試験圧力1.25倍以上２倍以下と規定されている。従って，「その最高目盛は耐圧試験圧力以上」との記述は誤りである。

ロ．「非破壊試験の略称は，……」以下の記述は全て正しい。

ハ．気密試験で使用するガスは，「空気・窒素・ヘリウム・フルオロカーボン（不燃性のものに限る）・二酸化炭素（アンモニア冷凍設備の気密試験には使用しない）」と定められている。「アンモニア冷凍設備の気密試験に……二酸化炭素などを用いる」は誤りである。

ニ．「耐圧試験は，構成機器や　……」以下の記述は全て正しい。

解答　（５）

問題3＜第2種＞

安全装置や圧力試験に関して，次の記述イ．ロ．ハ．ニ．のうち正しいものの組合せはどれか。

イ．破裂板は，最小口径が安全弁の最小口径以上あり，かつ作動圧力が安全弁の作動圧力以上であれば良い。また溶栓は，最小口径が安全弁の最小口径の2/3以上であれば良い。

ロ．フルオロカーボン冷凍装置のシェル形凝縮器および受液器には，安全弁を取り付ける。内容積が500ℓ以上の圧力容器には，安全弁の取り付けが義務化されている。

ハ．フルオロカーボン冷凍装置の低圧容器において，容器本体に附属する止め弁により封鎖（液封）される構造については，安全弁・破裂板又は圧力逃がし装置を取り付ける。

ニ．冷凍装置の圧力試験には，耐圧試験・強度試験・気密試験・真空試験などがある。これら圧力試験の圧力は絶対圧力で表示される。

（選択肢）

（1）イ，ロ　（2）イ，ハ　（3）イ，ニ　（4）ロ，ハ　（5）ハ，ニ

解説

イ．「破裂板は，……　作動圧力以上であれば良い」の記述は正しい。しかし溶栓については，最小口径は安全弁の最小口径の1/2以上と定められており，「2/3以上であれば良い」との記述は誤りである。

ロ．「フルオロカーボン冷凍装置の　…」以下の記述は全て正しい。

ハ．低圧容器で容器本体に附属する止め弁で封鎖（液封）される構造のものでは，液封状態で温度上昇すると異常圧力上昇となるので，安全弁・破裂板又は圧力逃がし装置を取り付ける。よって記述は正しい。

ニ．圧力試験の圧力は，全て，大気圧を基準（0 MPa）としたゲージ圧力で表示される。従って，「圧力試験の圧力は絶対圧力で表示される」との記述は誤りである。

解答　（4）

問題 4 <第 2 種>

安全装置や圧力試験に関して，次の記述イ．ロ．ハ．ニ．のうち正しいものの組合せはどれか。

イ．冷凍装置内を真空乾燥する場合に，真空度が増すにつれて水の飽和温度が低下するので，水分残留の可能性がある部分を加熱して行うと，効果的である。

ロ．圧力容器に取り付ける溶栓は，一般的に75℃以下で溶融する合金で作られて，口径は安全弁の必要最小口径の 1 / 2 以上でなければならない。また，アンモニア冷媒には使用できない。

ハ．冷凍装置において，機器の各々について気密試験が行われておれば，配管連結後の冷媒設備全体に対する気密試験は省略できる。

ニ．圧縮機用の安全弁の必要最小口径は，冷媒の種類には関係無く，圧縮機のピストン押しのけ量によって決定される。

（選択肢）

（1）イ，ロ　（2）イ，ハ　（3）イ，ニ　（4）ロ，ハ　（5）ハ，ニ

解説

イ．「冷凍装置内を真空乾燥　……　」以下の記述は全て正しい。

ロ．「圧力容器に取り付ける溶栓　……」以下の記述は全て正しい。溶栓は，可燃性ガス及び毒性ガスに使用できない。よって記述は正しい。

ハ．「気密試験は，耐圧試験に合格した容器等の組立品並びにこれらを用いた冷媒配管で連結した冷媒設備について行うガス圧試験」と定められており，「冷媒設備全体に対する気密試験は省略できる」との記述は誤りである。

ニ．圧縮機用安全弁の必要最小口径（d_1）は，下記式で求められる。

$$d_1 = C_1\sqrt{(V)}$$

C_1：冷媒の種類による定数　V：ピストン押しのけ量

従って，「冷媒の種類には関係無く」との記述は誤りである。

解答　（1）

第 6 章

冷凍装置の据付けと試運転

第1節 冷凍装置の据付け

（1）基礎工事

冷凍装置を据え付ける前に基礎工事を行う。基礎工事は，基礎底面にかかる荷重が各部分で地盤に均一にかかり，また，地盤の許容応力度以下となるようにする。基礎部分の重量は据え付ける機器の重量より重くして，振動軽減や転倒防止を図る。

※通常，コンクリート基礎の重量は圧縮機重量の 2 ～ 3 倍程度とする。

（2）機器の据付け

①防振装置として防振ゴムやゴムパッドを用い，機器が水平になるように配置する。

②圧縮機は防振架台の上に設置し，運転開始時や運転停止時の大きな揺れに耐えられるように，圧縮機の吸込み配管に可とう管（フレキシブルチューブ）を用いる。

③屋外に設置する凝縮器は重く重心も高いので，地震にも耐えられる強固な基礎と十分に連結する。

④受液器の下部は，水や湿気で腐食し易いので，床面との距離を十分に取る。

（3）真空乾燥

フルオロカーボン冷凍装置では，装置内の水分の存在により，機器を腐食したり膨張弁での氷結により，正常な運転を阻害する。冷媒装置の内部を真空にすることにより，水分を蒸発させて外部に排出して乾燥させる。

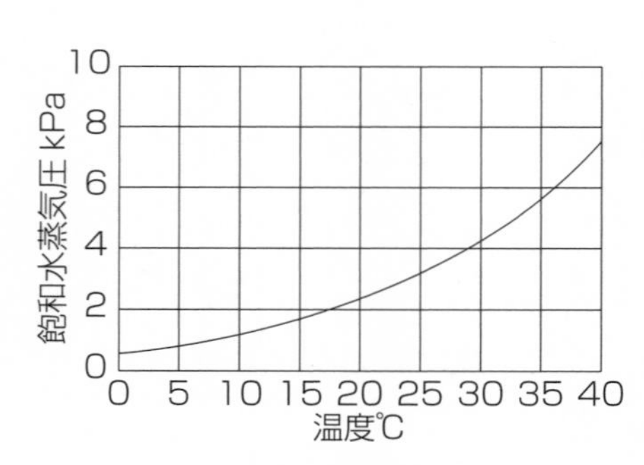

水の飽和圧力

真空乾燥時の留意点は下記通りである。
①真空ポンプを使用して，該当温度の飽和水蒸気圧（絶対圧力）以下にする。
②上記の真空度でしばらく保持する。（真空ポンプ停止で圧力上昇する場合は水分が残っている）
③水分残留の可能性がある部分を加熱すると，より効果的である。

（4）冷媒の取扱い

①フルオロカーボン冷媒は安定しており，毒性は弱く可燃性も無いものが多い。しかし空気よりも重いので，漏れると床面に滞留して，酸欠の危険性がある。
②『（冷媒設備の全冷媒充てん量（kg））/（機器を設置した最小室内容積（m^3））』は，右表の値（限界濃度）以下であること。
③フルオロカーボンが裸火や高温の物体に触れると，分解してふっ化水素やホスゲンなどの毒性の強いガスを生成する。修理時などには，残留ガスに注意を要する。更には，フルオロカーボンが滞留すると燃焼器具などによる不完全燃焼で，一酸化炭素中毒となる恐れもある。

[冷媒ガスの限界濃度]

冷媒の種類	限界濃度(kg/m^3)
R12	0.50
R134a	0.25
R404A	0.48
R407C	0.31
R410A	0.44
アンモニア	0.00035
二酸化炭素	0.07

④アンモニアは強い刺激臭があり，微量の漏れも早期発見しやすい。しかしアンモニアは毒ガスに指定されており，大量に漏れると大きな事故となる。アンモニア冷凍設備では，大量の水などによる除害設備が義務付けされている。更には，アンモニア漏えい検知警報設備も設置しなければならない。

（5）凍上の防止

凍上とは，１階の冷蔵室床下の土壌が氷結して体積が膨張し，床面が盛り上がる現象である。凍上防止策として次のようなことが考えられる。
①床面を地盤面よりも高く上げ，床下には空間を設ける。
②床下に通気管を設ける。
※なお，床の防熱材を十分に厚くしても凍上防止にはならない。
（時間が経つと地中温度が下がり凍上が起きる）

第2節 油充てんと冷媒充てん

（1）冷凍機油の充てん

冷凍装置の真空乾燥作業が終わると，冷凍機油を充てんする。装置には，構造や冷媒配管の長さなどによる適正な油量を算出して，装置メーカーの指示する銘柄の冷凍機油を充てんしなければなりません。冷凍機油は，大気中の湿気を吸いやすい（合成油は特に吸湿性が激しい）ので，密封された容器のものを使用する。古い油や，長時間大気にさらされた油の使用は避ける。

（参考）冷凍機油の選定基準

①凝固点が低く（蒸発温度で凝固しない），ろう分が少ない（低温でろう分が析出凝固しない）こと。

②熱安定性が良く，引火点が高いこと。

③粘度が適当で油膜強度があること。

④冷媒との相溶性があり，冷凍装置の構造に合っていること。

（2）冷媒の充てん

冷凍装置に充てんする冷媒は，フルオロカーボン・アンモニアともに新しいものを使用する。

受液器をもつ冷凍装置では，熱負荷が変動しても不足しないだけの冷媒を充てんしなければならない。また逆に，小容量の冷凍装置では，過充てんとならないよう規定の冷媒量を遵守する必要がある。

※１．冷媒量が不足すると下記現象が生じる。
蒸発圧力が低下→圧縮機吸込み蒸気の過熱度大→吐出し圧力は低下するが吐出しガス温度は上昇→油の劣化，冷凍能力の低下

※２．冷媒量が過充てんされると下記現象が生じる。
凝縮器の冷却管を冷媒液が浸す→凝縮伝熱が減少して凝縮圧力上昇→圧縮機の吐出し圧力上昇により消費電力増大，吐出しガス温度の上昇

試運転

（1）試運転開始前の確認

電気系統・冷媒系統・冷却水系統・制御系統などを点検する。冷媒系統については，弁の開閉状態や冷媒量・冷凍機油量について確認をする。

（2）試運転の実施

装置の始動を行い異常の有無を確認する。異常が無ければ，更に数時間運転を継続して，その間に運転データを採取する。

負荷変動のある装置では，それぞれの条件について調べて，正常運転時の運転状態を確認する。同時に，保安装置・自動制御装置の作動確認を行う。以上の確認で問題が無ければ，性能試験を行って合否判定を行う。

（3）引き渡し

全てに問題が無ければ（又は問題が無くなれば）合格とし，引き渡しを行う。

演習問題〈冷凍装置の据付けと試運転〉

問題１＜第１種＞

冷凍装置の据付けおよび試運転に関して，次の記述イ．ロ．ハ．ニ．のうち正しいものの組合せはどれか。

イ．冷凍装置内の冷媒量が不足すると，蒸発圧力が低下して圧縮機吸込み蒸気の過熱度が大きくなる。そして，吐出し圧力は低下して吐出しガス温度も低下する。

ロ．空冷凝縮器などを屋外に設置する場合に，空冷凝縮器は重く比較的重心も高いので，強風や地震などによって据付位置がずれる恐れがある。従って据付け時には，設置するコンクリート基礎の上に強固に固定することが大切である。

ハ．フルオロカーボン冷凍装置は，冷凍装置内に水分が存在すると正常な運転を阻害する。そこで据付け時には，真空乾燥運転で水分を完全に除去できるように，必要に応じて水分の残留しやすい箇所を加熱する。

ニ．冷凍装置に冷凍機油を追加充てんする場合は，システムの構成・冷媒配管の長さなどから油量を定め，更に冷媒の種類から適切な油種を選定しなければなりません。

（選択肢）

（1）イ，ロ　（2）イ，ハ　（3）イ，ニ　（4）ロ，ハ　（5）ハ，ホ

解説

イ．吐出しガス温度は，吸込み蒸気過熱度が大きくなると高くなるので，「吐出しガス温度も低下する」の記述は誤りである。

ロ．「空冷凝縮器などを屋外に　………」以下の記述は全て正しい。

ハ．「フルオロカーボン冷凍装置は，……」以下の記述は全て正しい。

ニ．冷凍機油を追加充てんする場合，油種については，冷凍装置メーカー指定のものを選定しなければならない。従って，「冷媒の種類から適切な油種を選定」の記述は誤りである。

解答　（4）

問題 2 <第 2 種>

冷凍装置の据付けおよび試運転に関して，次の記述イ．ロ．ハ．ニ．のうち正しいものの組合せはどれか。

イ．冷凍機油には，鉱油のほかに合成油がある。冷凍機油は一般に水分を吸収し易い性質があるが，鉱油では特にその傾向が強い。

ロ．冷媒の漏れ時の注意事項として，酸素濃度18％以下での酸欠に対する危険，空気に対する比重などがある。空気よりも重い R404A・R410A などは，床面での滞留に注意をする必要がある。

ハ．アンモニア冷凍装置では，冷媒が漏れると少しの漏れでもアンモニアの強い刺激臭により発見できる。従って，アンモニア冷凍装置には漏えい検知装置を設置しなくても良い。

ニ．冷凍装置設置の基礎は，基礎底面にかかる荷重がどの部分でも地盤の許容応力以下とし，できるだけ負荷を均一にかける。また，地震などで転倒しないように，基礎の質量を設置する機器の質量よりも重くするのが良い。

（選択肢）

（1）イ，ロ　（2）イ，ハ　（3）イ，ニ　（4）ロ，ハ　（5）ロ，ニ

解説

イ．合成油は，鉱油以上に大気中の湿気を吸収し易い。従って，「鉱油では特にその傾向が強い」との記述は誤りである。

ロ．「冷媒の漏れ時の注意事項と　……」以下の記述は全て正しい。

ハ．「可燃性ガス又は毒性ガスの製造施設には，……　当該ガスの漏えいを検知し，かつ，警報するための設備を設けること」となっており，「漏えい検知装置を設置しなくても良い」との記述は誤りである。

ニ．「冷凍装置設置の基礎は，　……」以下の記述は全て正しい。

解答　（5）

第Ⅲ編　法令

第1章

高圧ガス保安法の目的と定義

第1節 高圧ガス保安法の目的

（1）目的

高圧ガス保安法の目的は，次のように定義されている。

<法第1条（目的）>

この法律は，高圧ガスによる災害を防止するため，高圧ガスの製造，貯蔵，販売，移動その他の取扱い及び消費並びに容器の製造及び取扱いを規制するとともに，民間事業者及び高圧ガス保安協会による高圧ガスの保安に関する自主的な活動を促進し，もって公共の安全を確保することを目的とする。

高圧ガス法の目的は，高圧ガスによる災害を防止することにより公共の安全を確保することにある。その達成手段として，「高圧ガスの製造，貯蔵，販売，移動その他の取扱い及び消費並びに容器の製造及び取扱い」に対して，法による規制（認可・許可・届出など）を行っているのである。さらには，民間事業者や高圧ガス保安協会により，高圧ガスの保安に関する自主的な活動を促進するのである。

【参考】高圧ガスの保安法令の体系

法律　（憲法に基づいて国会決議により制定）
↓　・高圧ガス保安法
制令　（法律を実施するために内閣が制定する命令）
↓　・高圧ガス保安法施行令
省令　（各省大臣が相当行政機関に発する命令）
・冷凍保安規則（略称：冷凍則）
・一般高圧ガス保安規則（略称：一般則）
・容器保安規則（略称：容器則）
・特定設備検査規則（略称：特定則）

（2）高圧ガスの製造

高圧ガスの製造とは，原料ガスの製造だけでなく，圧力や状態を変化させて高圧ガスを製造することや高圧ガスを容器に充てんすることなども含めていう。一般的な製造の定義とは異なる。

冷凍設備では，一般的に冷媒を圧縮機で低圧ガスから高圧ガスへ変化（圧力変化）し，凝縮器で高圧ガスから高圧液へ変化（状態変化）するため，「高圧ガスの製造」に該当する。

「高圧ガスの製造」とは下記にまとめられる。

1．原料ガスを製造すること
2．圧力や状態を変化させて高圧ガスを製造すること
3．高圧ガスを容器に充てんすること

高圧ガス保安法の定義

（1）高圧ガスの区分

高圧ガスは，そのときの状態によって次のように定められている。

①圧縮ガス

常温では液化しない程度に圧縮されて取り扱うガスで，水素・酸素・窒素などがある。

②液化ガス

常温では気体であるが，圧縮するだけで液体になったガスを高圧容器内に貯蔵して取り扱うガスで，塩素・二酸化硫黄・プロパン・アンモニアなどがある。

（2）高圧ガスの定義

高圧ガスは，法律により次のいずれかに該当するガスと定義されている。

［高圧ガスの定義］

圧縮ガス	圧縮アセチレンガス以外	①常用の温度において圧力が1MPa以上で，現にその圧力が1MPa以上であるもの ②温度35℃での圧力が1MPa以上となるもの
	圧縮アセチレンガス	①常用の温度において圧力が0.2MPa以上で，現にその圧力が0.2MPa以上であるもの ②温度15℃での圧力が0.2MPa以上となるもの
液化ガス	下記の液化ガス以外	①常用の温度において圧力が0.2MPa以上で，現にその圧力が0.2MPa以上であるもの ②圧力が0.2MPa以上となる場合の温度が35℃以下であるもの
	液化シアン化水素	①温度35℃において圧力が0MPaを超えるもの
	液化ブロムメチル	
	液化酸化エチレン	

※1．「常用の温度」とは，実際の運転状態（異常でない）でなりうる最高温度。

2．「現にその圧力」とは，そのガスが高圧ガスかどうかを判断するときの圧力。

高圧ガス保安法の適用除外

（1）高圧ガス保安法での「高圧ガス適用除外」

高圧ガス保安法では，以下の高圧ガスは適用除外となる。

<ほかの法律により同等以上の規制を受けているもの>

①高圧ボイラー内の高圧蒸気（ボイラー及び圧力容器安全規則）
②鉄道車両のエアコン内の高圧ガス（鉄道法）
③船舶内の高圧ガス（船舶安全法，自衛隊法）
④炭鉱等の坑内の高圧ガス（鉱山保安法）
⑤航空機内の高圧ガス（航空法）
⑥電気工作物内の高圧ガス（電気事業法）
⑦原子炉内の高圧ガス（核燃料物質及び原子炉などの規制に関する法律）

<取扱量が少量であるなど，災害発生の恐れがない高圧ガスで政令（施行令第2条）で定めるもの>

①圧縮装置内の圧縮空気（35℃で 5 MPa 以下）
②圧縮装置内の圧縮ガス（空気を除く第一種ガスで35℃で 5 MPa 以下）
③法定冷凍能力が 3 トン未満の冷凍設備内の高圧ガス
④法定冷凍能力が 3 トン以上 5 トン未満の冷凍設備内の高圧ガスである不活性のフルオロカーボン

[適用除外の範囲]

ガスの種類		冷凍能力（トン）0～3	3～5	5～
フルオロカーボン	不活性ガス	適用除外	適用除外	適用
	不活性ガス以外		適用	
その他のガス（アンモニアなど）				

⑤オートクレーブ内の水素，アセチレン及び塩化ビニルを除く高圧ガス
⑥内容積 1 ℓ 以下の容器内における液化ガス（35℃で0.8MPa 以下）

第4節 用語の定義と冷凍能力

冷凍保安規則（冷凍則）では，高圧ガス保安法に基づいて，冷凍（冷凍設備を使用する暖房を含む）に係る高圧ガスに関する保安について規定したものである。

（1）用語の定義（冷凍則第2条）

①可燃性ガス（9種類）

・アンモニア　・イソブタン　・エタン　・エチレン
・クロルメチル　・水素　・ノルマルブタン　・プロパン
・プロピレン

②毒性ガス（2種類）

・アンモニア　・クロルメチル

③不活性ガス

・二酸化炭素　・ヘリウム
・フルオロカーボン（R12，R13，R13B1，R22，R114，R116，R124，R125，R134a，R401A，R401B，R402A，R402B，R404A，R407A，R407B，R407C，R407D，R407E，R410A，R410B，R413A，R417A，R422A，R422D，R423A，R500，R502，R507A，R509A）

④移動式製造設備

地盤面に対して移動することができる製造設備のことである。

⑤定置式製造設備

移動式製造設備以外の製造設備のことである。

⑥冷媒設備

冷媒ガスの通る部分のある冷凍設備のことである。

⑦機器製造業者

もっぱら冷凍設備に用いる機器であって，1日の冷凍能力が3トン以上（不活性のフルオロカーボンにあっては5トン以上）の冷凍機の製造の事業を行う者である。

（２）冷凍能力の算定基準（冷凍則第５条）

製造許可や製造届を行うときの基準となる法定冷凍能力（トン）は，標準的条件による算定式が，設備ごとに次のように規定されている。

①遠心式圧縮機の製造設備

圧縮機原動機の定格出力1.2kWを１日の冷凍能力とする。

・１日の冷凍能力　$R=\dfrac{\text{原動機の定格出力（kW）}}{1.2\text{（kW）}}$　（トン）

②吸収式冷凍設備

発生器を加熱する１時間の入熱量27,800kJをもって１日の冷凍能力とする。

・１日の冷凍能力　$R=\dfrac{\text{発生器の加熱用熱入力（kJ）}}{27{,}800\text{（kJ）}}$　（トン）

③自然環流式冷凍設備および自然循環式冷凍設備

次の算式によって１日の冷凍能力を求める。

・１日の冷凍能力　$R=Q\cdot A$　（トン）

Q：冷媒ガスの種類に応じた数値

A：蒸発部または蒸発器の冷媒ガスの接する表面積（m^2）

④多段圧縮方式または多元冷凍方式による製造設備，回転ピストン形圧縮機を使用する製造設備

次の算式によって１日の冷凍能力を求める。

・１日の冷凍能力　$R=\dfrac{V}{C}$　（トン）

V：圧縮機の標準回転速度における１時間のピストン押しのけ量（m^3/h）

C：冷媒ガスの種類に応じた数値

演習問題〈高圧ガス保安法の目的と定義〉

問題１＜第１種＞＜第２種＞

高圧ガス保安法の目的と定義に関して，次の記述イ．ロ．ハ．のうち正しいものの組合せはどれか。

イ．高圧ガス保安法の目的は，高圧ガスによる災害を防止することにより公共の安全を確保することにある。達成手段として，「高圧ガスの製造・貯蔵・販売・移動その他の取扱い及び消費並びに容器の製造及び取扱い」に対して，法による規制を行っている。

ロ．１日の冷凍能力が３トン以上５トン未満の冷凍設備内における高圧ガスは，そのガスの種類にかかわらず高圧ガス保安法の適用を受けない。

ハ．常用の温度において圧力が1.1MPa となる圧縮ガス（圧縮アセチレンガスを除く）であって，現にその圧力が1.0MPa であるものは，温度35℃における圧力が0.8MPa であっても，高圧ガスではない。

（選択肢）

（１）イ　（２）ロ　（３）イ，ハ　（４）ロ，ハ　（５）イ，ロ，ハ

解説

イ．「高圧ガス保安法の目的は，………」の記述は全て正しい。

ロ．適用除外となる高圧ガスは，下記通りである。

・冷凍能力３トン未満については，ガスの種類にかかわらず全て。
・フルオロカーボン（不活性ガスのみ）については，冷凍能力５トン未満までのガスのみ。

したがって，本記述は誤りである。

ハ．高圧ガスの定義「常用の温度において圧力が１MPa 以上となる圧縮ガスであって現にその圧力が１MPa 以上であるもの，又は温度35℃において，圧力が１MPa 以上となる圧縮ガス（圧縮アセチレンガスを除く）」と定められている。従って，本記述は誤りである。

解答　（１）

問題2＜第1種＞＜第2種＞

高圧ガス保安法の目的と定義に関して，次の記述イ．ロ．ハ．のうち正しいものの組合せはどれか。

イ．冷凍設備に用いる機器の製造の事業を行う者（機器製造業者）が，技術上の基準に従って製造しなければならない機器は，冷媒ガスの種類にかかわらず，1日の冷凍能力が5トン以上の冷凍機に限られる。

ロ．アンモニアは，圧縮ガスであるか液化ガスであるかにかかわらず，常用の温度において圧力が1 MPa以上で，現に圧力が1 MPa以上であれば，高圧ガスである。

ハ．現在の圧力が0.1MPaであり，温度35℃において圧力が1 MPaとなる液化ガスは，高圧ガスである。

（選択肢）

（1）イ　（2）ロ　（3）ハ　（4）ロ，ハ　（5）イ，ロ，ハ

解説

イ．もっぱら冷凍設備に用いる機器であって，1日の冷凍能力が3トン以上（不活性のフルオロカーボンにあっては5トン以上）の冷凍機の製造事業を行う者を「機器製造業者」という。
従って，「冷媒ガスの種類にかかわらず，1日の冷凍能力が5トン以上の冷凍機に限られる」との記述は誤りである。

ロ．常用の温度において高圧ガスとなる圧力は，「圧縮ガスの場合は1 MPa以上」であり「液化ガスの場合は0.2MPa以上」である。圧縮ガスと液化ガスとではその値が異なる。
従って，「圧縮ガスであるか液化ガスであるかにかかわらず，常用の温度において圧力が1 MPa以上」との記述は誤りである。

ハ．「温度35℃において圧力が1 MPaとなる液化ガス」は，この点で高圧ガスであり，「現在の圧力が0.1MPa」であっても高圧ガスである。本記述は正しい。

解答　（3）

問題 3 ＜第 1 種＞＜第 2 種＞

高圧ガス保安法の目的と定義に関して，次の記述イ．ロ．ハ．のうち正しいものの組合せはどれか。

イ．高圧ガス保安法の目的は，高圧ガスによる災害を防止することにより公共の安全を確保することにある。達成手段として，法による規制（認可・許可・届出など）を行うだけでなく，「民間事業者及び高圧ガス保安協会による高圧ガスの保安に関する自主的な活動の促進」を行っている。

ロ．常用の温度40℃において圧力が 1 MPa となる圧縮ガス（圧縮アセチレンを除く）であっても，現在の圧力が0.8MPa のものは高圧ガスではない。

ハ．圧力が0.2MPa となる場合の温度が32℃である液化ガスであって，常用の温度において圧力が0.15MPa であるものは高圧ガスでない。

（選択肢）

（1）イ　（2）ロ　（3）イ，ロ　（4）ロ，ハ　（5）イ，ロ，ハ

解説

イ．「高圧ガス保安法の目的は，………」の記述は全て正しい。

ロ．高圧ガスの定義「常用の温度において圧力が0.2MPa 以上となる圧縮ガスであって現にその圧力が 1 MPa 以上であるもの」，又は「温度が35℃において圧力 1 MPa 以上となる圧縮ガス（圧縮アセチレンを除く）」と定められている。従って，「現在の圧力が0.8MPa のもの」はいずれにも該当しないため高圧ガスでない。本記述は正しい。

ハ．高圧ガスの定義「常用の温度において圧力が0.2MPa 以上で，現にその圧力が0.2MPa 以上である液化ガス」，又は「圧力が0.2MPa となる温度が35℃以下である液化ガス」と定められている。本文の「圧力0.2MPa となる場合の温度が32℃である液化ガス」は，高圧ガスに該当する。従って，「高圧ガスでない」との記述は誤りである。

解答　（3）

問題4＜第１種＞＜第２種＞

高圧ガスの冷凍能力の算定基準に関して，次の記述イ．ロ．ハ．のうち正しいものの組合せはどれか。

イ．冷凍設備内の冷媒ガスの充てん量の数値は，自然環流式冷凍設備の１日の冷凍能力の算定に必要な数値の１つである。

ロ．遠心式圧縮機の製造設備にあっては，圧縮機の標準回転速度における１時間当りの吐出し量の値は，１日の冷凍能力算定に必要な数値の１つである。

ハ．圧縮機の気筒の内径の数値は，回転ピストン型圧縮機を使用する冷凍設備の，１日の冷凍能力の算定に必要な数値の１つである。

（選択肢）

（１）イ　（２）ロ　（３）ハ　（４）ロ，ハ　（５）イ，ロ，ハ

解説

イ．自然環流式冷凍設備および自然循環式冷凍設備において，冷凍能力の算定は次式により行うと定められている。

・１日の冷凍能力　R＝Q・A（Q：冷媒ガスの種類に応じた数値，A：蒸発部または蒸発器の冷媒ガスの接する表面積（m^2））

従って，特に「冷凍設備内の冷媒ガスの充てん量の数値」についての定めは無いので，本記述は誤りである。

ロ．「遠心式圧縮機の製造設備では，当該圧縮機の原動機の定格出力1.2kWを１日の冷凍能力とする」と定められている。従って，本記述は誤りである。

ハ．回転ピストン形圧縮機を使用する製造設備では，冷凍能力の算定は次式により行うと定められている。

・１日の冷凍能力　R＝V／C（V：圧縮機標準回転速度における１時間のピストン押しのけ量，C：冷媒ガスの種類に応じた数値）

上式より，圧縮機の気筒内径の数値は，Vの算出に必要な数値である。従って，本記述は正しい。

解答　（３）

第 2 章
高圧ガスに関する事業

製造許可と許可申請

（1）製造の許可申請

高圧ガスの製造にあたっては，事業所ごとの製造許可や届出の必要性が，高圧ガス保安法＜法第5条（製造の許可等）＞で定められている。

＜第一種製造者＞

第一種製造者は，高圧ガスの製造許可対象の設備を使用して，新たに高圧ガスの製造をしようとする場合は，**事業所ごとに，都道府県知事の許可**を受けなければならない。

第一種製造者とは，次の事項に該当する者である。

(a)一般高圧ガスの製造の場合

1日の処理容積（温度0℃，圧力0 Paの状態に換算した容積）が，**100m^3**（不活性ガス又は空気は**300m^3**）以上の設備で高圧ガスの製造をする者（容器に充てんすることを含む）。

(b)冷凍の場合

冷凍のためのガスを圧縮し，又は液化して高圧ガスの製造をする設備（一つの設備で**認定指定設備**（※）を除く）で1日の冷凍能力が**20トン**（フルオロカーボン，及びアンモニアでは**50トン**）以上の高圧ガスの製造をする者。

※認定指定設備とは

本来であれば第一種製造者であるが，認定を受けた設備であるため，第二種製造者としての届出のみを要する設備のことである。

＜第二種製造者＞

第二種製造者は，事業所ごとに，**事業開始（製造開始）20日前**までに製造する高圧ガスの種類，製造のための施設の位置，構造及び設備並びに製造の方法を記載した書面を添えて，その旨を**都道府県知事に届け出**なければならない。（許可は不要）

第二種製造者とは，次の事項に該当する者である。

(a)一般高圧ガス製造の場合

1日の処理容積が，**100m³**（不活性ガス又は空気は**300m³**）未満の設備で高圧ガスの製造をする者。

(b)冷凍の場合

1日の冷凍能力が**3トン以上20トン未満**（不活性のフルオロカーボンでは**20トン以上50トン未満**，アンモニア及び不活性以外のフルオロカーボンでは**5トン以上50トン未満**）の高圧ガスを製造する者。

<その他製造者>

その他製造者とは，主に冷凍設備に用いる機器であって，1日の冷凍能力が**3トン以上**（不活性のフルオロカーボンにあっては**5トン以上**）の冷凍機の製造を行う者である。（機器製造業者ともいう）

[高圧ガス製造者の区分]

一般高圧ガス製造の場合

<table>
<tr><th rowspan="2">ガスの種類</th><th colspan="5">1日の処理容積（m^3）</th></tr>
<tr><th>0</th><th>100</th><th>200</th><th>300</th><th>400</th></tr>
<tr><td>不活性ガス又は空気</td><td colspan="3">第二種製造者</td><td colspan="2">第一種製造者</td></tr>
<tr><td>不活性ガス又は空気以外</td><td>第二種製造者</td><td colspan="4">第一種製造者</td></tr>
</table>

※「不活性ガス」とは,ヘリウム·二酸化炭素·フルオロカーボン(可燃性ガスを除く)である。

冷凍の場合

<table>
<tr><th rowspan="2" colspan="2">ガスの種類</th><th colspan="5">冷凍能力（トン）</th></tr>
<tr><th>0</th><th>3</th><th>5</th><th>20</th><th>50</th></tr>
<tr><td rowspan="2">フルオロカーボン</td><td>不活性ガス</td><td rowspan="4">適用除外</td><td>適用除外</td><td>その他の製造者</td><td>第二種製造者</td><td>第一種製造者</td></tr>
<tr><td>不活性ガス以外</td><td>その他の製造者</td><td colspan="2">第二種製造者</td><td>第一種製造者</td></tr>
<tr><td colspan="2">アンモニア</td><td>その他の製造者</td><td colspan="2">第二種製造者</td><td>第一種製造者</td></tr>
<tr><td colspan="2">その他のガス（※）</td><td colspan="2">第二種製造者</td><td colspan="2">第一種製造者</td></tr>
</table>

※「その他のガス」とは，ヘリウム・プロパン・二酸化炭素などである。

第2節 製造施設の変更

（1）第一種製造者

第一種製造者は，次の製造施設などの変更をするときは，あらかじめ，**都道府県知事の許可**を受けなければならない。

- 製造施設の位置，構造，設備の変更（軽微な変更を除く）
- 製造する高圧ガスの種類の変更
- 製造の方法の変更

そして，製造施設の工事完成後に**完成検査申請**をして，「所定の技術基準に適合している」と認められた後でなければ使用できない。

※省令で定める軽微な変更の工事の場合は，許可申請は不要である。
（ただし，軽微変更届が必要である）

（2）第二種製造者

第二種製造者は，製造のための施設の位置・構造もしくは設備の変更の工事をし，又は製造をする高圧ガスの種類もしくは製造の方法を変更しようとするときは，あらかじめ，**都道府県知事に届け出**なければならない。
（許可は不要，完成検査も不要）

※省令で定める軽微な変更の工事の場合は，届け出は不要である。

軽微な変更の工事

（1）第一種製造者

第一製造者は，**軽微な変更の工事**をしたときは，その完成後遅滞なく，その旨を**都道府県知事に届け出**なければならない。

省令で定める軽微な変更の工事とは，次のものをいう。

- 独立した製造設備の撤去の工事
- 製造設備の取替え工事で，設備の冷凍能力の変更を伴わないもの
  ただし，次のものは軽微な変更工事とはならない（許可が必要）
  1．耐震設計構造物として適用を受ける製造設備
  2．可燃性ガス及び毒性ガスを冷媒とする冷媒設備の取替え
  3．冷媒設備に係る切断，溶接を伴う工事
- 製造設備以外の製造施設に係る設備の取替えの工事
- 認定設備の設置の工事
- 指定設備認定証が無効とならない認定指定設備に係る変更の工事

（2）第二種製造者

第二種製造者が係る省令で定める**軽微な変更の工事（届け出は不要）**とは，次のものをいう。

- 独立した製造設備の撤去の工事
- 製造設備の取替え工事で，その設備の冷凍能力の変更を伴わないもの
  ただし，次のものは除く（届け出が必要）
  1．可燃性ガス及び毒性ガスを冷媒とする冷媒設備の取替え
  2．冷媒設備に係る切断，溶接を伴う工事
- 製造設備以外の製造施設に係る設備の取替えの工事
- 指定設備認定証が無効とならない認定指定設備に係る変更の工事
- 試験研究施設における冷凍能力の変更を伴わない変更の工事で，経済産業大臣が軽微なものと認めたもの

許可取消，開始，廃止及び承継

（1）許可の取り消し

高圧ガスの**製造許可の取り消し**について，高圧ガス保安法＜法第9条（製造許可の取り消し）＞で定められている。

＜法第9条（製造許可の取り消し）＞

都道府県知事は，第5条第1項の許可を受けた者（以下「第一種製造者」という）が正当な理由がないのに，**1年以内に製造を開始せず**，又は**1年以上引き続き製造を休止**したときは，その許可を取り消すことができる。

（2）製造の開始・廃止の届出

高圧ガスの**製造の開始・廃止**にあたっては，届出の必要性が，高圧ガス保安法＜法第21条（製造等の廃止などの届出）＞で定められている。

＜法第21条（製造等の廃止などの届出）＞

①第一種製造者は，高圧ガスの製造を開始し，又は廃止したときは，遅滞なく，その旨を**都道府県知事に届け出**なければならない。

②第二種製造者は，高圧ガスの製造を廃止したときは，遅滞なく，その旨を**都道府県知事に届け出**なければならない。

（3）地位の承継

第一種製造者について，相続・合併又は分割（第一種製造者のその許可に係る事業所を承継させるものに限る）があった場合，相続人・合併後存続する法人もしくは合併により設立した法人，又は分割によりその事業所を承継した法人は，第一種製造者の**地位を承継**する。

第一種製造者の地位を承継した者は，遅滞なく，その事実を証する書面を添えて，その旨を**都道府県知事に届け出**なければならない。

製造設備の技術上の基準

第一種製造者・第二種製造者は，製造施設の位置・構造及び設備が，所定の製造設備の技術上の基準に適合するようにしなければならない。

都道府県知事は，第一種製造者・第二種製造者の製造施設又は製造の方法が所定の技術上の基準に適合していないと認めるときは，その技術上の基準に適合するように製造のための施設を修理し，改造し，もしくは移転し，又はその技術上の基準に従って高圧ガスの製造をすべきことを命ずることができる。

（1）定置式製造設備（第一種製造者）

第一種製造者の係る定置式製造設備における技術上の基準は，次の通りである。

①引火性・発火性のたい積場所及び火気付近での配置禁止

圧縮機・油分離器・凝縮器及び受液器並びにこれらの間の配管は，引火性又は発火性の物をたい積した場所及び火気の付近にないこと。ただし，当該火気に対して安全な措置を講じた場合は，この限りでない。

②警戒標の掲示

製造施設には，当該施設の外部から見やすいように警戒標を掲げること。

③可燃性ガス・毒性ガスの漏えい対策

圧縮機・油分離器・凝縮器もしくは受液器又はこれらの間の配管（可燃性ガス又は毒性ガスの製造設備のものに限る）を設置する室は，冷媒ガスが漏えいしたとき滞留しない構造とすること。

④振動・衝撃・腐食等に対する漏えい対策

製造設備は，振動・衝撃・腐食等により冷媒ガスが漏れないものであること。

⑤凝縮器などの耐震構造

凝縮器（縦置円筒形で胴部の長さ 5 メートル以上），受液器（内容積5,000ℓ以上）及び配管（外径45mm 以上で内容積 3 m^{3}以上，又は凝縮器及び受液器に接続されているもの）並びにこれらの支持構造物及び基礎は，地震の影響に対して安全な構造とすること。

⑥気密試験・耐圧試験の実施

冷媒設備は，許容圧力以上の圧力で行う気密試験及び配管以外の部分について，許容圧力の1.5倍以上の圧力で水その他の安全な液体を使用して行う耐圧試験（液体を使用することが困難であると認められるときは，許容圧力の1.25倍以上の圧力で，空気・窒素等の気体を使用して行う耐圧試験）又は高圧ガス保安協会が行う試験に合格するものであること。

⑦圧力計の設置

冷媒設備（圧縮機の油圧系統を含む）には圧力計を設けること。ただし，潤滑油圧力に対する保護装置を有する強制潤滑方式の圧縮機は除く。

⑧安全装置の設置

冷媒設備には，設備内の冷媒ガスの圧力が許容圧力を超えた場合に，直ちに許容圧力以下に戻すことができる安全装置を設けること。

⑨安全弁・破裂板に放出管の取付

安全装置の安全弁・破裂板には，放出管を設けること。このとき放出管の開口部の位置は，放出する冷媒ガスの性質に応じた適切な位置であること。

⑩可燃性ガス・毒性ガスへは丸形ガラス管以外の液面計使用

可燃性ガス又は毒性ガスを冷媒ガスとする冷媒設備に係る受液器に設ける液面計には，丸形ガラス管液面計以外のものを使用すること。

⑪ガラス管液面計の破損防止と漏えい防止

受液器にガラス管液面計を設ける場合には，当該ガラス管液面計にはその破損を防止するための措置を講じ，可燃性ガス又は毒性ガスを冷媒とする設備の受液器とガラス管液面計とを接続する配管には，当該ガラス管液面計の破損による漏えいを防止する措置を講ずること。

⑫可燃性ガスの消火設備の設置

可燃性ガスの製造施設には，その規模に応じて，適切な消火設備を適切な箇所に設けること。

⑬受液器への毒性ガス流出防止

毒性ガスを冷媒ガスとする冷媒設備に係る受液器であって，その内容積が1万ℓ以上のものの周囲には，液状の当該ガスが漏えいした場合にその流出を防止するための措置を講ずること。

⑭可燃性ガスの電気設備への防爆装置

可燃性ガス（アンモニアを除く）を冷媒とする冷媒設備に係る電気設備は，

その設置場所及び当該ガスの種類に応じた防爆性能を有する構造のものであること。

⑮可燃性ガス・毒性ガスの漏えい検知と警報装置

可燃性ガス・毒性ガスの製造施設には，当該施設から漏えいするガスが滞留する恐れのある場所に，当該ガスの漏えいを検知し，かつ，警報する設備を設けること。（吸収式アンモニア冷凍機に係る施設は除く）

⑯毒性ガス除害のための措置

毒性ガスの製造設備には，当該ガスが漏えいしたときに安全に，かつ，速やかに除害するための措置を講ずること。（吸収式アンモニア冷凍機は除く）

⑰バルブ・コックの適切な操作

製造設備に設けたバルブ又はコックを開閉する場合においては（操作ボタン等で操作する場合は操作ボタン等），作業員がバルブ又はコックを適切に操作することができるような措置を講ずること。（ただし，バルブ又はコックの開閉が自動制御されるものは除く）

（２）移動式製造設備（第一種製造者）

第一種製造者の係る移動式製造設備における技術上の基準は，次の通りです。

①製造施設は，引火性又は発火性の物をたい積した場所の付近にないこと。

②『（１）定置式製造設備の場合の「②～④」「⑥～⑧」「⑩～⑫」』の基準に適合すること。

（３）定置式製造設備（第二種製造者）

第二種製造者の係る定置式製造設備における技術上の基準は，次の通りである。

①『（１）定置式製造設備の場合の「①～④」「⑥」「⑧～⑫」「⑭～⑰」』の基準に適合すること。

（４）移動式製造設備（第二種製造者）

第二種製造者の係る移動式製造設備における技術上の基準は，次の通りである。

①製造施設は，引火性又は発火性の物をたい積した場所の付近にないこと。

②『(1) 定置式製造設備の場合の「②〜④」「⑥」「⑧」「⑩〜⑫」』の基準に適合すること。

[製造設備の技術上の基準(まとめ)]

No.	基　準	第一製造者		第二製造者	
		定置式	移動式	定置式	移動式
①	引火性,発火性のたい積した場所及び火気の付近にないこと	○	−	○	−
	引火性,発火性のたい積した場所の付近にないこと	−	○	−	○
②	警戒標の表示	○	○	○	○
③	冷媒ガスが滞留しない構造	○	○	○	○
④	冷媒ガスが漏えいしない構造	○	○	○	○
⑤	凝縮器などの耐震構造	○	−	−	−
⑥	気密試験,耐圧試験の実施	○	○	○	○
⑦	圧力計の設置	○	○	−	−
⑧	安全装置の設置	○	○	○	○
⑨	安全弁,破裂板の放出管の設置	○	−	○	−
⑩	受液器で丸形ガラス管以外の液面計の設置	○	○	○	○
⑪	液面計の破損防止	○	○	○	○
⑫	消火設備の設置	○	○	○	○
⑬	受液器の冷媒ガス流出防止の措置	○	−	−	−
⑭	電気設備の防爆装置	○	−	○	−
⑮	冷媒ガスの漏えい検知と警報設備	○	−	○	−
⑯	除害のための措置	○	−	○	−
⑰	バルブ等の操作に係る適切な措置	○	−	○	−

第6節 製造方法の技術上の基準

第一種製造者・第二種製造者は，所定の製造方法の技術上の基準に従って高圧ガスの製造をしなければならない。

都道府県知事は，第一種製造者・第二種製造者の製造施設又は製造の方法が所定の技術上の基準に適合していないと認めるときは，その技術上の基準に適合するように製造のための施設を修理し，改造し，もしくは移転し，又はその技術上の基準に従って高圧ガスの製造をすべきことを命ずることができる。

（1）第一種製造者

第一製造者の定置式製造設備の製造方法に係る技術上の基準は，冷凍則第9条に次のように定められている。

①**安全弁に付帯して設けた止め弁**は，常に全開しておくこと。
ただし，安全弁の修理等（修理又は清掃）のため特に必要な場合は，この限りでない。

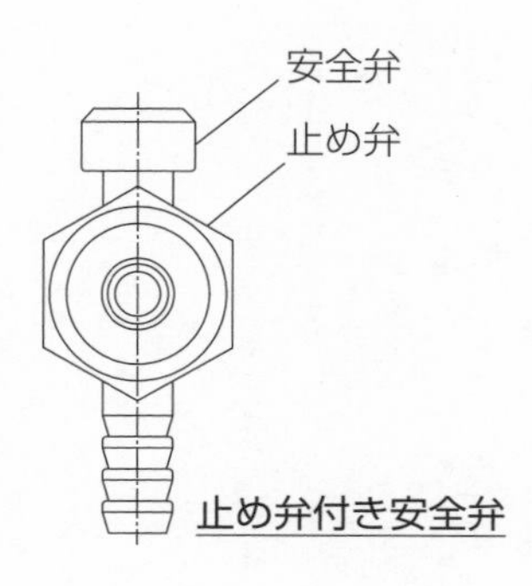

止め弁付き安全弁

②**高圧ガスの製造**は，製造する高圧ガスの種類及び製造設備の態様に応じ，1日1回以上製造施設の異常の有無を点検し，異常のあるときは，設備の補修その他の危険を防止する措置を講じること。

③**冷凍設備の修理等をした後の高圧ガスの製造**は，次の基準により保安上支障のない状態で行うこと。

イ．冷凍設備の修理等（清掃を含む）をするときは，あらかじめ，修理等の作業計画及びその作業責任者を定め，修理作業計画に従い，その責任者の監視の下で行うこと。又は異常があったときは，直ちにその責任者に通報するための措置を講ずること。

ロ．可燃性ガス・毒性ガスを冷媒とする冷媒設備の修理等は，危険を防止する措置を講ずること。

ハ．冷媒設備を開放して修理等をするときは，開放部分に他の部分からガスが漏えいすることを防止する措置を講ずること。

ニ．修理等が終了したときは，冷媒設備が正常に作動することを確認した後でなければ製造しないこと。

④**製造設備に設けたバルブの操作**は，バルブの材質・構造・状態を勘案して過大な力を加えないよう必要な措置を講ずること。

（2）第二種製造者

第二種製造者の製造方法に係る技術上の基準は，冷凍則第14条に次のように定められている。

①**製造設備の設置又は変更の工事を完成したとき**は，酸素以外のガスを使用する試運転，又は許容圧力以上の圧力で行う気密試験を行った後でなければ製造をしないこと。

②**前項『（1）第一種製造者の「①～④」』の基準**に適合すること。

完成検査

完成検査は，都道府県知事の許可を受けた第一種製造者が，高圧ガス製造施設の工事が完了したときに，その施設が技術基準に適合しているかどうかを確認する検査であり，法第20条で定められている。

（1）新設設置の場合

①**第一種製造者**は，高圧ガスの製造施設の工事が完成したときは，**都道府県知事が行う完成検査**を受け，所定の技術上の基準に適合していると認められた後でなければ，使用してはいけない。

②ただし，**高圧ガス保安協会又は指定完成検査機関が行う完成検査**を受けて，これらが技術上の基準に適合していると認められ，都道府県知事に「完成検査受検の届出」を行った場合は，その施設を使用できる。

③**高圧ガス保安協会及び指定完成検査機関**は，完成検査を行ったときは，遅滞なく，その結果を**都道府県知事に報告**しなければならない。

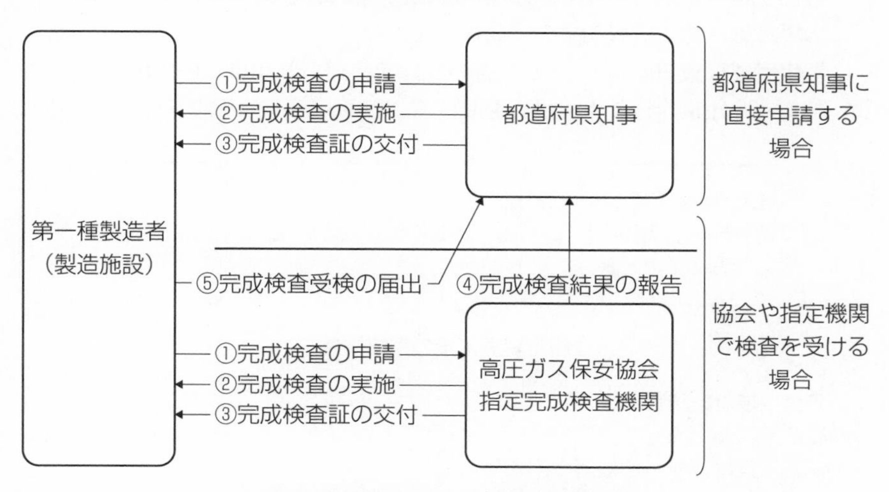

製造施設設置（新規）の完成検査手続き

（2）譲渡設置の場合

第一種製造者からその製造施設の全部又は一部の引き渡しを受け，都道府県知事の許可を受けた者は，すでに完成検査を受け，所定の技術上の基準に適合していると認められ，又は検査の記録の届出をした場合には，完成検査を受けることなく，その施設を使用できる。

（3）特定変更工事の場合

特定変更工事とは，第一種製造者の製造設備の変更工事で，軽微な変更工事以外の**都道府県知事の許可を要する変更工事**である。この工事においては，その変更の工事完了後，都道府県知事の完成検査を受けなければなりません。（※ただし，協会または指定完成検査機関が行う完成検査を受け，適合していると認められた場合を除く）

①**高圧ガスの製造施設の特定変更工事が完成したとき**は，都道府県知事が行う完成検査を受け，所定の技術上の基準に適合していると認められた場合は，新設設置の場合と同様に，その施設を使用できる。

②ただし，都道府県知事の許可を要する変更の工事であっても，その変更に付随する処理能力の変更が**所定の範囲内（変更前の冷凍能力の20%以下）の場合**は，都道府県知事の完成検査を受けなくても良い。

③**認定完成検査実施者**（※）が検査の記録を都道府県知事に届け出た場合は，都道府県知事が行う完成検査を受けることなく，その施設を使用できる。

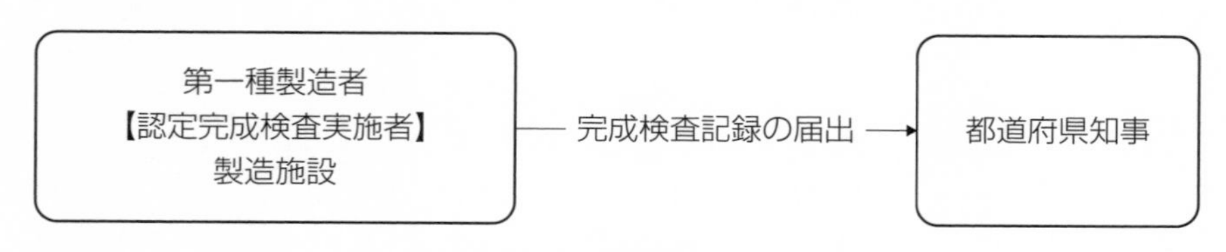

特定変更工事の完成検査

※**認定完成検査実施者**とは

特定変更工事に係る完成検査を自ら行うことができる者として，経済産業大臣の認定を受けた第一種製造者である。

（４）完成検査を要しない工事

第一種製造者の製造設備の取替えの工事で，設備の冷凍能力の変更が**所定の範囲（変更前の冷凍能力の20%以下）**であるものは，**完成検査を要しない。**

ただし，次の設備や工事は完成検査が必要である。

①耐震設計構造物として適用を受ける製造設備

②可燃性ガス及び毒性ガスを冷媒とする冷媒設備

③冷媒設備に係る切断・溶接を伴う工事

販売と輸入・消費

（1）高圧ガスの販売

①販売事業の届け出

高圧ガスの販売を営もうとする者は，販売所ごとに，事業開始の20日前までに，販売する高圧ガスの種類を記載した書面を添えて，**都道府県知事に届け出**なければならない。ただし，次の場合を除く。

・第一種製造者が事業所内で販売するとき。

・医療用の圧縮酸素などを販売するもので，貯蔵数量が常時容積5 m^3未満の販売所で販売するとき。

②販売業者等に係る技術上の基準

販売業者等は，次の技術上の基準に従って高圧ガスの販売をしなければならない。

・冷媒設備の引渡しは，外面にその強さを弱める腐食・割れ・すじ・しわなどがなく，かつ，冷媒ガスが漏えいしていないものであること。

・冷媒設備には，転落・転倒などによる衝撃を防止する措置を講じ，かつ，粗暴な取扱いをしないこと。

・高圧ガスの引渡し先の保安状況を明記した台帳を備えること。

（2）高圧ガスの輸入

①輸入検査

高圧ガスの輸入をした者は，輸入をした高圧ガス及びその容器につき，都道府県知事が行う輸入検査を受け，**輸入検査技術基準に適合**していると認められた後でなければ，これを移動してはならない。

ただし，**指定輸入検査機関が行う輸入検査**を受け，これが輸入検査技術基準に適合していると認められた場合は，この旨を都道府県知事に届け出することにより，**都道府県知事が行う輸入検査は免除**される。

②輸入検査の申請等

輸入検査を受けようとする者は，輸入検査申請書に輸入高圧ガス明細書を添えて，高圧ガスの陸揚地を管轄する**都道府県知事に提出**しなければならない。

（3）高圧ガスの消費

①**特定高圧ガス消費者**は，事業所ごとに，**消費開始の日の20日前**までに，所定の書面を添えて，その旨を**都道府県知事に届け出**なければならない。

②**特定高圧ガス**とは，下表に掲げる種類の高圧ガスで，その貯蔵設備の貯蔵能力が表の数量以上のものである。

［特定高圧ガス］

高圧ガスの種類	「特定高圧ガス」となる数量
特殊高圧ガス（アルシン，ジシラン，ジボラン，セレン化水素，ホスフィン，モノゲルマン，モノシラン）	0 m^3以上（容量を問わず1本でも貯蔵し，消費すると該当）
圧縮水素，圧縮天然ガス	300m^3以上
液化塩素ガス	1,000kg 以上
液化酸素，液化アンモニア，液化石油ガス	3,000kg 以上

第9節 高圧ガスの貯蔵

（1）高圧ガスの貯蔵

高圧ガス保安法では，高圧ガスの貯蔵について次のように定めている。

＜法第15条（高圧ガスの貯蔵）＞

高圧ガスの貯蔵は，所定の貯蔵に係る技術上の基準（一般則第18条）に従ってしなければならない。

［適用除外］・圧縮ガス：容積0.15m³以下

・液化ガス：質量1.5kg 以下

（2）貯蔵の方法に係る技術上の基準

一般高圧ガス保安規則では，容器による貯蔵の方法に係る技術上の基準を，次のように定めている。（一般則第18条）

容器により貯蔵する場合は，次の基準に適合しなければならない（高圧ガスを燃料として使用する車両に固定した燃料装置用容器を除く）。

①可燃性ガス又は毒性ガスの充てん容器等（充てん容器及び残ガス容器）の貯蔵は，**通風の良い場所**ですること。

②容器置場及び充てん容器等は，次に掲げる基準に適合すること。

- 充てん容器等は，充てん容器及び残ガス容器に**それぞれ区分**して容器置場に置くこと。
- 可燃性ガス，毒性ガス及び酸素の充てん容器等は，**それぞれ区分**して容器置場に置くこと。
- 容器置場には，計量器等作業に**必要な物以外の物を置かない**こと。
- 容器置場（不活性ガス及び空気を除く）の**周囲２m 以内**では，**火気の使用を禁じ**，かつ，**引火性又は発火性の物を置かない**こと。ただし，容器と火気又は引火性もしくは発火性の物の間を有効に遮る措置を講じた場合は，この限りではない。

・超低温容器以外の充てん容器等は，**常に温度40℃以下**に保つこと。
・**充てん容器等（内容積が５ℓ以下のものを除く）**には，転落，転倒などによる衝撃及びバルブの損傷を防止する措置を講じ，かつ，粗暴な取扱いをしないこと。
・**可燃性ガスの容器置場**には，携帯電燈以外の燈火を携えて立ち入らないこと。

③**シアン化水素を貯蔵**するときは，充てん容器等について１日１回以上そのガスの漏えいのないことを確認すること。

④**シアン化水素の貯蔵**は，容器に充てんした後60日を超えないものとすること。ただし，純度98％以上で，かつ，着色していないものについては，この限りではない。

⑤（第一種貯蔵所又は第二種貯蔵所以外での）**貯蔵は，船，車両もしくは鉄道車両に固定し，又は積載した容器によりしないこと**。（ただし消火の用に供する不活性ガス及び消防自動車，救急自動車などで緊急時に使用する高圧ガスを充てんしてあるものを除く）

⑥**一般複合容器等**で，その容器の刻印等において示された年月から**15年を経過**したものを高圧ガスの貯蔵に使用しないこと。

（３）貯蔵所

高圧ガス保安法では，一定量以上の高圧ガスを貯蔵する場合，第一種貯蔵所又は第二種貯蔵所としてさまざまな基準が適用される。第一種貯蔵所と第二種貯蔵所の適用量範囲について説明する。

＜貯蔵所（法第16条）＞

①貯蔵容量**300m³以上**の高圧ガスを貯蔵する場合は，都道府県知事に届け出て設置する貯蔵所（**第二種貯蔵所**）でなければならない。

②**3,000m³以上の第一種ガス（第一種ガス以外：1,000m³以上）**の高圧ガスを貯蔵する場合は，都道府県知事の許可を受けた貯蔵所（**第一種貯蔵所**）でなければならない。

[貯蔵所]

ガスの種類	貯蔵量(m^3)※1			
	0.15	300	1,000	3,000
第一種ガス(※2)	貯蔵(手続き不要)	第二種貯蔵所(届出)		第一種貯蔵所(許可)
第二種ガス(※3)	貯蔵(手続き不要)	第二種貯蔵所(届出)	第一種貯蔵所(許可)	

※1. 液化ガスの場合は，質量 10kg を 1m^3 に換算

※2. 第一種ガス：ヘリウム，ネオン，アルゴン，クリプトン，キセノン，ラドン，窒素，二酸化炭素，空気，フルオロカーボン(可燃性のものを除く)

※3. 第二種ガス：第一種ガス以外のガス

第10節 高圧ガスの廃棄

（1）廃棄

高圧ガスの廃棄は，廃棄の場所・数量その他廃棄の方法について，所定の廃棄に係る技術上の基準に従わなければならない。

（2）廃棄に係る技術上の基準①（冷凍則第34条）

①**可燃性ガスの廃棄**は，火気を取り扱う場所又は引火性もしくは発火性の物をたい積した場所及びその付近を避け，かつ大気中に放出して廃棄するときは，通風の良い場所で少量ずつ行うこと。

②**毒性ガスを大気中に放出して廃棄**するときは，危険・損害を他に及ぼす恐れの無い場所で少量ずつ行うこと。

（2）廃棄に係る技術上の基準②（一般則第62条）

①**廃棄**は，容器とともに行わないこと。

②**可燃性ガスの廃棄**は，火気を取り扱う場所又は引火性もしくは発火性の物をたい積した場所及びその付近を避け，かつ，大気中に放出して廃棄するときは，通風の良い場所で少量ずつ行うこと。

③**毒性ガスを大気中に放出して廃棄**するときは，危険・損害を他に及ぼす恐れの無い場所で，少量ずつ行うこと。

④**可燃性ガス又は毒性ガスを継続かつ反復して廃棄**するときは，ガスの滞留を検知するための措置を講じること。

⑤**酸素の廃棄**は，バルブ及び廃棄に使用する器具の石油類・油脂類その他可燃性の物を除去した後に行うこと。

⑥**廃棄した後**はバルブを閉じ，容器の転倒及びバルブの損傷を防止する措置を講ずること。

⑦**充てん容器等，バルブ又は配管を加熱するとき**は，熱湿布又は40℃以下の温湯その他の液体（可燃性のものなどは除く）を使用する。

演習問題〈高圧ガスに関する事業〉

問題１＜第１種＞＜第２種＞

事業の届け出などに関して，次の記述イ．ロ．ハ．のうち正しいものの組合せはどれか。

イ．第一種製造者は，製造する高圧ガスの種類又は製造の方法を変更しようとするときは，あらかじめ，都道府県知事にその旨を届け出なければならない。

ロ．もっぱら冷凍設備に用いる機器であって，省令で定めるものの製造の事業を行う者（機器製造業者）は，所定の技術上の基準に従ってその機器を製造しなければならない。

ハ．第二種製造者は，事業所ごとに，製造を開始後遅滞なく，製造をする高圧ガスの種類，製造のための施設の位置，構造及び設備並びに製造の方法を記載した書面を添えて，その旨を都道府県知事に届け出なければならない。

（選択肢）

（１）イ　（２）ロ　（３）イ，ハ　（４）ロ，ハ　（５）イ，ロ，ハ

解説

イ．「高圧ガス製造施設の位置・構造・設備の変更工事をするとき，又は製造する高圧ガスの種類や製造方法を変更するときは，あらかじめ，都道府県知事の許可を受けなければならない」と定められており，「都道府県知事にその旨を届け出なければならない」との記述は誤りである。

ロ．「もっぱら冷凍設備に用いる機器であって，………製造しなければならない」の記述は法第57条で定められた内容であり，正しい記述である。

ハ．「第二種製造者は，事業所ごとに，高圧ガスの製造開始20日前までに，その旨を都道府県知事に届け出なければならない」と定められており，「製造を開始後遅滞なく」との記述は誤りである。

解答　（２）

問題２＜第１種＞＜第２種＞

事業に関して，次の記述イ．ロ．ハ．のうち正しいものの組合せはどれか。

イ．第二種製造者が，製造をする高圧ガスの種類を変更使用とするとき，その旨を都道府県知事に届け出をしなくてもよい。

ロ．第二種製造者は，省令の定める技術上の基準に従って高圧ガスの製造をしなければならない。

ハ．第二種製造者は，製造設備の変更の工事を完成したときは，酸素以外のガスを使用する試運転又は，所定の気密試験を行った後でなければ，高圧ガスの製造をしてはならない。

（選択肢）

（１）イ　（２）ロ　（３）ハ　（４）ロ，ハ　（５）イ，ロ，ハ

解説

イ．「第二種製造者は，製造をする高圧ガスの種類を変更しようとするときは，あらかじめ，都道府県知事に届け出なければならない」（法第14条）と定められており，「都道府県知事に届け出をしなくてもよい」との記述は誤りである。

ロ．「第二種製造者は，省令の定める技術上の基準　………」以下の記述は全て正しい。

ハ．「製造設備の設置又は変更の工事を完成したときは，酸素以外のガスを使用する試運転又は許容圧力以上の圧力で行う気密試験を行った後でなければ製造をしないこと」（冷凍則第14条）と定められており，本記述は正しい。

解答　（４）

問題3<第1種><第2種>

事業に関して，次の記述イ．ロ．ハ．のうち正しいものの組合せはどれか。

イ．アンモニアを冷媒ガスとする冷凍設備（冷凍設備が1つの架台上に一体に組み立てられていないもの）であって，その冷凍能力が40トンである設備のみを使用して高圧ガスの製造をする第二種製造者は，冷凍保安責任者及びその代理者を選任しなければならない。

ロ．高圧ガスの製造は，製造をする高圧ガスの種類及び製造設備の態様に応じて，1日に1回以上，その製造設備に属する製造施設の異常の有無を点検しなければならない。そして異常のあるときは，その設備の補修その他の危険を防止する措置を講じなければならない。

ハ．第一種製造者は，製造をする高圧ガスの種類又は製造の方法を変更しようとするときは，あらかじめ，都道府県知事にその旨を届出なければならない。

（選択肢）

（1）イ　（2）ロ　（3）イ，ロ　（4）ロ，ハ　（5）イ，ロ，ハ

解説

イ．アンモニアを冷媒ガスとする冷凍設備であって，その冷凍能力が40トンである設備のみを使用して高圧ガスを製造するものは，「法第5条第2項」により第二種製造者である。そして第二種製造者であって，「法第5条第2項」に規定する者は，冷凍保安責任者を選任しなければならず，また冷凍保安責任者の代理者を選任しなければならないと定められている。従って，本文の記述は正しい。

ロ．「高圧ガスの製造は，………」以下の記述は全て正しい。

ハ．第一種製造者は，製造をする高圧ガスの種類又は製造の方法を変更しようとするときは都道府県知事の許可を受けなければならない。
従って，「都道府県知事にその旨を届出なければならない」との記述は誤りである。

解答　（3）

問題4＜第1種＞＜第2種＞

次の事業所に関して，下記の記述イ．ロ．ハ．のうち正しいものの組合せはどれか。

［事業所の状況］

・製造設備：定置式製造設備（1つの製造設備，専用機械室に設置）

・冷媒ガスの種類：アンモニア　　・1日の冷凍能力：180トン

・冷媒設備の圧縮機：容積圧縮機（往復動式）4基

・主な冷媒設備：凝縮器（円筒横置形で長さ3 m），受液器（容積4,000ℓ）

※本事業者は認定完成検査実施者ではありません。

イ．この事業所の凝縮器の取替え工事において，冷媒設備に係る切断・溶接を伴わない工事をするときは，都道府県知事の許可を受けなければならない。しかし，その工事の完成検査は受ける必要が無い。

ロ．この事業所の製造施設の特定変更工事をしたときに受ける完成検査は，都道府県知事又は高圧ガス保安協会もしくは指定完成検査機関のいずれかが行うものでなければならない。

ハ．この事業者から製造施設の全部の引渡しを受けた者は，都道府県知事の許可を受けなくてもその施設を使用することができる。

（選択肢）

（1）イ　（2）ロ　（3）ハ　（4）ロ，ハ　（5）イ，ロ，ハ

解説

イ．この事業所の冷媒ガスはアンモニア（可燃性および毒性ガス）であるので，冷媒設備に係る切断・溶接を伴わない工事でも軽微な変更の工事とはならない。従って，都道府県知事の許可とともに変更工事の完成検査を受ける必要がある。「完成検査は受ける必要が無い」は誤りである。

ロ．「この事業所の製造施設の　………」以下の記述は全て正しい。

ハ．その製造施設の全部の引き渡しを受けた場合，「都道府県知事の許可を受けた者に限って完成検査を受けることなく施設を使用できる」ため，「都道府県知事の許可を受けなくても」との記述は誤りである。

解答　（2）

問題５＜第１種＞＜第２種＞

次の事業所に関して，下記の記述イ．ロ．ハ．のうち正しいものの組合せはどれか。

［事業所の状況］

・製造設備の種類：定置式製造設備３基（１つの製造設備，専用機械室に設置）

・冷媒ガスの種類：フルオロカーボン R134a

・冷媒設備の圧縮機：遠心式圧縮機３基

・１日の冷凍能力：合計450トン（各150トン）

・主な冷媒設備：凝縮器（円筒横置形で長さ５m）

※本事業者は認定完成検査実施者ではありません。

イ．冷媒設備の配管以外の部分について行う耐圧試験は，水などの液体を使用して行うことが困難であると認められる場合には，空気・窒素などの気体を使用して許容圧力の1.25倍以上の圧力で耐圧試験を行うことができる。

ロ．製造設備において軽微な変更の工事をした場合，その工事完了後，遅滞なく，その旨を都道府県知事に届け出なければならない。

ハ．この冷媒設備には，圧縮機が強制潤滑方式であり，かつ潤滑油圧力に対する保護装置を有する場合の油圧系統を除いて，圧力計を設置する必要がある。

（選択肢）

（１）イ　（２）ロ　（３）イ，ロ　（４）ロ，ハ　（５）イ，ロ，ハ

解説

イ．「冷媒設備の配管以外の………」以下の記述は全て正しい。

ロ．本来，第一種製造者の製造設備の変更時は，都道府県知事の許可を受けなければならないのであるが，軽微な変更工事であるので届け出のみで良い。従って，本記述は正しい。

ハ．「この冷媒設備には，圧縮機が　………」以下の記述は全て正しい。

解答　（５）

問題6＜第1種＞＜第2種＞

事業に関して，次の記述イ．ロ．ハ．のうち正しいものの組合せはどれか。

イ．液化アンモニアの充てん容器及び残ガス容器に容器置場周囲2m以内においては，火気の使用が禁じられ，かつ引火性又は発火性の物を置くことが禁じられている。ただし，容器と火気又は引火性もしくは発火性の物との間を有効に遮る措置を講じた場合は，この限りでない。

ロ．冷凍保安責任者が家族旅行などで職務遂行できない場合，あらかじめ選任した冷凍保安責任者の代理者にその職務を代行させることができる。この場合の代理者は，高圧ガス保安法の適用において，冷凍保安責任者とみなされる。

ハ．充てん容器（内容積10ℓ）においては，乱暴な取扱いをしないように注意しておれば，必ずしも，転倒による衝撃及びバルブの損傷を防止する措置を講じなくても良い。

（選択肢）

（1）イ　（2）ロ　（3）イ，ロ　（4）ロ，ハ　（5）イ，ロ，ハ

解説

イ．「液化アンモニアの充てん容器及び………」以下の記述は正しい。

ロ．冷凍保安責任者の代理者は，この法律の規定について冷凍保安責任者とみなされるため，「冷凍保安責任者とみなされる」との記述は正しい。

ハ．「充てん容器等（内容積5ℓ以下を除く）は，転落・転倒等による衝撃及びバルブの損傷を防止する措置を講じ，かつ粗暴な取扱いをしないこと」と定められており，本記述は誤りである。

解答　（3）

問題７<第１種><第２種>

次の事業所に関して，下記の記述イ．ロ．ハ．のうち正しいものの組合せはどれか。

［事業所の状況］

・製造設備の種類：定置式製造設備３基（１つの製造設備，専用機械室に設置）

・冷媒ガスの種類：アンモニア　　・１日の冷凍能力：220トン

・冷媒設備の圧縮機：容積式圧縮機（往復動式）４基

・主な冷媒設備：凝縮器（円筒横置形で長さ2.0m）
　　　　　　　　受液器（内容積2,000ℓ）

イ．この受液器では，周囲にアンモニアが漏えいした場合にその流出を防止する措置を講じなければならない。

ロ．この製造設備では，設備から漏えいしたガスが滞留する恐れがある場合でも，漏えいを検知・警報するための設備を設ける義務はない。

ハ．充てん容器及び残ガス容器を車両に積載して貯蔵することは，特別な場合を除き禁じられている。

（選択肢）

（１）イ　（２）ロ　（３）イ，ロ　（４）ロ，ハ　（５）ハ

解説

イ．「内容積が１万ℓ以上の受液器には，液状のアンモニアガスが漏えいした場合には，その流出を防止するための措置を講じること」と定められており，内容積2,000ℓの受液器は対象とならない。従って，本記述は誤りである。

ロ．冷規第７条第１項に「可燃性ガス又は毒性ガスの製造施設には，漏えいするガスが滞留する恐れのある場所に，漏えいを検知・警報するための措置を講じなければならない」とあり，本記述は誤りである。

ハ．「貯蔵は，船・車両もしくは鉄道車両に固定し，又は積載した容器によりしないこと」と定められており，本記述は正しい。

解答　（５）

問題 8 <第 1 種><第 2 種>

高圧ガスの販売・輸入などに関して，次の記述イ．ロ．ハ．のうち正しいものの組合せはどれか。

イ．高圧ガスの販売を営もうとする者は，販売所ごとに，事業開始後，遅滞なく，販売する高圧ガスの種類を記載した書面を添えて，届け出なければならない。

ロ．高圧ガスの輸入をした者は，輸入をした高圧ガス及び容器の輸入検査を指定輸入検査機関で受け，輸入検査技術基準に適合していると認められた場合は，その旨を都道府県知事に届け出ることにより，都道府県知事が行う輸入検査が免除される。

ハ．高圧ガスの販売業者は，技術上の基準（冷媒設備の引渡しは，外面にその強さを弱める腐食・割れ・すじ・しわなどがなく，冷媒ガスが漏えいしていないもの，など）に従って，販売しなければならない。

（選択肢）

（1）イ　（2）ロ　（3）イ，ロ　（4）ロ，ハ　（5）イ，ロ，ハ

解説

イ．販売事業の届け出は，「事業開始の20日前まで」と定められており，「事業開始後，遅滞なく」との記述は誤りである。

ロ．「高圧ガスの輸入をした者は，…………」以下の文章は法第22条第１項に定められており，記述内容は正しい。

ハ．冷凍則第27条に「販売業者等に係る技術基準」が定められており，高圧ガスの販売はこの基準に従って行う必要がある。よって，本記述は正しい。

解答　（4）

第 3 章
高圧ガスに関する保安

第1節 危害予防と保安教育

（1）危害予防規定の届出

第一種製造者は，危害予防規定届出書に危害予防規定（変更のときは変更の明細を記載した書面）を添えて，事業所の所在地を管轄する**都道府県知事に届け出**なければならない。（**第二種製造者**には，危害予防規定作成の定めはない）

（2）危害予防規定（法第26条）

危害予防規定では，第一種製造者の義務や都道府県知事の責任とともに，災害の発生防止や災害が起きた場合の事業所が自ら行うべき保安活動について，次のように定められている。

①**第一種製造者**は，危害予防規定を定め，都道府県知事に届け出なければならない。これを変更したときも同様である。

②**都道府県知事**は，公共の安全の維持又は災害の発生防止のために必要があると認めるときは，危害予防規定の変更を命ずることができる。

③**第一種製造者及びその従業者**（冷凍保安責任者等を含む）は，危害予防規定を守らなければならない。

④**都道府県知事**は，第一種製造者又はその従業者が危害予防規定を守っていない場合，公共の安全の維持又は災害の発生防止のために必要があると認めるときは，第一種製造者に対して危害予防規定を守るべきこと，又はその従業者に危害予防規定を守らせるための必要な措置をとるべきことを命じ，又は勧告することができる。

（3）危害予防規定の細目

危害予防規定で定める細目には，次に掲げる11項目がある。

①**所定の技術上の基準**（冷凍則第7条，第9条）に関すること。

②**保安管理体制及び冷凍保安責任者**の行うべき職務の範囲に関すること。

③製造設備の安全な運転及び操作に関すること。

④**製造設備**の保安・巡視及び点検に関すること。
⑤**製造施設**の増設工事及び修理作業の管理に関すること。
⑥**製造施設**が危険な状態のときの措置及びその訓練方法に関すること。
⑦**協力会社の作業の管理**（下請会社も含む）に関すること。
⑧**従業員に対する危害予防規定**の周知方法及び危害予防規定に違反した者に対する措置に関すること。
⑨**保安に係る記録**に関すること。
⑩**危害予防規定の作成及び変更**の手続きに関すること。
⑪**災害の発生防止**のために必要な事項に関すること。

（４）保安教育（法第27条）

第一種製造者は，従業者に対し**保安教育計画**を定め，これに従って，設備の操作方法や管理・高圧ガスの知識，高圧ガス保安法の理解などの保安教育を実施し，高圧ガスによる人的及び物的損傷を防止し，公共の安全を確保しなければならない。（保安教育計画の届け出の定めはない）

①**第一種製造者**は，その従業者に対する保安教育計画を定めなければならない。（**第二種製造者**には，計画作成の定めはない）
②**都道府県知事**は，公共の安全の維持又は災害の発生防止上で十分でないと認めるときは，保安教育計画の変更を命ずることができる。
③**第一種製造者**は，保安教育計画を忠実に実行しなければならない。
④**第二種製造者・第一種貯蔵所・販売業者・特定高圧ガス消費者**は，その従業員に保安教育を施さなければならない。
⑤**都道府県知事**は，次の場合に第一種製造者又は第二種製造者等に対して，それぞれの保安教育計画を忠実に実行し，又はその従業者に保安教育を施し，もしくはその内容もしくは方法を改善すべきことを勧告することができる。
・第一種製造者が保安教育計画を忠実に実行していない場合，公共の安全の維持もしくは災害の発生防止上で十分でないと認めるとき。
・第二種製造者等がその従事者に施す保安教育が，公共の安全の維持もしくは災害の発生防止上で十分でないと認めるとき。
⑥**高圧ガス保安協会**は，高圧ガスによる災害の防止に資するため，高圧ガスの種類ごとに，保安教育計画を定め，又は保安教育を施すに当たって基準

となるべき事項を作成し，これを公表しなければならない。

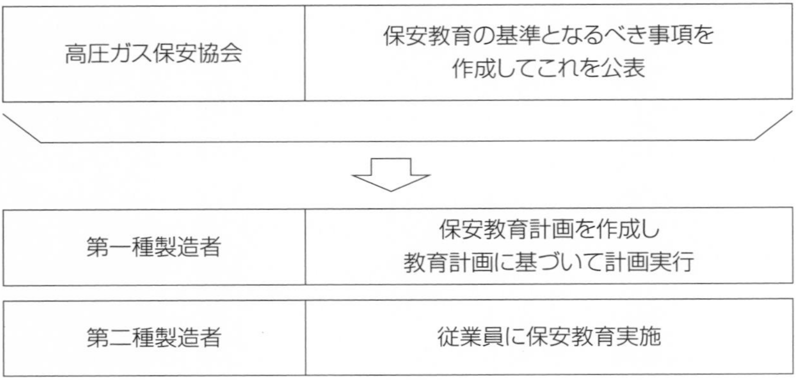

高圧ガス保安協会	保安教育の基準となるべき事項を 作成してこれを公表

⇩

第一種製造者	保安教育計画を作成し 教育計画に基づいて計画実行
第二種製造者	従業員に保安教育実施

保安教育計画の実施

(5) 保安体制

第一種製造者及び特定の第二種製造者は，製造施設の規模や事業形態に応じて保安統括者等を選任して，高圧ガス製造に係わる保安に関する業務を管理させなければならない。

①**保安統括者**は，高圧ガスの製造に係る保安に関する業務を統括管理する。

②**保安技術管理者**は，保安統括者を補佐して，高圧ガスの製造に係る保安に関する技術的な事項を管理する。

③**保安係員**は，製造のために施設の維持・製造の方法の監視，その他の高圧ガスの製造に係る保安に関する技術的な事項を管理する。

冷凍保安責任者

（1）冷凍保安責任者

冷凍保安責任者とは，第一種製造者・第二種製造者などの事業場における冷凍設備の運転や保守の責任者のことである。冷凍保安責任者試験に合格し，免状交付申請により免状が交付される。

（2）選任と届出

第一種製造者・第二種製造者は，事業所ごとに製造保安責任者免状（冷凍機械責任者免状）の交付を受けている者で，所定の高圧ガスの製造に関する経験（次頁参照）を有する者の中から，冷凍保安責任者を選任し，高圧ガスの製造に係る保安に関する業務を管理する職務を行わせなければならない。

認定指定設備を設置している場合は，その認定指定設備の冷凍能力を除いた冷凍能力に対して選任する。

※**認定指定設備**とは

本来，第一種製造者に該当する設備であるにもかかわらず，第二種製造事業所としての法手続きを行う設備である。ただし定期自主検査は実施しなければならない。

冷凍保安責任者を選任したときは，遅滞なくその旨を都道府県知事に届け出なければならない。これを解任したときも同様とする。

（3） 必要な免状と必要な経験

製造施設の区分による「必要な免状」と「必要な経験」は，次の通りである。

[冷凍保安責任者の選任等]

製造施設の区分	必要な免状	必要な経験
1日の冷凍能力が300トン以上の製造施設	第一種冷凍機械責任者免状	1日の冷凍能力が100トン以上の製造施設で高圧ガスの製造に関する1年以上の経験
1日の冷凍能力が100トン以上300トン未満の製造施設	第一種冷凍機械責任者免状 第二種冷凍機械責任者免状	1日の冷凍能力が20トン以上の製造施設で高圧ガスの製造に関する1年以上の経験
1日の冷凍能力が100トン未満の製造施設	第一種冷凍機械責任者免状 第二種冷凍機械責任者免状 第三種冷凍機械責任者免状	1日の冷凍能力が3トン以上の製造施設で高圧ガスの製造に関する1年以上の経験

（4） 代理者の選任

あらかじめ，**冷凍保安責任者の代理者**を選任し，冷凍保安責任者が旅行・疾病その他の事故によってその職務を行うことができない場合に，その職務を代行させなければならない。冷凍保安責任者の代理者は，製造保安責任者免状の交付を受けている者で，高圧ガスの製造に関する経験を有する者の中から，選任しなければならない。

保安検査と定期自主検査

（1）保安検査

保安検査とは，製造施設を一定期間運転した後に，第一種製造者の**特定施設**の位置・構造及び設備が，所定の技術基準に適合しているかどうかを，定期的に点検・確認する法定検査である。

※**特定施設**とは
高圧ガスの爆発その他災害の発生する恐れがある製造施設
<特定施設の適用除外>
・ヘリウム，R21又はR114を冷媒ガスとする製造施設
・製造施設のうち認定指定設備の部分

①**第一種製造者**は，特定施設について，定期的に（3年以内に少なくとも1回以上），都道府県知事が行う保安検査を受けなければならない。
ただし下記については，都道府県知事が行う保安検査を受けなくても良い。
・**高圧ガス保安協会**又は**指定保安検査機関**が行う保安検査を受け，その旨を都道府県知事に届け出た場合
・**認定保安検査実施者**が，その認定に係る特定施設について，検査の記録を都道府県知事に届け出た場合

※**認定保安検査実施者**とは
自らが保安検査を行うこと者として，国に認定された者である。**認定実施者**ともいう。

②**高圧ガス保安協会又は指定保安検査機関**は，保安検査を行ったときは，遅滞なく，その結果を都道府県知事に報告しなければならない。

③**保安検査の実施内容**は次の通りである。
・**都道府県知事が行う保安検査**は，3年以内に少なくとも1回以上行う。

- **保安検査を受けようとする第一種製造者**は，製造施設完成検査証の交付を受けた日又は前回の保安検査証の交付を受けた日から 2 年11月を超えない日までに，保安検査申請書を事業所の所在地を管轄する都道府県知事に提出しなければならない。
- **都道府県知事**は，保安検査において，特定施設が技術上の基準に適合していると認めるときは，保安検査証を交付するものとする。

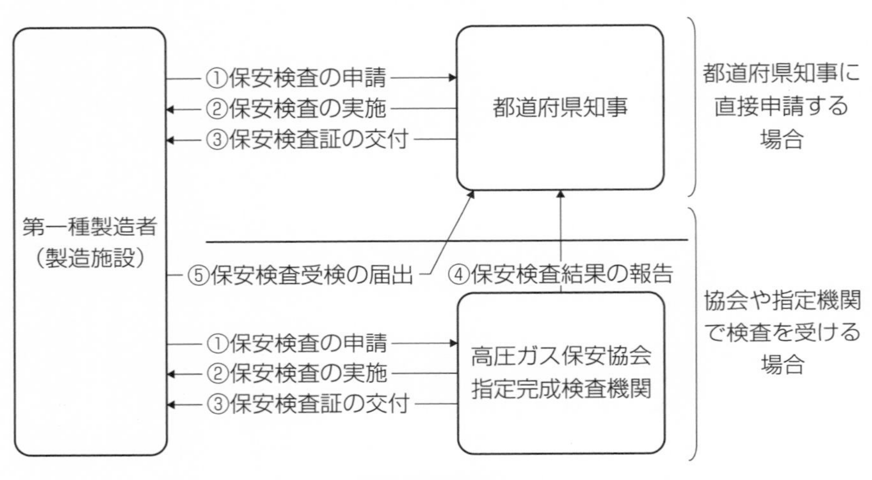

保安検査の手続き

（2）定期自主検査

定期自主検査とは，製造施設の冷凍保安責任者など現場責任者が，自ら定期的に設備の点検などを行う検査である。製造施設の位置・構造及び設備が所定の技術上の基準（耐圧試験に係るものを除く）に適合しているかどうかについて行う検査である。

①**下記対象施設**について，定期的に保安のための自主検査を行い，その検査記録を作成し，これを保存しなければならない。

<対象施設>

○第一種製造者の高圧ガス製造施設

○第二種製造者の次の施設

- 認定指定設備を使用する施設

・１日の冷凍能力が20トン以上であるフルオロカーボン（不活性ガス以外）及びアンモニアを冷媒ガスとする設備

・１日の冷凍能力が50トン以上であるユニット型設備を使用する設備

○特定高圧ガス製造施設

②**定期自主検査の実施内容**は次の通りである。

○**第一種製造者・第二種製造者**が行う製造設備の自主検査は，製造施設の位置・構造及び設備が所定の技術上の基準(耐圧試験に係るものを除く)に適合しているかどうかを，１年に１回以上行わなければならない。

○**選任した冷凍保安責任者**に，自主検査の実施について監督を行わせなければならない。

○**検査記録**には，次に掲げる事項を記載すること。

・検査をした製造施設

・検査をした製造施設の設備ごとの検査方法および結果

・検査年月日

・検査の実施について監督を行った者の氏名

○**検査記録**は，電磁的方法（電子的方法，磁気的方法など）により記録することにより作成し，保存することができる。ただし，検査記録が必要に応じ電子計算機などの機器を用いて直ちに表示できるようにしておく。

[冷媒別の検査一覧表]

<table>
<tr><th colspan="2" rowspan="2">冷媒の種類</th><th colspan="6">冷凍能力(トン)</th></tr>
<tr><th>0</th><th>3</th><th>5</th><th>20</th><th>50</th><th>60</th></tr>
<tr><td rowspan="8">フルオロカーボン(不活性ガス)</td><td rowspan="3">通常</td><td colspan="2">適用除外</td><td>その他製造者</td><td>第二種製造者</td><td colspan="2">第一種製造者</td></tr>
<tr><td colspan="4" rowspan="2"></td><td colspan="2">保安検査(R114除く)</td></tr>
<tr><td colspan="2">定期自主検査</td></tr>
<tr><td rowspan="3">ユニット型</td><td colspan="2">適用除外</td><td>その他製造者</td><td>第二種製造者</td><td colspan="2">第一種製造者</td></tr>
<tr><td colspan="4" rowspan="2"></td><td colspan="2">保安検査(R114除く)</td></tr>
<tr><td colspan="2">定期自主検査</td></tr>
<tr><td rowspan="2">認定指定設備</td><td colspan="4" rowspan="2"></td><td colspan="2">第一種製造者</td></tr>
<tr><td colspan="2">定期自主検査</td></tr>
<tr><td rowspan="3">フルオロカーボン(不活性ガス以外)</td><td rowspan="3">通常</td><td>適用除外</td><td>その他製造者</td><td colspan="2">第二種製造者</td><td colspan="2">第一種製造者</td></tr>
<tr><td colspan="4"></td><td colspan="2">保安検査</td></tr>
<tr><td colspan="3"></td><td colspan="3">定期自主検査</td></tr>
<tr><td rowspan="3">アンモニア</td><td rowspan="3">通常</td><td>適用除外</td><td>その他製造者</td><td colspan="2">第二種製造者</td><td colspan="2">第一種製造者</td></tr>
<tr><td colspan="4"></td><td colspan="2">保安検査</td></tr>
<tr><td colspan="3"></td><td colspan="3">定期自主検査</td></tr>
<tr><td colspan="2" rowspan="3">その他のガス(ヘリウム・プロパン・二酸化炭素など)</td><td>適用除外</td><td colspan="2">第二種製造者</td><td colspan="3">第一種製造者</td></tr>
<tr><td colspan="3" rowspan="2"></td><td colspan="3">保安検査(ヘリウム除く)</td></tr>
<tr><td colspan="3">定期自主検査</td></tr>
</table>

危険措置と火気制限

(1) 危険時の措置(法第36条)

①高圧ガス製造施設・貯蔵所・販売施設・特定高圧ガスの消費施設又は高圧ガスを充てんした容器が**危険状態になったときは**,製造施設の所有者又は占有者は,直ちに所定の**災害の発生防止のための応急の措置**(下記参照)を講じなければならない。

②前項の事態を**発見した者**は,**応急の措置**を講じるとともに,直ちにその旨を**都道府県知事又は警察官・消防吏員もしくは消防団員もしくは海上保安官に届け出**なければならない。

(2) 危険時の応急措置(冷凍則第45条)

災害の発生により製造施設が危険状態になったときは,次の応急措置を講じなければならない。

①**製造施設が危険状態になったときは,直ちに応急措置**を行うとともに,製造作業を中止し,冷媒設備内のガスを安全な場所に移し,又は大気中に安全に放出し,この作業に特に必要な作業員の他は退避させる。

②①に掲げる措置を講ずることができないときは,**従業者又は必要に応じて付近の住民に退避するように警告**すること。

(3) 火気等の制限(法第37条)

①何人も,第一種製造者・第二種製造者が指定する場所で**火気を取り扱ってはならない。**

②何人も,第一種製造者・第二種製造者の承諾を得ないで,**発火しやすい物を携帯して,規定する場所に立ち入ってはならない。**

帳簿と事故届け

（1）帳簿（法第60条）

第一種製造者・第一種貯蔵所又は第二種貯蔵所の所有者又は占有者・販売業者・容器製造業者及び容器検査所の登録を受けた者は，所定の帳簿を備え，高圧ガスもしくは容器の製造・販売もしくは出納又は容器再検査もしくは附属品再検査について，所定の事項（冷凍則第65条）を記載し，これを保存しなければならない。

（2）帳簿に記載する事項と保存（冷凍則第65条）

第一種製造者は，事業所ごとに，次の事項を記載した帳簿を備え，記載の日から**10年間保存**しなければならない。

・製造施設に異常があった年月日

・それに対してとった措置

（3）事故届け（法第63条）

第一種製造者・第二種製造者・販売業者・高圧ガスを貯蔵し，または消費する者・容器製造業者・容器の輸入をした者その他高圧ガス又は容器を取り扱う者は，次に掲げる場合は，遅滞なく，その旨を都道府県知事又は警察官に届け出なければならない。

・その所有し，又は占有する高圧ガスについて災害が発生したとき

・その所有し，又は占有する高圧ガス又は容器を喪失し，又は盗まれたとき

（4）現状変更の禁止（法第64条）

何人も，高圧ガスによる災害が発生したときは，交通の確保その他公共の利益のためにやむを得ない場合を除き，経済産業大臣・都道府県知事又は警察官の指示なく，その現状を変更してはならない。

演習問題〈高圧ガスに関する保安〉

問題1＜第1種＞＜第2種＞

高圧ガスの保安に関して，次の記述イ．ロ．ハ．のうち正しいものの組合せはどれか。

イ．第一種製造者は，危害予防規定を定め都道府県知事に届け出なければならないが，その危害予防規定を変更したときは，必ずしも都道府県知事に届け出る必要はない。

ロ．高圧ガス製造施設での災害発生を発見したときは，直ちにその旨を都道府県知事又は警察官・消防吏員もしくは消防団員もしくは海上保安官に届け出なければならないが，応急措置を講じる定めはない。

ハ．第一種製造者は，従業者に対する保安教育計画を定め，これを忠実に実行しなければならない。しかし，その保安教育計画を都道府県知事に届け出る定めはない。

（選択肢）

（1）イ　（2）ロ　（3）ハ　（4）ロ，ハ　（5）イ，ロ，ハ

解説

イ．危害予防規定を定めたときと同様に，危害予防規定を変更したときも都道府県知事に届け出なければならない。従って，本記述は誤りである。

ロ．災害発生を発見したときは，届け出と同時に「直ちに所定の災害の発生防止のための応急の措置を講じなければならない」と定められており，本記述は誤りである。

ハ．第一種製造者は，保安教育計画を定め忠実に実行しなければならないが，保安教育計画を都道府県知事に届け出る定めはない。従って，本記述は正しい。

解答　（3）

問題２<第１種><第２種>

高圧ガスの保安に関して，次の記述イ．ロ．ハ．のうち正しいものの組合せはどれか。

イ．冷凍保安責任者が，旅行・疾病その他の事故によってその職務遂行ができないときは，直ちに，高圧ガスに関する知識を有する者の中から，代理者を選任し都道府県知事に届け出なければならない。

ロ．フルオロカーボンを冷媒とし１日の冷凍能力が350トンである製造施設における冷凍保安責任者としては，第一種冷凍機械責任者免状の交付を受け，かつ，１日の冷凍能力が100トン以上の製造施設で高圧ガスの製造に関する１年以上の経験を有する者，の中から選任しなければならない。

ハ．冷凍保安責任者を解任し，新たな者を選任したときは，遅滞なく，その解任及び選任の旨を都道府県知事に届け出なければならない。しかし，冷凍保安責任者の代理者についてはその定めはない。

（選択肢）

（1）イ　（2）ロ　（3）ハ　（4）ロ，ハ　（5）イ，ロ，ハ

解説

イ．旅行・疾病その他の事故によってその職務を行うことができない場合に備えて，あらかじめ，冷凍保安責任者の代理者を選任しておく必要がある。従って，本記述は誤りである。

ロ．この事業者は，１日の冷凍能力が300トン以上の区分に応じた，冷凍保安責任者を選任する必要があり，１日の冷凍能力100トン以上の製造施設で１年以上の経験を有する者でなければならない。従って，本記述の内容は正しい。

ハ．「冷凍保安責任者を解任し，新たな者を選任したときは，……都道府県知事に届け出なければならない」は正しい。これは代理者についても同様であり，「代理者についてはその定めはない」との記述は，誤りである。

解答　（2）

問題 3 <第 1 種><第 2 種>

第一種製造者（認定保安検査実施者ではない）が受ける保安検査について，次の記述イ．ロ．ハ．のうち正しいものの組合せはどれか。

イ．保安検査は，製造施設の位置・構造及び設備並びに製造の方法が，所定の技術の基準に適合しているかどうかについて行われる。

ロ．認定指定設備の部分を除く製造施設について，都道府県知事・高圧ガス保安協会又は指定保安検査機関が行う保安検査を，3 年以内に少なくとも 1 回以上受ける必要がある。

ハ．製造施設について定期的に保安のための自主検査を行い，これが所定の技術上の基準に適合していることを確認した記録を都道府県知事に届け出た場合は，都道府県知事・高圧ガス保安協会又は指定保安検査機関が行う保安検査を受ける必要はない。

（選択肢）

（1）イ　（2）ロ　（3）イ，ロ　（4）ロ，ハ　（5）イ，ロ，ハ

解説

イ．保安検査証を交付する条件として「製造施設の位置・構造及び設備が省令で定める技術の基準に適合していること」と定められており，「製造の方法が所定の技術の基準に適合しているかどうか」の記述はない。従って，本記述は誤りである。

ロ．認定保安設備に係る部分については保安検査を要しない。それ以外の製造施設で受ける保安検査は，都道府県知事だけでなく，高圧ガス保安協会又は指定保安検査機関で保安検査（3 年以内に少なくとも 1 回以上）を受けることも可能である。（ただし，都道府県知事への報告は必要）従って，本記述は正しい。

ハ．定期自主検査を行ったからといって，保安検査を受けなく良いということはない。従って，本記述は誤りである。

解答　（2）

問題4＜第1種＞＜第2種＞

第一種製造者（認定保安検査実施者ではない）が行う定期自主検査について，次の記述イ．ロ．ハ．のうち正しいものの組合せはどれか。

イ．定期自主検査を行ったときは，その検査記録を保存するとともに，遅滞なく，その結果を都道府県知事に届け出なければならない。

ロ．定期自主検査記録について，記載事項の定めはない。事業者が自らが製造施設の状況に応じて項目を定めて実施する。

ハ．定期自主検査は，対象製造施設の位置・構造及び設備が所定の技術上の基準（耐圧試験に係るものを除く）に適合しているかどうかについて，1年に1回以上行わなければならない。

（選択肢）

（1）イ　（2）ロ　（3）ハ　（4）ロ，ハ　（5）イ，ロ，ハ

解説

イ．定期自主検査として，検査記録を作成し保存しなければならないが，その結果を都道府県知事に届け出なければならない定めはない。従って，本記述は誤りである。

ロ．定期自主検査記録については，記載事項は定められている（①検査をした製造施設　②検査をした製造施設の検査方法および結果　③検査年月日　④検査実施の監督者の氏名）。従って，本記述は誤りである。

ハ．「定期自主検査は，…………　1年に1回以上行わなければならない」の記述は全て正しい。

解答　（3）

問題5 <第1種><第2種>

高圧ガス製造施設での危険時の措置に関して，次の記述イ．ロ．ハ．のうち正しいものの組合せはどれか。

イ．災害の発生により製造施設が危険状態になったときは，直ちに応急措置を行うとともに，製造作業を中止し，冷媒設備内のガスを安全な場所に移し，又は大気中に安全に放出し，この作業に特に必要な作業員の他は退避させるなどを行う。

ロ．製造施設が危険状態になったときは応急措置を講じる定めはあるが，都道府県知事又は警察官・消防吏員もしくは消防団員もしくは海上保安官に届け出る定めはない。

ハ．何人も，事業者の承諾を得ないで，発火しやすい物を携帯して，規定する場所に立ち入ってはならない。

（選択肢）

（1）イ　（2）ロ　（3）ハ　（4）イ，ハ　（5）イ，ロ，ハ

解説

イ．「災害の発生により製造施設が危険状態になったときは，…………退避させるなどを行う」の記述は全て正しい。

ロ．製造施設が危険状態になったときは，都道府県知事又は警察官・消防吏員もしくは消防団員もしくは海上保安官に届け出る定めがある。「届け出る定めはない」との記述は誤りである。

ハ．「何人も，第一種製造者・第二種製造者の承諾を得ないで，発火しやすい物を携帯して，規定する場所に立ち入ってはならない」と定められており，本記述は正しい。

解答　（4）

問題6 <第1種><第2種>

災害発生時の帳簿などに関して，次の記述イ．ロ．ハ．のうち正しいものの組合せはどれか。

イ．何人も，事業者が指定する場所で火気を取り扱ってはならない。また，事業者の承諾を得ないで，発火しやすい物を携帯して，規定する場所に立ち入ってはならない。

ロ．製造施設に異常があった年月日及びそれに対してとった措置を記載した帳簿を備え，これを記載した日から次回の保安検査の日まで，保存しなければならない。

ハ．高圧ガス又はその容器の所有者は，占有する高圧ガス又は容器を喪失し，又は盗まれたときは，遅滞なく，その旨を都道府県知事又は警察官に届け出なければならない。

（選択肢）

（1）イ　（2）ロ　（3）ハ　（4）イ，ハ　（5）イ，ロ，ハ

解説

イ．「何人も，第一種製造者・第二種製造者が指定する場所で火気を取り扱ってはならない」「何人も，第一種製造者・第二種製造者の承諾を得ないで，発火しやすい物を携帯して，規定する場所に立ち入ってはならない。」と定められており，本記述は正しい。

ロ．異常があった年月日及びそれに対してとった措置を記載した帳簿は，「記載した日から10年間保存」と定められており，本記述は誤りである。

ハ．「高圧ガス又はその容器の所有者は，…………届け出なければならない」の記述は全て正しい。

解答　（4）

第 4 章
高圧ガスに関する容器

第1節 容器検査など

（1）容器検査（法第44条）

①**容器の製造又は輸入をした者**は，経済産業大臣・高圧ガス保安協会又は経済産業大臣が指定する者（指定容器検査機関）が行う**容器検査を受け**，これに合格したものとして**刻印又は標章の掲示**がされているものでなければ，容器を譲渡し，又は引き渡してはならない。

ただし，**次に掲げる容器については，この限りでない。**

- 登録容器製造業者が製造した容器で，刻印又は標章の掲示がされているもの
- 輸出その他の所定の用途に供するもの
- 高圧ガスを充てんして輸入された容器で，高圧ガスを充てんしてあるもの

②**容器検査を受けようとする者**は，容器に充てんしようとする高圧ガスの種類及び圧力を明らかにしなければならない。

③**容器検査を受けようとする者**は，再充てん禁止容器について，その容器が再充てん禁止容器である旨を明らかにしなければならない。

④**容器検査においては**，その容器が所定の高圧ガスの種類及び圧力の大きさ別の容器の規格に適合するときは，これを合格とする。

⑤**何人も，容器に**，所定の刻印又は標章の掲示と紛らわしい刻印又は標章の掲示をしてはならない。

（2）容器再検査（法第49条）

容器再検査は，容器が容器検査又は前回の容器再検査の後，一定期間を経過したとき及び容器が損傷を受けたときに，容器の安全性を確保するために行う。

①**容器再検査**は，経済産業大臣・高圧ガス保安協会・指定容器検査機関又は経済産業大臣が行う容器検査所の登録を受けた者が所定の方法で行う。

②**容器再検査**においては，その容器が所定の高圧ガスの種類及び圧力の大きさ別の規格に適合しているときは，これを合格とする。

③**経済産業大臣・高圧ガス保安協会・指定容器検査機関又は容器検査所の登録を受けた者**は，容器が容器再検査に合格した場合において，速やかに，**所定の刻印**をしなければならない。又，刻印をすることが困難なものとして定める容器には**標章の掲示**をしなければならない。

④**何人も，容器に，**所定の刻印又は標章の掲示と紛らわしい刻印又は標章の掲示をしてはならない。

⑤**容器検査所の登録を受けた者が容器再検査を行うべき場所**は，その登録を受けた容器検査所とする。

（3）容器再検査の期間（容器則24条）

容器は，次の所定の期間ごとに再検査を受けなければならない。

①**溶接容器**など（溶接容器・超低温容器及びろう付け容器）

・経過年数（製造した後の経年数）が20年未満のもの：5年ごと

・経過年数が20年以上のもの：2年ごと

②**一般継目なし容器**：5年ごと

③**一般複合容器**：3年ごと

（4）附属品検査（法第49条2）

附属品（バルブその他の容器の附属品）**の製造又は輸入をした者**は，経済産業大臣・高圧ガス保安協会又は指定容器検査機関が所定の方法で行う**附属品検査を受け**，これに合格したものとして**所定の刻印**がされているものでなければ，附属品を譲渡し，又は引き渡してはならない。

※容器に装置されるバルブで，附属品検査で合格したものに刻印すべき事項の1つに「附属品が装置されるべき容器の種類」がある。

（5）高圧ガスの充てん（法第48条抜粋）

①**充てんする容器の規定**

高圧ガス容器（再充てん禁止容器を除く）は，次にいずれにも該当するものでなければならない。

・容器検査に合格し，**所定の刻印等**（刻印又は標章）又は**自主検査刻印等**がされていること

・**所定の表示**をしてあるものであること
・容器検査もしくは容器再検査を受けた後，所定の期間を経過した容器又は損傷を受けた容器は，容器再検査を受け，これに合格し，**容器に所定の刻印又は標章の掲示**がされているものであること

②再充てん禁止容器の規定

高圧ガスを充てんした**再充てん禁止容器**及び高圧ガスを充てんして輸入された**再充てん禁止容器**には，再度高圧ガスを充てんしてはならない。

③容器に充てんする高圧ガスの規定

容器に充てんする高圧ガスは，刻印又は自主検査刻印に示された種類の高圧ガスである。

・**圧縮ガス**は，刻印又は自主検査刻印において示された最高充てん圧力（記号：FP）以下のものである。
・**液化ガス**は，所定の方法により，刻印・自主検査刻印で示された内容積に応じて計算した質量以下のものであること。

（6）液化ガスの質量の計算方法（容器則第22条）

液化ガスの最大充てん質量は，次の式で計算した値以下で行う。

液化ガスの質量　$G=\frac{V}{C}$　(kg)

V：容器の内容積（ℓ）

C：容器保安規則で定める液化ガスの種類に応じた値（ℓ/kg）

第2節 容器の刻印及び表示

（1）容器の刻印（法第45条）

容器検査に合格した容器には刻印又は標章を掲示しなければならない。

①**経済産業大臣・高圧ガス保安協会又は指定容器検査機関**は，容器が容器検査に合格した場合に，速やかに，その容器に刻印しなければならない。

②**刻印をすることが困難な容器**は，容器に標章を掲示しなければならない。

③**何人も，容器に**，所定の刻印等（刻印又は標章の掲示）と紛らわしい刻印等をしてはならない。

（2）刻印の方式（容器則第8条抜粋）

容器に刻印しようとする者は，容器の厚肉の部分の見やすい箇所に，明瞭に消えないように，次の事項をその順序で刻印しなければならない。

①**検査実施者の名称の符号**

②**容器製造業者の名称又は符号**

③**充てんすべき高圧ガスの種類**

④**容器の記号及び番号**

⑤**内容積**（記号：V，単位：ℓ）

⑥附属品を含まない**容器の質量**（記号：W，単位：kg）

⑦アセチレンガスを充てんする容器では，**多孔質物及び附属品の質量を加えた質量**（記号：TW，単位：kg）

⑧容器検査に**合格した年月**（内容積が4,000ℓ以上など特に定められた容器では，**年月日**）

⑨**耐圧試験における圧力**（記号：TP，単位：MPa）及びM

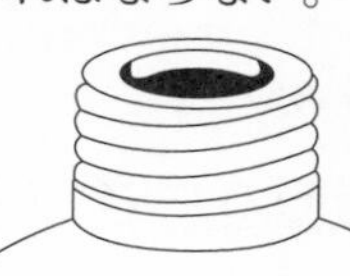

容器の刻印

⑩圧縮ガスを充てんする容器にあっては，**最高充てん圧力**（記号：FP，単位：MPa）及びM

⑪内容積が500ℓを超える容器では，**胴部の肉厚**（記号：t，単位：mm）

（3）容器の表示（法第46条，法第47条）

①**容器の所有者**は，次に掲げるときは，遅滞なく，その容器に所定の表示をしなければならない。その表示が滅失したときも同様とする。

・容器に刻印等がされたとき

・容器再検査で容器に刻印等をしたとき

・自主検査刻印等がされている容器を輸入したとき

②**容器の輸入をした者**（高圧ガスを充てんしたものに限る）は，容器が検査に合格したときは，遅滞なく，その容器に所定の表示をしなければならない。その表示が滅失したときも同様とする。

③**容器を譲り受けた者**は，遅滞なく，その容器に所定の表示をしなければならない。

④**何人も**，規定された以外に，容器に表示又は紛らわしい表示をしてはならない。

（4）表示の方式（容器則第10条抜粋）

①外面にガス種類を塗色表示

高圧ガスの種類に応じて，塗色をその容器の外面の見易い箇所に，容器の表面積の2分の1以上について行うものとする。

[高圧ガス容器の塗色]

高圧ガスの種類	塗色の区分
酸素ガス	黒色
水素ガス	赤色
液化炭酸ガス	緑色
液化アンモニア	白色
液化塩素	黄色
アセチレンガス	かっ色
その他の種類の高圧ガス	ねずみ色

②外面に高圧ガスの名称表示

容器の外面に次の事項を明示すること。

・充てんできる高圧ガスの名称

・可燃性ガス**「燃」**，毒性ガス**「毒」**の文字

③外面に所有者名の表示

容器の外面に所有者の氏名など（所有者の氏名又は名称，住所及び電話番号）の所定の事項を明示する。その事項に変更があるときは，遅滞なく，変更しなければならない。

第3節 容器の移動

（1）高圧ガス容器の移動

高圧ガス保安法では，高圧ガスの移動について次のように定めている。

①**高圧ガスを移動**するには，その容器について，経済産業省令で定める保安上必要な措置を講じなければならない。

②**車両により高圧ガスを移動**するには，その積載方法及び移動方法について，所定の技術上の基準に従わなければならない。

（2）移動の技術上の基準（車両に固定して移動）

タンクローリ等の車両に固定した容器により高圧ガスを移動する場合は，次の技術上の基準に従うよう定められている。

①警戒標の掲示

車両の黒地に黄色又は白で『高圧ガス』と示す警戒標を掲げること。

②40℃以下での保管

充てん容器等の温度は，常に40℃以下に保つこと。

③可燃性ガス又は酸素を移動時の措置

可燃性ガス又は酸素を移動するときは，消火設備並びに災害発生防止のための応急処置に必要な資材及び工具等を携帯すること。

④毒性ガス移動時の措置

毒性ガスを移動するときは，当該毒ガスの種類に応じた防毒マスク・手袋その他の保護具並びに災害発生防止のための応急処置に必要な資材・薬剤及び工具等を携帯すること。

⑤可燃性ガス・毒性ガス又は酸素移動時の措置

可燃性ガス・毒性ガス又は酸素の高圧ガスを移動するときは，当該高圧ガスの名称・性状及び移動中の災害防止のために必要な注意事項を記載した書面を運転者に交付し，移動中携帯させ，これを遵守させること。

（3）移動の技術上の基準（その他の移動）

トラック等によるバラ積み容器その他の場合による移動は，次の技術上の基準に従うよう定められている。

①警戒標の掲示

充てん容器等を車両に積載して移動するときは，当該車両の見易い箇所に**警戒標**を掲げること。

※ただし，容器の**内容積が20ℓ以下**である充てん容器等のみを積載した車両であって，当該積載容器の**内容積合計が40ℓ以下**である場合は除く。

②40℃以下での保管

充てん容器等の温度は，常に**40℃以下**に保つこと。

③転落・転倒等による衝撃及びバルブの損傷防止

充てん容器等（内容積が5ℓ以下を除く）には，転落・転倒等による衝撃及びバルブの損傷を防止する措置を講じ，かつ粗暴な取扱いをしないこと。

④可燃性ガスと酸素の充てん容器移動時の措置

可燃性ガスの充てん容器等と酸素の充てん容器等とを，同一の車両に積載して移動するときは，充てん容器等のバルブが相互に向き合わないようにすること。

⑤毒性ガスの充てん容器移動時の措置

毒性ガスの充てん容器等には，木枠又はパッキンを施すこと。

⑥可燃性ガス又は酸素の充てん容器移動時の措置

可燃性ガス又は酸素の充てん容器等を車両に積載して移動するときは，消火設備並びに災害発生防止のための応急措置に必要な資材及び工具等を携帯すること。（ただし，容器の内容積が20ℓ以下である充てん容器等のみを積載した車両であって，当該積載容器の内容積合計が40ℓ以下である場合は除く）

⑦毒性ガスの充てん容器移動時の措置

毒性ガスの充てん容器等を車両に積載して移動するときは，当該毒性ガスの種類に応じた防毒マスク・手袋その他の保護具並びに災害発生防止のための応急措置に必要な資材・薬剤及び工具等を携帯すること。

⑧可燃性ガス・毒性ガス又は酸素移動時の措置

可燃性ガス・毒性ガス又は酸素の高圧ガスを移動するときは，当該高圧ガスの名称・性状及び移動中の災害防止のために必要な注意事項を記載した書面を運転者に交付し，移動中携帯させ，これを遵守させること。

第4節 内容変更及びくず化処分

（1）高圧ガスの種類又は圧力の変更

①**容器の所有者**は，その容器に充てんしようとする高圧ガスの種類又は圧力を変更しようとするときは，刻印等をすべきことを経済産業大臣・高圧ガス保安協会又は指定容器検査機関に申請しなければならない。

②**経済産業大臣・高圧ガス保安協会又は指定容器検査機関**は，規定による申請があった場合，変更後においてもその容器が所定の規格に適合すると認めるときは，速やかに，刻印等をしなければならない。
（この場合，既にされていた刻印等は抹消しなければならない。）

③**規定による申請をした者**は，所定の刻印等がされたときは，遅滞なく，その容器に所定の表示をしなければならない。

（2）容器及び附属品のくず化処分

規格に適合しない容器及び附属品は，くず化し，使用できないようにしなければならない。

①**経済産業大臣**は，容器検査に合格しなかった容器が充てんする高圧ガスの種類又は圧力を変更しても規格に適合しないと認めるときは，くず化し，その他容器として使用できないように処分すべきと命ずることができる。

②**高圧ガス保安協会又は指定容器検査機関**は，容器検査に合格しなかった容器が充てんする高圧ガスの種類又は圧力を変更しても規格に適合しないと認めるときは，遅滞なく，経済産業大臣に報告しなければならない。

③**容器の所有者**は，容器再検査に合格しなかった容器について，3ヵ月以内に規定による刻印等がされなかったときは，遅滞なく，それをくず化し，その他容器として使用できないように処分しなければならない。

④**①～③の規定**は，附属品検査又は附属品再検査に合格しなかった附属品について準用する。

⑤**容器又は附属品の廃棄をするもの**は，くず化し，その他容器又は附属品として使用できないように処分しなければならない。

演習問題〈高圧ガスに関する容器〉

問題１＜第１種＞＜第２種＞

高圧ガスの容器検査に関して，次の記述イ．ロ．ハ．のうち正しいものの組合せはどれか。

イ．容器検査に合格した容器に充てんすることができる高圧ガスの名称を明示した場合は，その容器に充てんする高圧ガスの種類の刻印又は標章の掲示を省略することができる。

ロ．容器に高圧ガスを充てんできる条件の１つに，「その容器が容器検査を受けた後，所定の期間を経過したものである場合，その容器が容器再検査を受け，これに合格し，かつ所定の刻印又は標章の掲示がされたものでなければならない」がある。

ハ．容器に充てんする液化ガスは，刻印等又は自主検査刻印等で示された種類の高圧ガスであり，かつ，容器に刻印等又は自主検査刻印等で示された最大充てん量の数値以下のものでなければならない。

（選択肢）

（１）イ　（２）ロ　（３）イ，ハ　（４）ロ，ハ　（５）イ，ロ，ハ

解説

イ．容器検査に合格した場合，容器に充てんする高圧ガスの種類の刻印又は標章の掲示がされなければならない。名称を明示しても省略できるとの定めはない。従って，「高圧ガスの種類の刻印又は標章の掲示を省略することができる」との記述は，誤りである。

ロ．「容器に高圧ガスを充てんできる条件の１つに，…………がある。」との記述は，全て正しい。

ハ．「液化ガスは，所定の方法により，刻印・自主検査刻印で示された内容積に応じて計算した質量以下のものであること」と定められており，「最大充てん量の数値」は刻印されていない。従って，「刻印等で示された最大充てん量の数値」との記述は誤りである。

解答　（２）

問題２＜第１種＞＜第２種＞

高圧ガス容器の刻印及び表示に関して，次の記述イ．ロ．ハ．のうち正しいものの組合せはどれか。

イ．容器検査に合格した容器に刻印されている「FP3.0M」は，その容器の耐圧試験における圧力が3.0MPaであることを表している。

ロ．容器検査に合格した容器に刻印すべき事項に，「検査実施者の名称の符号」「容器製造業者の名称又は符号」「高圧ガスの種類」「容器の記号及び番号」などがある。

ハ．液化アンモニアを充てんする容器には，表示すべき事項として「その容器の外面の見易い箇所に，その表面積の２分の１以上について白色の塗色をすること」がある。

（選択肢）

（1）イ　（2）ロ　（3）ハ　（4）ロ，ハ　（5）イ，ロ，ハ

解説

イ．「FP3.0M」は最高充てん圧力であり，耐圧試験の圧力表示の場合は「TP3.0M」となる。従って，本記述は誤りである。

ロ．「容器の厚肉の部分の見やすい箇所に，明瞭に消えないように，必要な事項をその順序で刻印しなければならない」と定められており，11事項が指定されている。記述されている４事項についてもこの11事項に含まれており，本記述は正しい。

ハ．「高圧ガスの種類に応じて（液化アンモニアの場合は白色），塗色をその容器の外面の見易い箇所に，容器の表面積の２分の１以上について行うものとする」と定められており，本記述は正しい。

解答　（4）

問題3 <第1種><第2種>

高圧ガスを車両に積載した容器による移動に関して，次の記述イ．ロ．ハ．のうち正しいものの組合せはどれか。なお，容器の内容積は40ℓである。

イ．液化アンモニアを移動するときは，防毒マスク・手袋その他の保護具並びに災害発生防止のための応急措置に必要な資材・薬剤及び工具等を携帯する必要がある。

ロ．液化アンモニアを移動するときは，高圧ガスの名称・性状及び移動中の災害防止のために必要な注意事項を記載した書面を運転者に交付し，移動中携帯させ，これを遵守させるさせなければならない。

ハ．液化アンモニアを移動するときは，充てん容器等には，転落・転倒等による衝撃及びバルブの損傷を防止する措置を講じ，かつ粗暴な取扱いをしてはならない。しかし液化フルオロカーボン（不活性のもの）の場合には，その定めはない。

（選択肢）

（1）イ　（2）ロ　（3）イ，ロ　（4）ロ，ハ　（5）イ，ロ，ハ

解説

イ．「毒性ガスを移動するときは，毒性ガスの種類に応じた防毒マスク・手袋その他の保護具並びに災害発生防止のための応急措置に必要な資材・薬剤及び工具等を携帯すること」と定められており，本記述は正しい。

ロ．「可燃性ガス・毒性ガス又は酸素の高圧ガスを移動するときは，当該高圧ガスの名称・性状及び移動中の災害防止のために必要な注意事項を記載した書面を運転者に交付し，移動中携帯させ，これを遵守させること」と定められており，本記述は正しい。

ハ．「転落・転倒等による衝撃及びバルブの損傷を防止する措置を講じ，かつ粗暴な取扱いをしてはならない」は高圧ガス全般が対象であり，「液化フルオロカーボン（不活性のもの）の場合には，その定めはない」の記述は誤りである。

解答　（3）

問題 4 ＜第 1 種＞＜第 2 種＞

高圧ガス容器のくず化処分などに関して，次の記述イ．ロ．ハ．のうち正しいものの組合せはどれか。

イ．「容器再検査に合格しなかった容器について，所定の刻印等がされなかったときは，これをくず化し，使用できないように処分しなければならない」は，附属品再検査に合格しなかった附属品については適用しない。

ロ．液化アンモニアを充てんする容器の外面には，その高圧ガスの名称並びに性質を示す文字「燃」及び「毒」を明示しなければならない。

ハ．容器の所有者は，容器再検査に合格しなかった容器について，3ヵ月以内に所定の刻印等がされなかったときは，遅滞なく，これをくず化し，その他容器として使用できないように処分しなければならない。

（選択肢）

（1）イ　（2）ロ　（3）ハ　（4）ロ，ハ　（5）イ，ロ，ハ

解説

イ．くず化処分の規定は，容器だけでなく附属品にも準用される。従って，「附属品再検査に合格しなかった附属品については適用しない」との記述は，誤りである。

ロ．「容器の外面について，高圧ガスの名称並びに性質を示す文字（可燃性ガスにあっては「燃」，毒性ガスにあっては「毒」）を示す」というように定められている。従って，本記述は正しい。

ハ．「容器の所有者は，容器再検査に合格しなかった容器について，3ヵ月以内に規定による刻印等がされなかったときは，遅滞なく，それをくず化し，その他容器として使用できないように処分しなければならない」と定められており，本記述は正しい。

解答　（4）

第 5 章
指定設備と特定設備

第1節 指定設備

（1）指定設備の定義（法第56条7，施行令第15条）

高圧ガスの製造（製造に係る貯蔵を含む）のための設備のうち公共の安全の維持又は災害の発生の防止に支障を及ぼす恐れがないものを**指定設備**として，政令で次の要件が定められている。（下記いずれにも該当すること）

[指定設備の要件]

①高圧ガスの製造をする設備でユニット型のもの
②定置式製造設備であること
③冷媒ガスが不活性のフルオロカーボンであること
④冷媒ガスの充てん量が3,000kg 未満であること
⑤１日の冷凍能力が50トン以上であること

（2）認定指定設備となるには

指定設備の製造をする者（指定設備の輸入をした者及び外国において本邦に輸出される指定設備を含む）は，その指定設備について，指定設備認定機関が行う認定を受けることができる。

指定設備の認定の申請が行われた場合に，経済産業大臣・高圧ガス保安協会又は指定設備認定機関は，その指定設備が所定の技術上の基準に適合するときは，認定を行うものとする。（**認定指定設備**）

（3）指定設備に係る技術上の基準

①指定設備は，設備の製造業者の事業所において，**定置式製造設備に係る技術上の基準に適合**することを確保するように製造されている。
②**ブラインの共通使用**する以外，他設備と共通に使用する部分がない。
③冷媒設備は，事業所で**脚上又は１つの架台上に組立**てられている。
④製造業者の事業所で行う**耐圧試験・気密試験**に合格するものである。
⑤製造業者の事業所で試運転を行い，使用場所に**分割されずに搬入**される

ものである。

⑥直接風雨にさらされる部分及び外表面に結露の恐れのある部分には，**耐腐食性材料**を使用し，又は**耐腐食処理**を施してある。

⑦凝縮器が縦置き円筒形の場合は，**胴部の長さが５ｍ未満**である。

⑧受液器の**内容積は5,000ℓ未満**である。

⑨安全装置として**破裂板を使用**しない。

⑩**冷媒ガスの止め弁**には，手動式のものを使用しない。

⑪指定設備では，**自動制御装置**を設ける。

⑫**容積圧縮式圧縮機**には，吐出冷媒ガス温度が設定温度以上になった場合に，圧縮機の運転を停止する装置が設けられている。

（４）認定証が無効となる設備変更工事（冷凍則第62条）

認定指定設備に変更の工事を施したとき又は**認定指定設備の移設**等を行ったときは，認定指定設備に係る**指定設備認定証は無効**とする。そして，無効となった場合には，**指定設備認定証を返納**しなければならない。

ただし変更の工事を行っても，**次に掲げる場合には無効とならない**。

①変更の工事が同一の部品への交換のみである場合

②認定指定設備の移設を行った場合で，指定設備認定機関により調査を受け，認定指定設備技術基準適合書の交付を受けた場合

（５）認定指定設備のメリット

認定指定設備として認定された指定設備は，構造・性能等から見てより安全性が高い設備となる。従って，例えば，この設備を使用して高圧ガスの製造を行う第一種製造者としての法的規制から，第二種製造者としての法的規制を受けることになる。

[認定指定設備のメリット]

①高圧ガスの製造において，都道府県知事の許可を受ける必要がない。(届け出のみで良い)

②完成検査を受検する必要がない。

③保安検査を受検する必要がない。

④冷凍保安責任者を選任する必要がない。

ただし，定期自主検査は実施しなければならない。

（6）認定証交付までの流れ

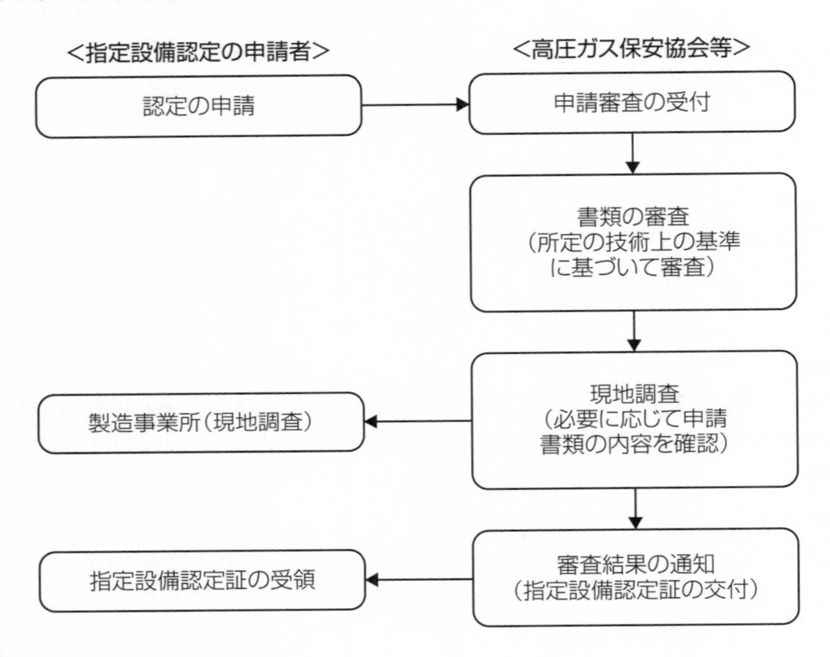

第2節 特定設備

(1) 特定設備とは

特定設備とは，高圧ガスの製造（製造に係る貯蔵を含む）設備のうち，『高圧ガスの爆発その他の**災害発生の恐れ**がある設備で，**災害発生を防止**するために設計の検査・材料の品質検査又は製造中の検査を行うことが特に必要な設備』である。

対象設備として，塔・反応器・熱交換器・蒸発器・凝縮器・加熱炉・その他の圧力容器がある。ただし，下記に掲げる容器は除く。

[特定設備とならない容器]

①容器保安規則の適用を受ける容器
②指定設備の認定を受けた容器
③設計圧力（MPa）と内容積（m^3）との積が0.004以下の容器
④ポンプ，圧縮機及び蓄圧器に係る容器，など

(2) 特定設備検査の受検について

①**特定設備の製造をする者**は，製造の工程ごとに，経済産業大臣・高圧ガス保安協会又は指定特定設備検査機関が行う**特定設備検査**を受けなければならない。

②**特定設備を輸入**した者は，遅滞なく，経済産業大臣・高圧ガス保安協会又は指定特定設備検査機関が行う特定設備検査を受けなければならない。

③**特定設備検査に合格**したときは，特定設備検査合格証が交付される。

④**特定設備検査合格証**は，他人に譲渡し，又は貸与してはならない。ただし，特定設備とともに譲渡する場合は，その限りでない。

⑤**特定設備検査合格証の交付**を受けている者が，これを汚し損じ，又は失った場合において，各交付した機関にて再交付を受けることができる。

(３) 検査の内容

特定設備検査の内容は，関係規則及びマニュアルに従って「設計の検査」を行った後,「材料の品質確認の検査」「加工の検査」「溶接の検査」「構造の検査」を立ち会いにより行う。以上により，関係規則の**技術上の基準に適合**していることを確認する。

(４) 合格証交付までの流れ

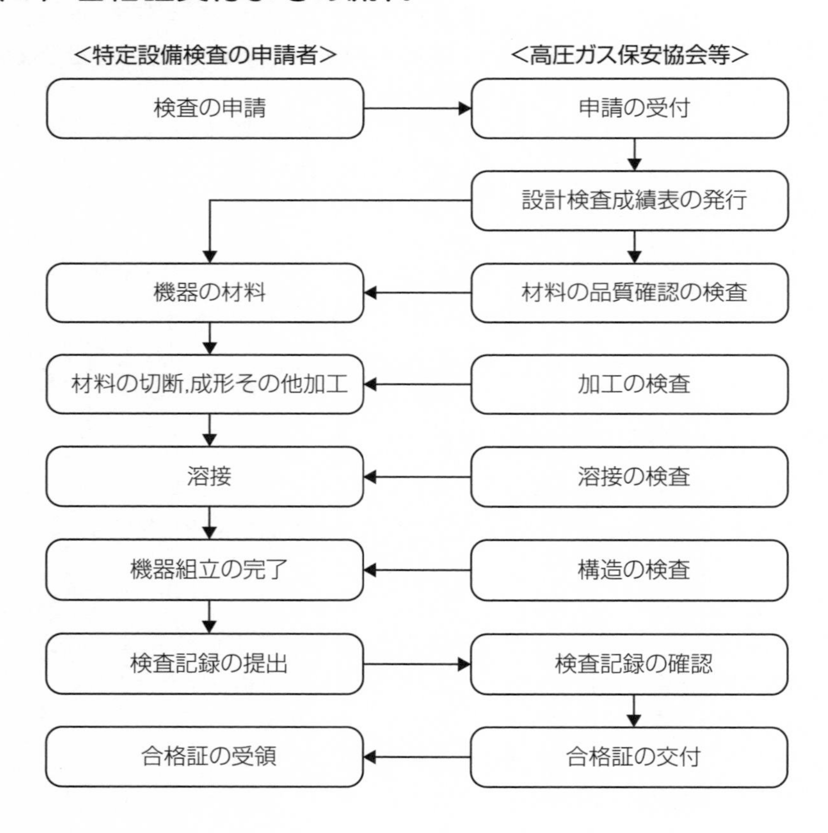

演習問題〈指定設備と特定設備〉

問題１＜第１種＞＜第２種＞

認定指定設備に関して，次の記述イ．ロ．ハ．のうち正しいものの組合せはどれか。

イ．認定指定設備に変更工事を行うと，指定設備認定証が無効になる場合がある。無効になると指定設備認定証を返納しなければならない。

ロ．本製造設備は認定指定設備であるため，特定施設とはならず，保安検査を受けなくてもよい。

ハ．指定設備の認定を受けた冷媒設備は，設備の製造事業所において試運転を行い，実際の使用場所に分割して搬入されたものである。

（選択肢）

（１）イ　（２）ロ　（３）イ，ロ　（４）ロ，ハ　（５）イ，ロ，ハ

解説

イ．「認定指定設備に変更の工事を施したとき，又は認定指定設備の移設等を行ったときは，認定指定設備に係る指定設備認定証は無効となる」と定められている。また「無効となった場合には，指定設備認定証を返納しなければならない」とも定められており，本記述は正しい。

ロ．認定指定設備では，「第一種製造者としての規制から，第二種製造者としての規制を受けることになる」ため，「保安検査を受けなくてもよい」との記述は正しい。

ハ．「指定設備の冷媒設備は，事業所において試運転を行い，使用場所に分割されずに搬入されるものであること」と定められており，「使用場所に分割して搬入されたものである」との記述は，誤りである。

解答　（３）

問題2＜第1種＞＜第2種＞

特定設備に関して，次の記述イ．ロ．ハ．のうち正しいものの組合せはどれか。

イ．特定設備としては，「ガス爆発その他の災害発生の恐れのある設備（容器保安規則の適用を受ける容器を含む）で，災害発生を防止するための検査が特に必要な設備」である。

ロ．特定設備の製造をする者は，製造の工程ごとに経済産業大臣・高圧ガス保安協会又は指定特定設備検査機関が行う「特定設備検査」を受けなければならない。

ハ．特定設備検査の内容として，設計の検査・材料の品質確認の検査・加工の検査・溶接の検査・構造の検査がある。

（選択肢）

（1）イ　（2）ロ　（3）イ，ロ　（4）ロ，ハ　（5）イ，ロ，ハ

解説

イ．特定設備として「ガス爆発その他の災害発生の恐れのある設備で，災害発生を防止するための検査が特に必要な設備」との記述は正しいが，容器保安規則の適用を受ける容器は適用除外であるため，「（容器保安規則の適用を受ける容器を含む）」との記述は間違っている。従って，本記述は誤りである。

ロ．「特定設備の製造をする者は，…………「特定設備検査」を受けなければならない」との記述は全て正しい。

ハ．特定設備検査は，関係規則及びマニュアルに従って，各技術上の基準に適合しているか否かを確認する。「特定設備検査の内容として，…………溶接の検査・構造の検査がある」との記述は全て正しい。

解答　（4）

索　引

【く】

【け】

【こ】

【さ】

【し】

【す】

【せ】

著者略歴

高野　左千夫

●職　歴

1975年　神戸大学工学部卒業
1975年　ダイキン工業（株）入社
エアコン・冷凍機の設計・開発や生産管理・品質管理・品質保証などの業務に従事
2011年　「たかの経営研究所」設立
中小ものづくり企業の経営支援活動
中小ものづくり企業の生産性向上支援活動
中小ものづくり企業の省エネ支援活動
「生産管理」「品質管理」のセミナー講師
「特級技能検定」受検講座の講師

●保有資格

中小企業診断士
品質管理検定（QC 検定）１級
エネルギー管理士
第１種冷凍機械製造保安責任者

●著　書

よくわかる特級技能検定合格テキスト＆問題集（弘文社）

※当社ホームページ http://www.kobunsha.org/ では，書籍に関する様々な情報（法改正や正誤表等）を掲載し，随時更新しております。ご利用できる方はどうぞご覧ください。正誤表がない場合，あるいはお気づきの箇所の掲載がない場合は，下記の要領にてお問い合わせください。

よくわかる
第1種・第2種冷凍機械責任者試験　合格テキスト＋問題集

著　　者　高　野　左千夫

印刷・製本　（株）太　洋　社

発　行　所　株式会社　弘　文　社　〒546-0012 大阪市東住吉区中野2丁目1番27号
☎　(06) 6797－7441
FAX (06) 6702－4732
振替口座 00940－2－43630
東住吉郵便局私書箱1号

代　表　者　岡　﨑　靖

ご注意
（1）本書は内容について万全を期して作成いたしましたが，万一ご不審な点や誤り，記載もれなどお気づきのことがありましたら，当社編集部まで書面にてお問い合わせください。その際は，具体的なお問い合わせ内容と，ご氏名，ご住所，お電話番号を明記の上，FAX，電子メール(henshu 2@kobunsha.org)または郵送にてお送りください。
（2）本書の内容に関して適用した結果の影響については，上項にかかわらず責任を負いかねる場合がありますので予めご了承ください。
（3）落丁本，乱丁本はお取替えいたします。